北京市互联网宣传管理办公室　北京市社会科学院 编

首都网络文化

（2010—2011）

Annual Report on Development
of Capital Cyber Culture（2010—2011）

李建盛　陈 华　马春玲 主编

人民出版社

本书编委会

摘 要

在互联网络强势兴起和迅猛发展的今天，网络文化成为关系到城市文化基础设施与文化技术的建设与应用、文化产业与文化服务的丰富与提升、文化资源与文化形态的辐射力与影响力等层面的文化软实力问题。2010年，北京的网络文化管理、网络文化传播、网络文化建设，呈现出新特点、新面貌与新成效，日益凸显出在服务首都文化建设发展、提升首都文化服务能力与文化传播能力、推动文化形态的发展繁荣、彰显首都文化影响力与辐射力的作用，并成为服务“三个北京”建设、中国特色世界城市建设和“中国特色社会主义先进文化之都”建设中的重要课题。

第一部分“总论”，概述2010年北京网络文化建设发展的新成就与主要动态，分析2010年北京网络文化建设管理的主要问题。并提出当前首都网络文化建设要注意加强网络与网络文化建设管理的专项规划制定，进一步深化体制机制改革，不断完善舆情监测预警机制和分级分类管理体系，着力打造特色网络文化项目与重点品牌，推动首都网络文化的健康繁荣发展，努力塑造具有全国和国际影响力的网络文化中心。

第二部分“首都网络文化政策与建设管理”，以首都网络文化的管理、监督和引导为基本内容，总结和分析网络文化管理的政策、法规与制度性建设，研究首都网络文化建设的战略和路径问题，就首都网络文化管理和首都文化建设提出相关的问题和对策建议。

第三部分“网络文化媒介与形态透析”，剖析在网络技术与网络应用发展基础上的网络文化媒介与文化形态，凸显移动互联网、微博客、网络视频、网络出版等网络文化形态的社会文化意义，反映和透析网络文化空间中的新领域、新动态与新现象，以求理性化的审视态度与应对方式。

第四部分“首都网络文化问题与现象聚焦”，聚焦2010年度以来网络文化中的热点现象和重要问题，对首都的网络参政问政、网络低俗文化、网络推手、网络自律、网络舆情监测等问题、现象及发展态势，进行动态追踪与分析考察，以求加强对它们的重视和管理，更好地服务于首都文化建设的现实。

第五部分“首都网络年度动态与典型案例分析”，总览2010年度首都相关网站的网络文化新动态、新事件与新个案，对首都的网络信息环境、重要网站与网络媒体、特色网络文化活动与事件等，进行动态追踪和个案呈现。

第六部分“CNNIC数据”，通过《2010年北京市互联网络发展状况报告》，对年度北京市互联网络的基础设施与资源、网民受众情况、网络发展形态、网络应用状况等方面进行统计调研与考察。

第七部分“附录”，对2010年首都的网络文化发展纪事进行记录和整理，是首都网络文化的年度资料。

Abstract

At present, cyber culture has become a profound problem about cultural soft power, including important aspects such as urban cultural infrastructure and culture application of technology, cultural industry and cultural services, the radiation and influence of cultural resources and cultural forms. In 2010, Beijing's network culture management, network culture communication, network culture construction, made new characteristics, new look and new achievements. It increasingly highlights in serving capital culture construction, improving capital culture service ability and culture communication ability, developing cultural resources and cultural forms, promoting capital culture influence and effect. It is also an important issue in the construction of "Culture-enriched Beijing, Technology-empowered Beijing and Environment-friendly Beijing", world city with Chinese characteristics, and the capital with Chinese characteristic socialist advanced culture.

The first part, "general report", overviews the new achievements and main dynamic of Beijing network culture in 2010; analyses main problems in the construction and management of Beijing network culture. Further more, it emphasizes that, in current situation of capital cyber culture construction, we should strengthen the special planning, deepen the reformation of cultural mechanism and system, improve the public opinion monitoring and classified management system, strive to create characteristic cyber culture project and key brand, promot the prosperity of capital network culture, shape the cyber culture center with national and international influence.

The second part, “policy and management of capital cyber cultural” , taking capital network culture management, supervision and guidance as basic content, summarizing and analyzing cyber cultural policies, laws, regulations and institutional construction, researching strategy and path of capital cyber cultural construction, putting forward related problems and countermeasures for the construction and management of capital cyber culture.

The third part, “analysis of media and configuration of cyber culture”, analyses the media trait and cultural configuration of internet, focuses on the social and cultural sense of kinds of cyber culture forms such as mobile internet, micro blogging, internet vedio, digital publishing, reflects new sphere, new state and new phenomenon of cyber space, for the sake of rational treatment.

The fourth part, “problems and hotspots of capital cyber culture”, concentrates on new hotspots of internet culture since 2010, pays attention to some important problems such as annual cyber political activities, cyber raunch culture, network horsevaulting, network self-discipline, public opinion monitoring, investigates the significance of annual cyber hotspots to capital cultural construction.

The fifth part, “annual development and typical cases of capital Internet”, investigates the new condition, new events and new cases of capital cyber culture in 2010, looks into important actions, themes, events and phenomenon of annual management and development of various capital websites. It traces and analyses the network informational environment, important website and network media, special cyber cultural activities and events of Beijing.

The sixth part, data from CNNIC, includes “A Report on the Development of Internet in Beijing in 2010”. It investigates the establishment, utility and audience of capital network in 2010.

The seventh part, “appendix”, is helpful annual data and records of capital cyber culture.

目　录
CONTENTS

总　论

首都网络文化政策与建设管理

网络文化媒介与形态透析

首都网络文化问题与现象聚焦

首都网络年度动态与典型案例分析

CNNIC 数据

附 录

An Analysis of Media and Configuration of Cyber Culture

Problems and Hotspots of Capital Cyber Culture

Annual Development and Typical Cases of Capital Internet

CNNIC Data

Appendix

总　论

General Report

提高网络建设管理，服务首都文化发展

Enhance the Construction and Management of Internet, Serve the Capital Cultural Development

李建盛　陈　华　马春玲*

Li Jiansheng, Chen Hua Ma Chunling

摘　要:2010年,北京的网络宣传、网络管理、网络建设积极推动首都网络文化的发展,并继续保持全国的领先地位,发挥着辐射全国的作用。本文从网络基础设施与信息环境建设的新进展、互联网媒介与网络创意文化的新形态和新元素、网上政治文明与和谐文化等方面,概述了2010年北京网络文化建设发展的新成就与主要动态。从网络舆情管理、网络文化内容整治、网络主体规范、网络环境安全、网络文化秩序等方面,分析2010年北京网络文化建设管理的主要问题。本报告提出,当前首都网络文化建设,要注意加强网络与网络文化建设管理的专项规划制定,进一步深化体制机制改革,不断完善舆情监测预警机制和分级分类管理体系,着力打造特色网络文化项目与重点品牌,推动首都网络文化的健康繁荣发展,努力塑造具有国家和国际影响力的网络文化中心。

关键词:网络文化　网络媒介　人文北京　网络管理　文化软实力

* 李建盛,男,北京市社会科学院文化研究所所长、研究员,首都网络文化研究中心主任。陈华,男,北京市互联网宣传管理办公室网络新闻管理处处长。马春玲,女,北京市互联网宣传管理办公室网络宣传处处长。

在互联网络强势兴起和迅猛发展的今天，网络文化不仅仅是互联网络信息技术、网络文化表现与传播形式、文化内容和信息建设、发展和管理的问题，同时，也是关系到城市文化基础设施与文化技术的建设与应用、文化产业与文化服务的丰富与提升、文化资源与文化形态的辐射力与影响力等层面的文化软实力问题。“十一五”期间，首都北京的网络信息技术发展和网络文化建设管理取得了重要的成绩，在全国发挥了领先和示范作用。

2010年北京市提出要从中国特色世界城市的高度努力提高首都科学发展水平，加快实施人文北京、科技北京、绿色北京发展战略，在文化上要着力加强首都文化建设，在网络建设管理上要充分发挥互联网等新兴媒体的作用，营造良好的舆论环境，牢牢掌握话语权，大力开展网络文明引导行动。2010年4月6日，《“人文北京”行动计划(2010—2012年)》正式向社会公布，提出要深入贯彻落实科学发展观，全面践行“人文北京”发展理念，进一步推进“人文北京”建设，为建设繁荣、文明、和谐、宜居的首善之区，建成具有中国特色和国际影响力的世界城市奠定基础。在网络建设上，要充分利用互联网、手机等新兴媒体和主流媒体网站，宣传社会主义核心价值体系，充分发挥首都互联网资源优势，努力提高网络技术的自主创新，加强网络文化建设管理，加快推进传统媒体与新媒体的融合，为文化创意产业提供新的发展空间，发挥网络的独特作用，形成科学、健康的网络学习文化等。2010年，首都网络和首都网络文化的建设、管理和发展，立足北京、服务全国、面向世界，展示出了新特点、新形式和新面貌，同时也存在一些需要进一步加强和提高的方面。

2011年是“十二五”规划开局之年，是纪念中国共产党成立90周年、辛亥革命100周年的纪念之年，首都北京的网络文化宣传、网络文化建设和网络文化管理应发挥更大的作用。北京市“十二五”规划纲要提出，要大力加强首都文化建设，把提升首都文化软实力放在更加重要的位置。网络建设与文化建设管理，将更加成为提升首都文化服务能力与文化传播能力、促进文化事业与文化产业并重发展、推动文化资源和文化形态的发展繁荣、彰显首都文化影响力与辐射力的重要课题和动力支撑，在中国特色社会主义先进文化之都建设中发挥强有力的作用。

一、2010 年网络发展在首都文化建设中的重要作用

2010 年，北京的网络文化建设、发展和管理，呈现出如下几方面的总体特点和态势：一、北京网络应用与网络文化继续保持和体现在全国的引领地位和辐射作用；二、在三网融合、移动互联网等产业升级的推动下，网络文化技术资源与基础设施建设取得新发展；三、微博客等媒介形态强劲崛起，网络文化传播呈现强势的新元素与新形态；四、清理整顿互联网低俗之风和不文明内容，网络文化环境、网络秩序得到进一步改善；五、网络问政参政持续改善，有效促进政治文明与和谐文化建设；六、网络公共文化服务体系建设显现初步成效；七、团购网站兴起，电子商务文化与网络文化经济的新方式不断拓展。2010 年，首都北京的网络建设管理与网络文化发展在“三个北京”建设、中国特色世界城市建设和“中国特色社会主义先进文化之都”建设中发挥了重要作用。

（一）北京网络应用与网络文化体现了在全国的引领地位和辐射作用

北京作为国家的政治中心、文化中心，今天也成为了我国网络文化高度发达的城市。在互联网与网络文化的基础设施建设、技术资源改善、网络内容内涵丰富、产业行业升级、网络应用提升、网络管理健全、机制体制完善等方面，都不断保持并彰显出对全国互联网络和网络文化的引领性、示范性，并显示了强劲的服务能力和辐射力。2010 年，北京的网络文化建设发展，继续保持着国内领先水平，在网络基础设施建设、网络技术资源、网民群体和网络普及率、重要网站集聚性和网络文化影响力等方面，同样体现了首都作为全国文化中心的中枢集聚效应和率先垂范作用。

截至 2010 年 12 月，北京地区网民数量从 2009 年年底的 1103 万增加到 1218 万，互联网普及率达到 69.4%，在网络运用普及率和使用率方面居于全国首位；其中城镇地区网民达 988 万人，农村地区网民为 230 万人，网民的城乡比例为 81.1∶18.9；随着“信息下乡”、“宽带下乡”等信息化基础

建设的推进，北京农村的网络技术条件和网络技术环境不断改善，2010 年北京农村网民较 2009 年增长 12.7%。IPv4 地址总数约为 6330 万个，占全国 IPv4 地址总数的 22.8%，居全国第一；域名总数约为 154 万个，占全国域名总数的 17.8%，居全国第一位；域名数中包含 CN 域名数 961158 个，占 CN 域名总数比例高达 22.1%；网站数量 282674 个，占全国网站数的 14.8%，以微弱差距居全国第二；网页 15440008863 个，居全国第一。截止到 2010 年的"十一五"计划收尾时期，北京市累计建设 3G 基站约 1.8 万个，具备 20M 宽带接入能力的用户超过 176 万，高清交互数字电视用户已达 130 万户。从网络信息资源与网络技术层次等方面的发展而言，北京城市信息化建设已达到世界发达国家主要城市的中上等水平，在国内居于带动示范和领先的地位。

首都北京聚集了一批在全国乃至世界范围内具有重要影响力和辐射力的知名网站和领军网络企业，具有带动和辐射全国的网络文化平台与网络文化阵地。大量重要的网站与互联网资源在北京汇集，大量网络文化产品与服务在北京的网络平台中生产和传播，网络资源的丰富性、网络文化品牌的多样性和网络服务的辐射力，在全国遥遥领先。信息服务、网络新闻、网络广告、视频服务、网游动漫、网络社会服务等多个分支领域和行业，也同样体现了北京作为全国互联网聚集城市和网络文化传播枢纽的优势。2010 年 6 月 ALEXA 网站公布的全球互联网流量统计显示，全球浏览量排名前 100 的网站中，北京的网站占到 8 家（全国共 11 家），在全国最具人气的前 20 强新闻网站中，北京地区网站占了 11 家。首都北京集中了新浪、搜狐、网易等大型商业门户网站；新华网、人民网、北青网、中国新闻网等主流新闻网站；百度、搜狗、有道、中搜等主要搜索引擎；优酷、酷 6、第一视频、中国网络电视台等主要视频与网络电视网站，并引领播客、拍客等热点网络应用；空中网、3G 门户等大型手机网站；慧聪网、当当网等 B2B、B2C 电子商务企业；拉手网、美团网等绝大多数主要团购网站，并引领全国的网络团购业态和团购市场；人人网、开心网等主要社交网站；网络文学、网络游戏、博客等其他众多专业类重点网站与领军网站。

随着网络技术渗透率和网络文化技术使用普及率的快速发展，网络越来越成为人们日常生活、知识增长、信息传播、文化娱乐的重要内容。截至2010年12月底，北京地区互联网普及率达到69.4%，高出全国平均水平35.1个百分点；大专及以上学历的网民比例比全国平均水平高18.5个百分点。北京网民对互联网各类社会文化应用和文化形态的参与较为深入，绝大多数网络应用的使用率高于全国平均水平。其中，电子邮件使用率高出全国平均水平10个百分点以上；社交网站使用率达63.7%，较全国平均水平高12.3个百分点；即时通信使用率为81.7%，较2009年提高了10.5个百分点，体现了迅速而大幅的提升速度；旅行预订和网络购物的使用率分别高出全国平均水平10.5和9.7个百分点；团购使用率为12.4%，高出全国平均水平8.3个百分点。2010年，北京在移动互联网、手机上网等基础网络应用，在互联网电视、网络电影、网络团购、微博、网游动漫、数字出版等文化形态与产业形态等方面，在网络文化艺术活动等方面，都取得了一系列新的进展和突破，影响和带动了“互联网电视元年”、“网络电影元年”、“网络春晚元年”、“数字出版元年”等行业产业背景下的网络文化创新。

随着网络文化各领域与行业、业态的迅速发展与积极创新，北京正逐渐成为全国重点网络企业和主要网络文化的行业产业领军地区、内容服务重点地区、文化创新引领地区、文化传播枢纽地区、人才聚集优势地区。

（二）首都网络信息创新技术增强了首都网络文化建设能力

信息技术创新、数字城市建设、智能城市建设是当今城市创新发展的重要内容和技术支撑，是创新型城市建设的重要组成部分和“科技北京”建设的重大课题，并将为人文北京形象传播、世界城市文化建设、社会主义先进文化和核心价值体系建设提供有力的技术保障。

2010年被称为三网融合的“破冰之年”。三网融合、无线网络、移动互联网以及智能城市、数字城市等建设的逐步推进，从多方面有力地推动了首都北京的网络文化基础技术设施和信息环境的不断升级和优化。2010年1月13日，国务院常务会议通过了电信网、广播电视网和互联网三网融合的综合方案。7月1日，国家公布第一批三网融合试点名单，北京市与辽宁省大连市、黑龙江省哈尔滨市、上海市、江苏省南京市、浙江省杭州市、福建省厦门市、山东省青岛市、湖北省武汉市、湖南省长株潭地区、广东省深圳市和四川省绵阳市一起成为首批三网融合试点地区。7 月 16 日，北京市三网融合工作协调小组举行第一次会议，对开展试点工作进行了具体部署，北京市三网融合试点工作正式启动。此次会议明确了北京三网融合今后的四项重点工作：一是加快推动广电、电信业务双向进入；二是加快信息基础设施建设；三是强化网络信息安全和文化安全监管；四是大力推动本市信息文化创意等相关产业发展。北京三网融合总体方案涉及北京移动、北京电信、北京联通和歌华有线四家试点企业，以 IPTV 为典型应用。三网融合的顺利进行，将使北京加快高清交互数字电视网络升级改造和全光纤通信信息网络建设，有效推进广电电信业务融合，以建设成为三网融合新业务集中地，显著提高北京信息化基础设施水平，为人们提供更加丰富、更加便捷的网络文化产品和网络文化服务。

继 2009 年"3G 元年"的初步铺垫展开之后，2010 年，北京不断深化移动互联网、无线网络的建设。到 2010 年年底，北京地区已初步建成国内领先的 3G 网络，手机网民规模达到 827 万人，3G 用户超过 254 万；手机网民规模较 2009 年底增长 115 万，手机网民占总体网民的 67.9%，略高于全国 66.2% 的平均水平，无线宽带和移动互联网的覆盖大幅提升，3G+WLAN 模式的无线城市建设初具规模，农村地区移动互联网覆盖范围不断扩大。截至 2011 年 2 月，北京六环内联通 3G 网络覆盖已达 95%，3G 基站数量已建 12259 个。政府对建设"无线城市"工作高度重视，运营商对移动互联网接入和手机应用等方面积极推进，已成为进一步推动北京移动网普及和全面应用的重要动力。同时，下一代互联网研发应用取得了积极进展，云计算、物联网等已从概念设计进入技术研发阶段。各种互联网的建设举措有效地构建了北京建设全球领先的信息网络基础设施的坚实支撑。在"数字北京"建设圆满完成，各种网络基础设施显著完善，无线网络、物联网等新技术应用逐步提升的基础上，2010 年，北京市展开"智能城市"的建设理念，研究制定《智能北京行动纲要》，探索网络信息环境与网络文化的进一步升级和拓展。

（三）互联网媒介与网络创意文化的新元素和新形态

网络信息技术的迅速发展不断创生新的网络创意文化新元素和新形态，推动网络文化形态新发展。2010年，被业界称为“微博元年”、“互联网电视元年”、“网络电影元年”、“网剧元年”、“网络春晚元年”、“数字出版元年”等多种网络文化现象的新纪元。网络文化在内容拓展与热点应用方面，维持和呈现出强有力的创新机制体制。微博客继2009年新浪微博开通之后，在2010年继续呈现爆发式发展，在各类公共事件的传播中产生了广泛而深刻的影响。截至2010年12月，国内微博客用户规模约6311万人，网民渗透率为13.8%；手机网民中，手机微博的使用率达15.5%。首都的新浪网、搜狐网、网易网、人民网、凤凰网等众多网站，都纷纷启动微博业务并获得快速增长。截至2010年10月底，新浪微博用户数已达5000万，用户平均每天发布超过2500万条微博内容。首都也是互联网电视发展的重要核心区域。三网融合、台网融合的产业背景为网络电视的发展提供了跨越式的良好发展契机，网络电视台、IPTV等新媒介形态，推动网络视频平台在媒介融合新背景下的强力扩展。2010年3月24日，中国网络电视台（CNTV）获得第一块互联网电视牌照；8月，中国国际广播电台网站也拿到互联网电视牌照，成立中国国际广播电视网络台（CIBN），并于2011年1月18日举行成立仪式；同年，新华网络电视台、人民电视等网络电视服务陆续正式开通。

随着视频网站和播客、拍客的日趋成熟和普及，网络电影数量激增，各种电影短片、网站自制的剧集、手机视频、草根视频、中小成本影片等，在宽带化的视频网站如北京的优酷网、酷6网、新浪视频、搜狐视频、乐视网、第一视频等，获得便捷而低廉、广泛的传播效应。视频网站在信息内容、设计创意、运营成本上体现出不断强化的优势，对传统的电视媒体收视率形成日益显著的挑战。在网络电影和网络短片领域，产生了《老男孩》、《指甲刀人魔》等引发强烈关注的代表作品，形成了渐趋成熟的产业模式，由此，2010年也被称为中国“网络电影元年”和“网剧元年”。2010年，北京各大视频网站纷纷拉开自制网剧的大幕：例如酷6网邀请数十家音乐公司与传统影视公司共同启动"Made in ku6"计划，开启《新生活大爆炸》等自制剧项目；三星集团与新浪网联合出品"4+1"计划，邀请业界知名人士与影视明星拍摄了《指甲刀人魔》、《假戏真做》、《谎言大作战》、《爱在微博蔓延时》等4部网络电影短片，以专业的制作、宣传和营销，取得很好的效果，4部短片到12月10日的点击量已达2.1亿。此外，数字出版和网络出版行业也取得新突破，电子书业务日臻成熟。

2010年，各种网络文化新元素与网络文化新形态不断涌现，日益翻新的网络信息技术和多元融合的技术运用，催生网络文化的新元素和新形态，并有力推动着首都网络文化创意产业的业态升级和互联网文化的转型创新。

（四）整治网络环境，遏制低俗信息传播的主渠道，净化首都网络文化空间

整治网络文化环境和净化网络文化空间，加强首都网络的执法管理，增强网络自律性意识，是2010年北京网络文化建设管理的重要内容。本年度，北京市主管部门和相关部门在加强建设管理的同时，积极建设和传播健康的网络文化内容和网络文化信息。对互联网中淫秽色情、暴力、恶意攻击、侵犯个人隐私、赌博、造假、过度炒作、影响社会道德、违法等的低俗内容和不良信息的清理与整治，仍然是2010年网络文化建设管理工作的重要课题和重要任务。2009年底，中央外宣办、文化部、广电总局、新闻出版总署等九部门，在京联合部署开展深入整治互联网和手机媒体淫秽色情及低俗信息专项行动，并在2010年继续实施该项整治行动。截至2010年11月，共关闭涉黄网站逾6万个，删除文字、图片、视频等各类淫秽色情及低俗信息3.5亿条，查处非法涉性广告1.3万个，查处违法违规视听网站800多个，查处低俗音乐网站30多家，游戏网站150多家，先后分8批曝光谴责了40家网站，曝光违规接入服务企业24家。

首都北京作为国内网站聚集地和网络文化管理的核心地区，整治和净化网络文化环境是本年度的重要着力点，并取得了重要的规范管理成效。2010年3月，"北京市互联网违法和不良信息举报中心"正式成立，主要负责收集、处置、反馈网民举报的各类违法与不良信息。与此同时，北京市有

关部门充分发挥网络自律机制的作用，通过成立“妈妈评审团”、招募网络监督志愿者、举行网络新闻信息评议会等方式，监督和维护网络环境。通过多渠道、多方位的监管，北京的网络文化环境整治取得了较为显著的成效，优化了首都北京的网络文化环境。2010 年共关闭色情网站 700 余家，其中手机色情网站 80 余家；封堵境外色情网站 131 家，删除网络淫秽色情信息 4.4 万余条；集中开展了 8 次查禁政治性非法网络出版物专项行动，关闭非法网站 30 余家；破获利用互联网和手机网站传播淫秽色情信息类刑事案件 55 起，处罚各类违法违规经营单位 600 余家（次）；至 2010 年 12 月底，网络监督志愿者举报各类不良信息累计达 10 万余条；监管对象有效地扩展到手机与无线网络、图片影像、网络游戏、网络音频、非法网站与服务器等多媒体、立体化的综合领域。当然，网络文化环境的净化还需要进一步完善监管体系和稳定的长效机制。

（五）网络参政问政持续改善，有效促进政治文明与和谐文化建设

互联网络既可以是增进官民交流、缓解社会矛盾的有利平台，也可以成为引发负面舆情的放大器。2010 年，首都北京的“E 政”建设采取互动性、实效性、多渠道的方式，呈现出网络问政参政的新气象，有效促进了北京的政治文明与和谐文化建设。

首先，参与和互动渠道趋于多媒介化。北京市相关政府部门积极探索多媒介、多渠道的 E 政平台和网络问政形式，在媒介形态上，突破较为普遍和单一的留言板、论坛等形式，向微博、博客、视频互动、在线交流、手机网络、播客等多元的新型电子网络形态的扩展。例如，2010 年 1 月，北京市“两会”期间，40 多个人大和政府部门首次采用网络视频方式用于网络咨询与议政。2010 年 8 月 1 日，北京市公安局“平安北京”官方博客、微博与播客，在新浪、搜狐、网易、酷 6 四大网站同步正式开通，截至 12 月 13 日，总点击量超过 1275 万次，网民评论留言 6 万余条，共发布各类资讯 2800 余篇，原创视频点击量近 800 万次，新浪微博粉丝已达 28 万人。通过多元化媒介平台，较好地提升了官民的互动以及电子参政的实效。

其次，首都 E 政的民众参与度和互动性保持良性化态势。2010 年，北京

网民的政府网站使用率为30.2%，访问政府网站的北京网民规模逐年增加。截至2010年10月底，北京市通过政府网站，主动公开信息458925条，发布政策解读类专题126个，内容涉及社会保障、劳动就业、教育求学、医疗卫生、公共安全、住房保障、交通出行等诸多方面，并向社会公开征集公众意见的政府决策项目474件，这些举措在网民中收到了良好的社会反响与社会效果，吸引超过123100人次参与，累计访问和使用量达到1亿人次。市民进行电子参政的自觉性、主动性，积极性显著高于其他省份，有效地推动了政府与网民之间的互动，并推动了政府与网民之间的良性信息沟通、信息传播。

最后，北京充分注重E政平台的及时反馈性和实效性，建立较高的群众满意度。例如2010年北京“两会”期间，共有代表、委员4358人次进行网上询问、咨询；提出的745个问题，有714个得到当场解决或基本解决。由第三方研究机构发布的《2010政府网站绩效评估报告》，涉及对全国约800个政府网站的绩效评价，北京市政府网站居于省级政府网站榜首，北京市大兴区、东城区、西城区分别居于区县政府网站绩效排名的第一、四、六位。为了进一步增强对网民反馈的及时性和互动的有效性，北京市委还于2011年1月首次设置新闻发言人，并讨论通过了《关于在全市建立网络发言制度的意见》，要求凡设立新闻发言人的单位均要建立网络发言制度，体现了对网上参政议政群体和需求的重视。网络问政和网络参政的加强，推动了新型政治文明、网络和谐文化的建设。

（六）网络化公共文化服务建设显现初步成效

“十一五”期间，北京市高度重视和大力加强公共文化服务体系的建设，并提出借助数字化和网络化手段，“建立和完善北京文物、博物馆数据库信息共享体系，初步实现资源数据化和管理、信息传播网络化”等目标。在建设“信息城市”、“数字城市”和“智能城市”的背景下，数字化、网络化的公共文化服务正成为北京建设公共文化服务体系、提升文化软实力的重要战略组成部分。2010年，北京市文化共享工程建设继续有效推进，服务网络已覆盖北京市的所有行政村，基层服务点达4295个，通过现有的服务网络和互联网为基层群众提供电子图书、期刊和文化讲座视频等数字文化资源，到

2010年6月底，已推送电子图书3万余册和电子期刊300多种。各种数字博物馆和美术馆、非遗数字化典藏和展演、数字文史资源库和数据库不断开通并呈现良好态势，“3D前门游”、世界文化遗产“无线数字文物语音平台”等项目纷纷上线。5月，“北京记忆——大型北京文化多媒体数据库”获得文化部第十五届群星奖的公共文化服务项目奖，成为同类服务的典型样例。2010年4月，北京市颁布的《“人文北京”行动计划（2010—2012）》把公共文化服务体系建设作为十大重点工程之一，提出要继续完善和实施文化信息资源共享工程，建设“北京市多媒体信息综合服务平台”，努力实现多网合一、多资源合一等的数字化公共文化服务体系建设任务和目标。加强在线化公共文化设施、公共文化产品、公共文化活动、公共文化资源共享机制的建设与发展，彰显着北京网络公共文化服务体系的新活力和新前景。

（七）网络消费文化与网络商务的新拓展

互联网作为一个集成性的信息世界，与人们的物质生活、文化生活发生了紧密的联系。商务信息与文化符号信息、动感视频信息、情感语言信息以及快捷服务能力相结合，拓展网络商务空间，催生网络消费文化，推动网络服务与网络文化经济发展。

2010年，北京网络团购、B2B、B2C等网络商务与消费文化形态呈现强劲态势，带动了首都网络文化经济的发展，并在全国产生了强大的辐射效应。2010年初，国内的团购网站在北京最先出现，并引爆随后的“千团大战”局面，该年也被称为“团购元年”。中国电子商务研究中心发布的《2010年中国网络团购调查报告》中，截至8月底，拉手网、美团网、糯米网、团宝网、24券、F团、团美网、窝窝团、满座网、爱帮团等市场交易份额居国内前10位的团购企业全部都在北京。根据对2010年9月份主要团购企业城市交易份额的调查，“北京受到各网络团购企业开拓者的青睐，占总交易份额的47.1%”①，居全国第一。截至2010年11月底，国内具有一定规模的团

① 数字100市场研究公司：《2010年9月中国网络团购调查报告》，http://www.data100.com.cn/data100/%E9%87%91%E8%9E%8D-3。

购网站总数已达1664家(含各地分站和团购频道),其中北京地区以473家的数量高居全国之首,遥遥领先于第二名上海的183家。① 团购网站的爆发和对全国的强势引领,显示了首都北京在网络商务中的资源优势、网络经济、网络文化的地缘强势和中心地位。

与团购崛起密切相关的B2B、B2C等电子商务和网络商务形态,也取得重要的新发展。2009年北京市B2B电子商务交易规模约为2800亿元,占全市社会商品销售总额的10%左右;B2C网络零售额约为170亿元,占全市社会消费品零售额的3%左右。B2C商城是2010年仅次于团购和微博的热门应用,② 2010年上半年全国排名前10位的B2C网络企业中,北京占到6家,如京东商城、凡客诚品等;截至2010年7月,北京市B2B平台数量占全国的10.7%,居全国城市之首,其中有11家入选2010年中国行业电子商务网站100强。北京B2B电子商务服务外包企业数量及用户规模、小额外贸平台用户及交易规模均位列全国第一。北京网络消费与网络文化经济的兴盛,充分体现了网络信息技术、网络文化传播与网络文化经济的强势融合。

二、首都网络文化建设、管理与发展的重要问题

北京的网络文化技术、网络文化建设、管理和发展,取得了新的成就和新的进展,随着网络技术的不断发展、网络内容的不断丰富、网络表现形式的多元化,以及网络传播形式的日益多样化,网络文化的建设、管理和发展仍然面临着新的机遇、新的挑战和新的问题。进一步加强网络舆论的引导管理、网络文化内容与环境的净化、网络文化主体的约束自律、网络信息安全的维持与监管、网络文化秩序的规范制约、网络文化生态的更新创新、网

---

① 中国互联网协会信用评价中心:《2010年国内网络团购行业信用调查报告》。

② 《艾瑞咨询:团购、微博引领2010年中国十大热门网络应用服务》,http://news.iresearch.cn/viewpoints/131424.shtml。

络文化服务机制体制的完善。联系以往的网络文化建设、管理，结合本年度的网络文化实际，本报告认为，仍然需要重视如下几方面的问题。

（一）网络舆情的引导与管理工作依然艰巨

首都集中了绝大多数全国主要的新闻网站和综合门户网站，汇聚了相当大比例的网民精英阶层和“意见领袖”，对全国的舆情生成和传播具有重要的影响带动作用，这既是北京作为网络信息技术中心和网络文化聚集中心的优势，同时也是加强网络舆情引导和管理的重要区域，很容易成为国内热点舆论和热点网络事件的高发敏感地带。目前，北京是新媒体、新传播方式不断率先登场的前沿地带和中心区域，微博“自媒体”的爆发式增长，网络电视台、互联网电视等视频新闻媒体的崛起，移动无线网络和手机新闻的快速发展，以及 SNS 的强力舆论传播效应，等等，都为首都的舆论传播及其监管工作，不断呈现新的问题，面临新的难题，提出新的任务。同时，应当进一步加强和提升政府网站和主流媒体网站对公共舆论的引导力、辐射力和影响力。据 2010 年 6 月《中国青年报》的一项调查，政府网站对公众的渗透率仍较低，内容与功能仍有许多不足。① 加强对各种新媒体的管理体制机制创新，提升主流意识形态网站和政府网站的实效性，加强网络文化信息的价值导向性引导，注重对网民“意见领袖”的组织引导，充分发挥体制内意见领袖和网络发言人的作用，规避网络舆情工作中一些容易引起负效果的简单做法，建立健全科学、系统、有效的网络舆情研判和危机预警机制，是首都网络舆情工作需要继续妥善应对的重要问题。

（二）网络文化内容凸显虚假负面因素，亟需加强规范

网络虚假信息和虚假宣传是互联网中的重要痼疾。在微博、SNS、博客、电子商务、网络营销等 Web2.0 新媒介和新业态兴起的背景下，其传播力、渗透力和影响力日益凸显。2010 年 4 月 1 日至 10 月，北京市委宣传部、市广播电视局、市新闻出版局、市通信管理局等 11 个部门在全市联合开展虚假违法广告的专项整治工作，以加强对互联网等媒体中日益严重的虚

① 《民调显示网友对县级政府网站满意度最低》，《中国青年报》2010 年 6 月 29 日。

假广告和违法信息的整治。同时,网络谣言和网络诽谤也成为2010年度的热点文化现象。2010年12月6日,北京某门户网站微博上传出的“金庸去世”的谣言迅速传遍整个网络;同年,北京某公司操纵的对伊利旗下乳业产品的攻击诽谤,也成为年内重大网络文化事件。北京集中了国内许多重要网站和网络媒体,是网络文化内容生产、扩散和传播的一个重要枢纽,对此类虚假负面信息、网络谣言的管控应进一步发挥首善之区率先垂范的作用。在网络文化虚假信息和负面内容的整治中,如何区分和甄别蓄意虚假信息和网络传播失真等一系列问题,都需要做出有效的理论和实践探索,并采取具有可行性、可操作性的规范管理措施。

(三)网络水军等“灰黑”势力膨胀迅速

在虚假与负面的网络舆论背后,网络推手、网络水军、“网络黑社会”等灰黑势力对民意议程和舆论热点的炒作和扭曲、操控,成为2010年度网络管理的重大问题。它们介于网络公关、网络营销与网络黑公关、“网络打手”的两极之间,容易助长网络文化中的低俗化炒作、网络诽谤与有组织的网络攻击、非良性的网络删贴、“伪民意”传播以及“权力水军”的运作等一系列不良现象。2010年12月30日,中央相关部门表示,要出台政策加强对网络水军的管治。北京作为国内网络营销与网络公关行业高度聚集的中心城市,也是网络水军滥觞的聚集地。2010年,北京的网络公关公司已达700多家,一部分网络公关、网络营销公司与网络水军结合,从事网络推手的炒作和营销业务。在发达的网络技术和花样翻新的网络文化背景中,北京的网络推手业务技术能力、信息制作能力和传播能力,具有不可忽视的得天独厚的优势,并容易一触即发进而迅速蔓延。因此,应进一步强化对网络水军和网络推手的管治,截至2009年年底,北京网络推手公司已达100多家。以北京为重心加强对网络水军与网络推手的管治,严控网络“灰黑”势力的滋生和膨胀。

(四)网络信息环境的安全形势严峻

网络欺诈、钓鱼网站、“黑客经济”、信息窃取等问题,仍然考验着网络信息的安全和网络文化环境的健康稳定,干扰着正常的网络生活、网络文化、网络道德甚至网络政治的秩序。2009年，北京警方接报网络诈骗案件3700多起，诈骗金额达7000多万元；截至2010年7月份，北京市网络诈骗同比上升19.6%，网络交易诈骗同比上升51.9%。[①] 国家互联网应急中心(CNCERT)和中国互联网络信息中心的年度报告显示，2010年上半年，CNCERT接收4780次网络安全事件报告，同比增加105%；2010年处理安全事件所支出的服务费用达153亿元。"在2010年，有近28%的互联网用户遭遇过虚假钓鱼网站、诈骗交易、交易劫持、网银被盗等针对网络购物的安全攻击。"[②]中国互联网违法和不良信息举报中心2010年接到公众举报信息391111件次，有关网络诈骗类的举报占到23.8%，成为除淫秽色情类信息外最为主要的内容。首都作为全国的网络资源集中地，面临着很大的网络信息和网络文化的安全压力。对网络信息安全的有效整治，已经成为首都维护健康有序的网络信息空间、网络文化环境、发挥全国文化中心引导力和影响力的重大现实课题。

(五)网络文化的法制秩序有待系统规范

网络文化的飞速发展，容易伴随着一些缺乏明晰的道德法律规范的网络"失范"(anomie)现象，扰乱网络文化秩序。数字版权与网络著作权、知识产权是2010年纷争不断的一个热点问题，例如：贾平凹小说《古炉》的数字版权向人民日报社和网易读书"一女两嫁"的事件；百度文库与盛大文学的法律纠纷，以及从中凸显的互联网开放平台中的盗版和侵权问题等。网络竞争中的"失范"问题也成为本年度重大热点，2010年11月起，奇虎360公司和腾讯公司展开的"3Q"大战不仅仅是一起网络企业恶性竞争事件，也是一起吸引了社会和网民广泛介入，关乎网络霸权和网络公众权利的文化事件。此外，诸如人肉搜索、网络暴力、对肖像权和隐私权等的网络侵权、网络删贴等种种问题，都凸显着公共领域和个体权利、行为自由和自我约束、

① 《北京：传统电信诈骗案件下降 网络诈骗案多发》，http://society.people.com.cn/GB/86800/12238640.html。

② 金山网络：《2010—2011中国互联网安全研究报告》。

表达平等与话语权力、开放共享与知识产权等的一系列矛盾和张力。所有这些新型的网络现象和网络文化形态，都急需一整套科学合理、有力有效的网络管理规范和制约措施。

三、围绕“十二五”规划发展，繁荣网络文化，提升首都文化软实力

网络作为一种融新技术、新媒介、新文化、新经济于一体的新媒体，它不仅仅是一种新技术，新传播媒介，而且还是一种文化新形态，一种新的生活方式，甚至是一种新的意识形态形式。由此，网络也是文化软实力的一种载体、一种象征，乃至一种文化技术资本。针对当前网络文化建设、管理与发展的实际状况，结合网络信息技术和网络文化建设的需要，首都北京的网络文化建设、管理和发展，应围绕“三个北京”建设、北京市“十二五”规划提出的中国特色世界城市建设、全国文化中心建设、着力提升首都文化软实力的高度，着重从丰富网络文化生态、创新网络文化机制、整治网络文化环境、维护网络文化安全、打造网络文化特色、塑造网络文化品牌、强化网络文化引导力等方面，推动文明、有序、健康、和谐、繁荣的网络文化发展，有力提升首都网络文化的凝聚力、传播力、辐射力、影响力，使北京的网络文化建设、管理和发展成为提升首都文化软实力的重要力量。

（一）加强制定“十二五”时期网络文化建设专项规划

2010年，北京市《“人文北京”行动计划（2010—2012年）》、《中共北京市委关于制定北京市国民经济和社会发展第十二个五年规划的建议》等重要文件和若干重要会议中，虽然都把“互联网文化建设与管理”纳入北京核心价值体系建设、文化服务、文化经济和文化软实力建设的组成部分，但缺乏专项而具体的战略规划和前瞻性部署。为此，有必要在“十二五”时期，把网络文化的建设、管理和发展战略的基本定位和基本支撑、重点领域和业态更新、主要项目和品牌工程、其体制机制、配套措施和实施路径等，纳入政府专项规划或行动计划中，有方向性和针对性地加强和完善建设、管理、引

导、培育。

（二）探索深化主流网站与网络媒体单位的体制机制改革与创新

首都具有一批政府主导、多或少地存在着政府财政“输血”成分的重点门户网站、新闻网站和其他网络文化企业，这些文化单位的转企改制工作尚未完全理顺。实行现代企业制度的改革和市场化运营模式的改制，双轮驱动文化事业与文化产业的发展，成为增强其竞争力的重要途径。在深化体制机制的改革中，应着重强调如下几方面的问题：一是有步骤、有选择地实行现代企业制度与股份制改造，推动网络媒体单位合并、重组，增强网络文化企业的市场化经营能力和资本运作成熟度；二是改善经营管理机制，促进首都事业性网络媒体单位的经营业态丰富化与核心竞争力的培育，促进盈利模式的构建和盈利能力的提升，优化资源配置，激活首都网络媒体与网络文化企业的活力；三是妥善处理网络文化社会效益与经济效益、事业性与产业性之间的矛盾，“始终把社会效益放在首位，实现经济效益和社会效益有机统一。”通过体制机制创新、管理运营方式改革，探索增强北京网络媒体的经营效益，塑造首都网络文化品牌，提高网络文化核心竞争力。

（三）完善首都网络舆情的监测预警机制和分级分类管理体系

首都的网络舆情具有牵动全国的敏感性，急需建立健全相关的舆情监测、危机预警和网络事件应急处理机制。在“积极利用、科学发展、依法管理、确保安全”的方针下，加强对网络舆情的引导，注重对网络群体性事件、危机事件和网上动员的合理疏导、有效应对和综合治理，确保网络秩序与网络文化安全。(1)针对首都的特点，量身定制一套具有良好理论完备性和实践应用性的网络舆情监测指标体系和预警系统，对网络议题关注状况和程度、网民意见分布指标、网络舆情危机系数等进行科学系统的监测。(2)建立健全网络舆情和网络事件的分级管理体系。针对各种网上舆情危机和突发事件、群体性事件，制定详尽的分级分类标准和有针对性的应对预案，对负面舆情和危机事件的蔓延升级实施严格的问责制，分级、分类、有针对性地对网上舆情加以引导和管理。

（四）合理规划网络文化集聚区和示范区、示范项目的建设

到2010年，北京市已有30个市级文化产业集聚区和多个具有代表性的文化产业示范基地，与网络文化密切相关的有国家新媒体产业基地、中国动漫游戏城、北京数字娱乐产业示范基地等。2011年初，国家开始公共文化服务体系示范基地（项目）的创建。在网络文化建设方面，北京应合理规划格局，在分析地区网络文化现象与特征、总体态势的基础上，对特定的网络文化领域、区域、业态和典型项目进行引导和培育。当前，可以着重从网络文化产业集聚区、网络创意文化示范基地、网络公共文化示范区、网络文化品牌项目几个方面，加以合理地规划、选择和试点，并逐步拓展和推广。通过聚集区和示范区的建设，提升北京网络文化的集聚效应、规模效应和示范效应，强化网络文化与文化产业、文化经济和公共文化服务水平的互动，增强首都对全国网络文化建设的集聚力和网络文化传播的服务力。

（五）着力打造特色网络文化项目与重点品牌

首都网络文化的建设、管理和发展，应充分依托首都的文化、教育、科技、人才、资源和管理优势，逐步打造和造就一批对全国具有典型性、领先性、特色性的重点网络文化产品和文化服务品牌，构建网络文化建设的“北京路径”与“北京模式”。扶持和突出网络教育、网络游戏、网络出版等特色网络文化业态；培育和优化现有的网络春晚、网络文学艺术大赛等有特点的网络文化活动；丰富文化信息资源共享工程、数字化博物馆和美术馆等特色网络公共文化资源，不断丰富网络中传统文化建设的电子形态；立足北京深厚的历史积淀和古都的特色优势，充分重视网络古都、网络民俗、网络节庆、文化遗产数字模拟、非遗多媒体展演等主题的品牌建设，促进历史文化遗产在网络中的保存、传播、转换和推广，为历史文化名城建设提供有力平台、多元空间和信息渠道。塑造一批体现北京文化特色、首都文化形象、凸显首都文化地位与功能的重点网络文化品牌，不断塑造城市网络文化的核心竞争力，彰显首都网络文化在全国的引领力、辐射力和影响力，塑造具有中国特色、首都内涵和国家影响力的网络文化中心，塑造具有国际影响力的中国网络文化中心。

首都网络文化政策与建设管理

Policy and Management of Capital Cyber Cultural

中国特色背景下的北京网络文化生态建设

On the Construction of Online Culture Ecology for Beijing

彭　兰*

Peng Lan

摘　要：无论是中国特色的网络文化建设，还是北京特色的网络文化建设，都应是在网络推动下文化观念的变革过程，是文化秩序、文化生态的建设过程，是文化建设的各种主体之间的对话、协调过程。它的成果，不仅是网络文化产品的极大繁荣，更应是一种全新的文化精神与文化格局。因此，网络文化建设的一个重要方面，是网络文化生态的培育。要深入认识网络文化生态，就要全面深入地认识网络文化的形成基础、构成层面、建设主体以及影响要素，在此基础上，理解它们之间的相互关系。北京地区的网络文化生态建设，目前更需要在以下几方面有所突破与创新：变革管理者思维与管理模式；建立网络公民素养培养体系；推进有效的行业自律机制；探索积极健康的网民自治模式；规划均衡有序的产业格局；重视网络文化"历史风貌"的保护与延续。

关键词：网络文化　网络文化生态　网络文化产业　网络公民素养

互联网在中国发展的一个重要成果，就是网络文化的繁荣。中国的网

* 彭兰，女，中国人民大学新闻学院教授、博士生导师，中国人民大学新闻与社会发展研究中心研究员、新媒体研究所所长。

络文化在经过一段自由发展阶段后,正在进入一个有目的的建设时期,这个时期不仅是网络文化产业的进一步发展时期,更是对网络文化深化认识的过程,是网络文化去粗取精的过程。这个时期不仅在为未来的文化沉淀精华、积蓄底蕴,也在丰富网络文化枝脉,为其变成参天大树做好准备。

无论是中国特色的网络文化建设,还是北京特色的网络文化建设,都不能简单地视作一个可以毕其功于一役的“工程”。它们应是在网络推动下文化观念的变革过程,是文化秩序、文化生态的建设过程,是文化建设的各种主体之间的对话、协调过程。它的成果,不仅是网络文化产品的极大繁荣,更应是一种全新的文化精神与文化格局。因此,网络文化建设的一个重要方面,是网络文化生态的培育。

对于北京来说,要在网络文化建设中做出自己的示范作用,不仅需要大力发展网络文化产业,也需要在网络文化生态建设方面探索出自己的道路,展示新的建设与管理思维。

一、网络文化生态的构成

与自然生态类似,“文化生态”是指构成文化系统的内、外在诸要素及其相互作用的关系。要深入认识网络文化生态,就要全面深入地认识网络文化的形成基础、网络文化的构成层面、网络文化的建设主体以及影响要素,在此基础上,理解它们之间的相互关系。

(一)网络文化的形成基础

网络文化的根本基础是网络技术,它在初期的发展动力,主要来自技术自身。网络技术的进步,不断丰富着网络文化的承载平台、表现形式,也改变着网络文化的内涵以及它的社会功能。

但是,20世纪90年代,当互联网开始变成一种公共信息设施和公共媒体时,商业的力量开始渗透到网络中,商业力量成为网络发展的新的主导力量。网络文化中商业文化的属性逐渐凸显,而且最终促使网络文化的深层转型。例如,从技术精英文化向大众文化的扩展,从反主流文化向主流文化的扩展,从同质文化向异质文化的扩展,从技术文化向商业文化的扩展,等等。

发展到今天,网络已同时具有技术平台、媒介、经营平台和社会形态等四种属性。这四种属性凝聚了各自的动力,推动着网络文化发展,而这些属性并非彼此割裂,而是相互融合、相互渗透、交叉作用,正因为如此,网络传播才显现出复杂的社会景观,网络文化也是网络多重属性共同作用的结果。因此,认识网络文化生态,需要认识网络的这些不同属性以及它们之间的相互关系,并观察在网络属性变化的过程中网络文化的演进与网络文化生态的变化过程。

尽管网络文化在不断发展,但由网络技术的特性带来的一些网络文化特质却是一直保留着并不断延续,例如,它的开放性、多元性、分权性、集群性、参与性等。网络文化正是基于这样的特质,在与现实社会进行着互动。

(二)网络文化的构成层面

目前关于网络文化建设的研究与讨论,多集中在网络文化产品方面,甚至主要把眼光放在网络的文化产品上,但网络文化是多层次的,需要从不同角度来认识。

网络文化的构成层面包括:

1. 网络文化行为

网民在网络中的行为方式与活动,大多具有文化的意味,它们就是网络文化的基本层面,是网络文化的其他层面形成的基础。

2. 网络文化产品

这既包括网民利用网络传播的各种原创的文化产品,如文章、图片、视频、动画等,也包括一些组织或商业机构利用网络传播的文化产品。

3. 网络文化事件

网络中出现的一些具有文化意义的社会事件,它们不仅对网络文化的走向起到一定作用,而且也会对社会文化发展产生一定影响。

4. 网络文化现象

有时网络中并不一定发生特定的事件,但是,一些网民行为或网络文化产品等会表现出一定的共同趋向或特征,形成某种文化现象。

5. 网络文化精神

网络文化的一些内在价值取向与特质。目前中国网络文化精神的主要取向表现为:自由性、开放性、平民性、非主流性等。但随着网络在社会生活中渗透程度的变化,网络文化精神也会发生变化。

6. 网络文化产业

网络文化具有文化产业的主要特征。作为一种新兴的产业,它不仅是文化产业的增长点与制高点,也是推动文化产业和其他传统产业变革的力量。

7. 网络文化制度

网络文化的发展及其影响,也会在社会制度层面反映出来。网络文化所推动的制度发展、变化甚至变革,也是网络文化的重要体现。

8. 网络文化秩序与格局

网络文化具有复杂的主体构成,由文化的生产、消费、管理、应用等多种主体间形成的关系与秩序,不同国家、民族、阶层、群体文化的相互关系与态度,也是网络文化的重要构成层面。

网络文化生态是以上各个层面的综合体现。

(三)网络文化的建设主体

网络文化在各个层面的表现,不是单一的主体作用的结果,而是三种主体共同作用的结果。

中国网络文化建设的基础性主体是中国的网民和中国的网络企业,他们直接创造了丰富的网络文化产品,也直接影响着网络文化的各个层面。要形成生机勃勃的网络文化,就需要充分尊重这些建设主体、调动他们的积极性。而提高这些建设主体的能力与素养,促进他们的自律,是中国特色网络文化建设中一项长期的任务。

政府也是网络文化中重要的建设主体,但它的职能更多在于协调与管理。作为网络文化的建设者,政府需要把握网络社会与网络文化的特殊发展规律,根据这些规律制定切实可行的管理政策与管理办法。

网络文化生态，很大程度上取决于这三种主体之间的相互作用。

（四）网络文化生态的外部影响因素

网络文化生态不仅取决于网络的属性，也不仅是内部要素的相互作用结果，它也在很大程度上受到网络以外的环境的影响。这主要包括：

1. 文化传统的影响

网络文化是对传统文化的一种发展，而不是一种颠覆。中国网络文化的根基，一方面是现实社会，另一方面是中国文化传统。

中国的文化传统内涵极为丰富，表现形式也十分复杂，但是中国文化的主要思想，集中在儒家、道家、佛教等方面，这些思想已经深入内化为中国社会的制度、习俗，并在中国人的思维方式、行为方式、价值取向、性格特征等各个层面表现出来。

2. 中国现实环境的影响

无疑，中国社会的现实环境是中国网络文化生态最主要的影响因素。

首先，中国现实环境决定了网络文化的主体构成。

在中国情境下，专业的网络文化生产者，例如新闻网站、视频网站等，都受到国家相关政策的影响，这些政策不仅决定了网络文化产品的质量，也决定了中国特色的网络文化的建设格局。

而网络文化的另一类主要主体，即网民群体，其构成也与中国现实环境有关。中国网民在早期具有精英群体的特点，而随着互联网的不断普及，网民群体日益平民化、多元化，但是，经济不发达地区的网络普及率仍然较低，因此，网民群体并不能完全代表中国社会的所有阶层，网络文化也只是中国社会文化的一个局部，而不是全部。

中国式的网络普及过程，也使得低龄网民在中国网民群体中占有较大比重，而低龄网民意味着社会接触、社会认识方面的欠缺。这种特殊构成，也影响到网络文化的取向，网络中的反主流色彩、娱乐化倾向、群体感染性强、网络暴力倾向等，和网民的年龄构成有一定的关系。

中国现实环境也决定了不同网民所处的社会角色、社会阶层，每个网民在网络中的意见、态度与行动等，都或多或少受到他们所处的社会阶层的影

响，所以网络中的意见冲突、文化冲突，往往也是社会阶层矛盾的体现。

中国现实环境决定了网民的高度参与性。处于改革开放、社会转型期的中国，公众认识自身生存环境的愿望格外强烈，改善自身处境的愿望也格外强烈。网络的出现，恰好为这些愿望的满足提供了可能。另一方面，社会矛盾日益复杂、社会冲突不断加剧，个体生存压力不断加大，这些因素都导致社会系统内部的压力加大，也都影响了人们在网络中的行为、意见、态度等，进而影响到网络文化的基调。

此外，国家对于网络文化的管理制度、政策法规，也是中国特色网络文化的重要影响因素。

3. 现代化进程的影响

中国互联网的发展过程，是伴随着中国改革开放进程的，而改革开放过程本身也是一个现代化过程，这一过程重续了由“五四”运动所启蒙的关于“现代性”的思考与追求。而这个现代化过程的一个很重要的方面，是对西方文化的开放，越来越多的中国人受到西方文化和价值体系的影响。这种影响表现为两个方向，一是接受，二是参照。全面接受西方价值观的人并不多，但是即使不全面接受西方价值体系，多数人也会以西方文化为参照，来调整自己的价值观，也有一些人在与西方文化的比较中重新发现了传统文化的价值，并试图在传统文化与价值体系中寻找可以应对现代化困境的“解药”。无论是接受还是参照，改革开放的过程，都促进了中西文化与价值观的碰撞，在这种碰撞中，一些过去在中国社会处于边缘地带甚至完全被抑制的价值观开始得到普遍关注，有些得到了广泛的认同。

对于中国来说，现代化进程中社会价值的多元化，在一个方面表现得尤为突出，那就是对个体这样一个社会基本单位的价值的重新认识，个体的个性、尊严、权利、利益、财产等，开始受到重视与尊重。价值观的选择与表达，也成为个体权利的一种表现。

这样一个层面的变化，使得中国传统的集体主义的文化传统，在某种意义上受到冲击。但是，并非所有人都接受这样一种转变，网络中已经出现了一种分化，个人主义的价值取向在一部分网民身上开始表现，但与此同时，集体主义的传统仍然在一部分人中根深蒂固,甚至由于网络的互动而可能强化,基于集体主义取向的事件,也在网络中频频发生。

社会价值的多元化,在更高的层面表现为对文化、制度等层面的新思考,例如,对于中国传统文化的反思与重新认识,对于个体与集体关系、公权与私权关系的思考,对于传统伦理社会与现代市民社会的比较等。在这些方面,个体的价值观的差异开始显现。

现代化进程中出现的这些变化,都在网络文化中有所反映,甚至某些方面在网络文化中表现得尤为突出。

4. 全球化进程的影响

在中国全球化的进程中,中国在政治、经济、技术、文化等各方面的发展中与世界其他国家的联系日益紧密,国际环境、西方文化对于中国文化的影响也日益加强,在网络文化中也是如此。

一方面,由于全球化的影响,互联网技术得以引入中国并普及。中国在网络技术方面与国际先进水平的差距也日益缩小,在技术的推动下,网络文化的共性得以渗透到中国的网络社会。

在全球化时代更好地进行对外传播,在网络传播格局中争得一席之地,加强中国特色的网络文化建设以应对世界各国文化的冲击,这些也成为中国网络传播与网络文化发展的重要动力。中国的网络文化建设的国家战略,正是针对全球化的浪潮而提出的。

互联网是一个全球化的网络,在这样的背景下的网络文化建设,既要坚持民族文化的根基,适应中国社会的实际情况,也需要参照国际惯例。国际惯例也是网络文化建设中的重要依据。

而从网民角度看,与现代化进程联系在一起的全球化进程,或多或少地影响着他们的价值观和文化取向。西方的大众文化产品,通过网络得以轻易地实现全球传播,中国网民接触西方文化产品越来越频繁,与西方文化越来越接轨、同步,因此,中国网络文化虽然有着自己的特质,但也不可避免地受到外来文化的影响。

在上述几种因素的共同作用下,目前的中国网络文化生态的整体是多元、动态、充满活力的，网民的创造能力、参与能力被前所未有地激发出来，网络文化对中国现实的高度干预能力也异常突出。但同时，网络文化也呈现出一定的无序性，在网民这部分，反主流性、破坏性表现得也很突出。相关管理部门尽管做出了很多努力，但是，对于在网络空间如何进行文化建设与管理方面，还处于探索阶段，经验还有所不足，有些时候还在简单搬用传统的方式。在未来政府部门还需要探索更适合网络环境的管理思维与管理模式。

二、“中国特色”网络文化生态的内涵

网络是跨地域的，网络传播也可以超越国界、地界，但前文所提到的网络文化的各个层面还是会在很大程度上受到一个国家的制度、现实环境、文化传统等因素的影响，因此，网络文化既包含网络带来的共性，也包含特定的社会环境所导致的个性，中国特色的网络文化的形成是一个必然。

（一）中国特色网络文化的特质

中国特色网络文化在初期更多地是一种“在中国土壤上生长出来的网络文化”，而在今天，它更应该是各种建设主体所努力推动的“适合中国国情、有利于中国社会发展的网络文化”。中国特色网络文化应该具有以下特质：

1. 适应网络环境

中国特色的网络文化首先是网络文化，它是以网络空间为其生存的土壤。网络技术、网络传播、网络互动等赋予了网络文化独特的个性。尊重网络技术与网络环境带来的文化个性，才能保持网络文化的长久生命力。此外，网络文化不仅意味着各种网络原生的文化形态的发展，也意味着各种先于网络出现的文化形态在网络这一空间中的变革与新生。在互联网全面覆盖一个国家的政治、经济、社会等方方面面时，网络将成为各种既有文化的一条共同发展之路。这些文化要能在网络中获得发展的动力，就需要充分认识网络技术与网络环境的特点，顺应这些特点作出相应的变革。

2. 以中国文化为根基

中国特色的网络文化的根基是中国文化，这既包括优秀的传统文化，又包括与时俱进的当代文化。继承中国文化的基因，探索与塑造网络文化的中国精神、中国特质，才是中国对世界的贡献，中国文化也才能通过网络这一重要的渠道不断发展、源远流长。

3. 吸收一切优秀文化养分

中国特色网络文化不应是封闭的，它是向一切优秀的文化开放的。它可以吸引各种文化的养分，不断丰富与发展自己。网络环境为各种文化的交流、对话提供了便利的渠道，如果能充分发挥网络的优势，那么中国特色的网络文化将成为中国文化与世界优秀文化沟通、互动的重要成果。

4. 立足中国的社会环境

中国特色网络文化的另一个重要基础是中国的现实环境。它是对中国现实社会的一种映射。中国的网络文化的秩序、理念、行为等，都不能脱离中国现实。与中国的现实发展阶段相适应，中国特色的网络文化建设也应该是循序渐进的。

5. 成为中国社会发展的动力

网络文化不仅反映着中国社会，也会反作用于中国社会。网络文化不应该成为与世隔绝的乌托邦，而是应该成为促进中国社会发展、推动中国社会进步的重要力量。

6. 成为中国与世界对话的渠道

网络文化也是中国社会的一扇窗口，是中国与他国对话的渠道，也是中国参与国际竞争的一个阵地。中国特色的网络文化建设，不是要建造一个互联网上的独立王国，而是要有利于中国与国际社会的信息的双向交流，有利于中国形象的塑造，增强中国在全球化竞争中的实力。

总体而言，中国特色的网络文化，既应有网络文化的共性，也应具有与中国网络实际相符合的个性。中国特色网络文化，就是基于中国网络空间，源于中国网络实践，传承中华民族传统文化，吸收世界网络文化优秀成果，面向大众、服务人民,具有中国气派、体现时代精神的网络文化。①

（二）中国特色网络文化生态的建设目标

中国特色网络文化既包括中国特色的网络文化产业,也包括中国特色的网络文化生态,而良好的生态是健康、有活力的产业的基础。

这个生态应该包含以下几个方面的目标:

1. 以自律、自治、对话、协商为基础的文化秩序

网络社会构建的网络文化在冲击既有的文化传统与秩序的同时,也在形成自己的独有秩序。但是这种秩序目前还是不成熟的,甚至带有一定的混乱性。在一种新的社会形态的演进、变革过程中,这种混乱也许是不得不付出的代价。但是,无疑,网络文化的健康发展,有赖于良好的网络社会秩序,网络社会的有序发展,对于现实社会的意义也十分重大。

在网络文化秩序的建设中,有两类主体,一是生产者,一是管理者。

网络文化是由网民、网站等各种层次的主体所生产的,网络文化的秩序,也应该主要由这些主体来建设与维护。强调自律基础上的自治,应该是网络文化秩序建设的基本思路。

对于网站这样的生产主体来说,网站自律、行业自律十分必要。行业自律组织在网络文化建设中也具有重要地位,例如,对于在一些自律制度、行业规范、行业标准的制定方面,同时行业自律组织也是监督相关标准和行业规范等执行情况的机构。加强行业自律意识、提高行业自律机制与组织的效力,是网络文化秩序建设中的另一项重要任务。

政府部门对于网络文化秩序的管理,也是十分重要的。管理工作的一个重要任务,是针对网络的特点,制定切合实际、行之有效的法律法规和制度。尽管互联网诞生以来,国家相关部分已经制定了不少政策法规,但随着网络的不断发展,相关的法规与制度也需要不断完善。

不可回避的是,一些网民和网站对于中国政府各级部门现有的一些管理制度、管理方式是存在着逆反甚至是对抗心理的,无论我们如何评价这种

① 《专访蔡明照:网络文化建设是一个系统工程》,人民网,2007 年 7 月 13 日。

心理,它都是一种客观存在,如果无视它的存在,而一味按照主观愿望来进行管理,效果一定不能尽如人意。

因此,中国特色网络文化的建设,还需要找到网络文化的管理者与生产者之间的更为有效的对话方式、沟通方式、协商方式,它既不是管理者的强制管理,也不应是生产者的为所欲为。它更多地是在沟通的过程中达成理解与共识。

对于网络文化的各类生产者来说,他们之间的对话、沟通,也是构建良好的网络文化秩序的重要基础。

2. 兼容、开放的文化格局

要想让中国特色网络文化成为一棵枝繁叶茂的大树,就必须形成开放的格局。百花齐放、兼收并蓄,才能使中国的网络文化永远保持生命力。这个开放格局应该包含传统文化与现代文化的兼容、中国文化与外来文化的兼容、主流文化与亚文化的兼容等多个层面。

兼容、开放的网络文化格局,离不开宽容的精神,这需要从倡导每个网民的宽容精神入手。尊重他人的表达权利、包容多元价值观,应该是每个网民的基本素养。每个人既要维护自己的自由表达权利,也要尊重他人的自由表达权利,这是促进网络文化繁荣的重要基础。

另一方面,对于网站等建设者来说,要促进文化产品的繁荣,也需要超越商业利益的纷争,包容多元的特别是对手的文化。为商业利益进行不正当的竞争、打压,同样会成为网络文化发展的障碍。

而管理部门也需要对于网络文化的多元个性采取更宽容的态度,当然,前提是它们不违反法律。

3. 以中国文化为根基的文化底蕴

网络文化虽然是一个相对新生的事物,但是它正在成为人们生存环境中的一个重要文化要素。网络文化对人的精神的塑造、对人的行为的影响等,是长期而深远的。网络文化作为社会文化的重要组成部分,对于社会的健康运行也起着重要作用。

因此,网络文化是文化传承的一种方式,它也代表着未来文化的发展方向。网络文化的建设必须对未来负责。它不应成为快餐文化、娱乐文化和消费文化的简单杂烩,更不应成为低俗文化的代名词。中国特色的网络文化应该是开放的,但这并不意味着它可以包含一切泥沙。它应该具有自我反省、自我修正能力,在沙里淘金的过程中累积起真正能被传承下去的文化精华与文化底蕴。

逐渐积累的文化底蕴,也是中国网络文化与世界文化对话的资本。

网络文化的底蕴,其根基是中国文化,它可以不断吸取各种不同文化的养分,不断丰富、扩张,但是其根基是永恒的。

当然,中国文化不等同于中国传统文化,网络文化的中国根基,既要坚守中国传统文化的精髓,又要能顺应时代的发展,形成新的文化气质与文化精神。网络应该成为促进中国文化发展的重要力量。

4. 理性、建设性的文化精神

网络文化的重要层面是其文化精神。尽管目前的网络文化已经形成了一定的风格特点,但是,离理想的文化精神还有一定距离。

网络文化是在网络这样一个最初被认为是虚拟世界的空间中逐渐形成的,由于人们在网络早期应用和认识方面的局限性,游戏、恶搞、破坏等成为了网络文化初期的基调,但是,这显然不应成为网络文化的本质精神。

当网络日益成为一种社会形态,成为现实社会的一部分时,网络文化也应与社会文明的发展方向相一致,因此,网络文化未来更重要的任务是建设而不是破坏,而网络文化的生产者与管理者的理性、建设性,是完成这一任务的重要前提。

建设性并不意味着不能打破落后的文化传统,但破坏的目的是为了建设,如果只有破坏而没有建设,那么网络将逐渐变成文化的废墟。

理性与建设性紧密相联,建设性是建立在理性的认识与判断上,而建设性是理性的落脚点。

中国特色的网络文化生态建设是一项长期艰巨的任务,它需要政府、网站、网民等各方的共同努力。它不仅是文化的建设过程,也与中国社会的政治、经济变革紧密相连。

三、关于北京网络文化生态建设战略的建议

以往北京网络文化的建设重点是在文化产业方面，而网络文化生态方面的规划与建设，相对滞后。但从网络文化生态建设方面看，北京具有得天独厚的优势，它理应在网络文化生态建设方面起到带头与示范作用。

北京有良好的互联网发展基础。根据相关统计，目前北京地区网民规模约 1218 万人，互联网普及率达到 69.4%。[①] 相对而言，北京地区的网民在文化程度、收入、职业等方面都有一定优势。此外，中国最重要的网络企业大多数在北京，网络产业发达。

北京在网络文化建设的资源方向上处于优势地位，除了政治、经济上的优势外，文化资源、人才资源的集中，也是其他很多地区难以企及的。

北京互联网发展起步早，相关的管理部门成立时间也长，运行也较为成熟，在实践中已积累了一定的互联网管理经验与教训，也探索了一些有意义的管理模式。

尽管有这些优势条件，在网络文化生态建设方面，北京与其他地区一样，也是处于探索阶段。从发展的角度看，北京地区的网络文化生态建设，目前更需要在以下几方面有所突破与创新。

（一）变革管理者思维与管理模式

网络文化生态取决于网民、网络企业与管理者三方共同作用，但管理者对于网络文化生态的格局起着更重要的制约作用。

网络文化植根于网络这片土壤，这片土壤有一定的特殊性，网络文化的生态培育必须以尊重这种特殊性为前提。对于政府等管理者来说，就必须有新的管理思维与管理模式与之相适应。

1. 尊重网络文化的“基因”

从发源上来说，网络文化是在网民的自发活动中逐渐形成的，由商业力

---

① 《北京网民规模约 1218 万人　互联网普及率 69.4%》，新华网，2011 年 2 月 6 日。

量推动的，网民和网络企业是网络文化的生产主体，这与传统大众媒体时代占据垄断地位的主流文化是两种不同的文化。政府等管理部门虽然对网络文化的发展起着重要的作用，但是，它的角色应是协调者与管理者。它的管理，也不应是“计划经济”式的强制性的调控，而应是尊重网络文化的发展规律，善于顺势而为。

网络文化具有开放性、多元性、分权性、集群性、参与性等特点，这也是网络文化的“基因”。网络文化的建设与管理，需要充分认识与尊重网络文化的特性，如果简单地用传统的思维与模式来对待网络文化，如果非要用某一种固定模式来圈定网络文化的生长，那么，网络原生文化可能会对与之不适应的管理机制产生激烈的“排异性”，引起网络生态系统的失调。

2. 用“生态系统”思维看待网络文化的发展与引导

网络文化是一个全新的事物，网络文化在发展中必然会出现良莠不齐的情况。但是，如果从生态系统、生物进化的角度看，对一时的消极现象不必过分恐慌，网络文化自身有一定的自我修正、自我净化功能。就像自然界的生物进化一样，网络文化在多元发展的同时，也会出现优胜劣汰的过程，一些消极的现象会逐渐被人们认清、抛弃。尽管并非在所有时候网络文化都能完成自我修正，但是，从网络文化的以往发展轨迹来看，它整体是在不断地进步之中的。

当然，这并非表明对网络文化发展的消极问题置之不理，对网络文化进行必要的引导与管理是需要的。但引导与管理，同样需要把网络文化作为一个生态系统，需要用系统的眼光梳理出现问题的各个环节与要素，从综合环境上去寻找原因与对策。对网络文化中的“杂草”，简单地“斩草”很难实现“除根”的效果，只有综合改善网络文化生态环境，乃至社会大环境，才能去除这些“杂草”生长的环境，才能真正促进网络文化的“进化”。

（二）建立网络公民素养培养体系

网络文化建设的基础主体是网民，因此网络文化生态的基调在很大程度上取决于网民的素养。网络文化管理中更基础性的工作，在于提高网络时代公民的素养，从长远影响网络文化生态。

网络兼具媒介与社会的双重属性,这使身处网络的公众,既是媒介内容的消费者与生产者,同时又是网络社会的最基本的构成单位,因此,网民在这样一种特定环境中的素养,不仅表现为一种媒介素养,还会表现为一种社会素养,或者说公民素养。

网络公民素养包括以下几个方面:

1. 网络基本应用素养

要对网络等媒介加以有效的利用,使之为自己的工作、学习、生活等目的服务,受众需要掌握一定的技术。这是最基础的素养。但是掌握了技术,并不意味着人们就可以对网络加以积极的利用。作为一种技术,网络是中性的,它只是一种工具,为人们提供了信息传播、人际交流以及其他方面的服务。但是,就像其他技术一样,网络技术可能被滥用或误用。突出的两种表现,一是技术带来的犯罪,一是对网络的沉迷成瘾。因此,网络的基本应用素养,也应该表现为对网络技术和应用的合理、合法以及节制的使用等。

2. 网络信息消费素养

网民是网络信息的消费者,但要作为一个积极的消费者,他们应该具有在网络中获取有效信息的能力和对网络信息的辨识、分析与批判能力,成为更具判断力和批判精神的积极的受众。

3. 网络信息生产素养

由于受众已经可以广泛而深入地参加网络信息的生产,而且这种生产的影响力也越来越大。因此,过去只是针对媒体从业者开展的媒体工作原则的教育以及技能的训练,也应该逐步扩展到普通公众。并且,这种教育不是让公众仅仅作为受众去了解媒体工作的机制,而是要加强他们作为信息传播者的责任意识,使他们具备传播者应该具有的素养。具体而言,这种素养表现为:负责地发布信息和言论的素养、负责地进行信息再传播(如转发)的素养等。

4. 网络交往素养

互联网提供了一种新的社会交往网络,它有可能拓展人际交往的广度,也有可能加强人际交往的深度,而这种交往的拓展与深化有可能带来新的社会文化。但是,能否将媒介提供的这种可能性转化为现实性,取决于人们的网络交往能力。网络交往是一种平等的互动,每个人都希望在这种交往中得到尊重与报偿。因此,尊重他人权利,也是网络交往素养的一个重要方面,这包括尊重他人的表达权、隐私权、知识产权等方面。

5. 社会协作素养

网络等技术开启了全新的社会协作模式,未来的技术将使社会协作在更大范围内展开,这也使社会协作的思想和素养,成为网络时代公民必须具备的素养。个体的社会协作的素养主要表现为如下方面:与协同工作的其他人达成一致目标的能力,为自己在协同系统中定位的能力,执行协同任务的能力,与协同工作的他者进行有效沟通的能力。

6. 社会参与素养

互联网等媒体一直被认为将对社会民主的进程起到重要作用。但要达到这一目标,基本保障之一是公民的自由平等和理性参与。网络在一定程度上提高了公民的自由平等的权利,但并不必然提高公民的社会参与素养。因此,提高公民的社会参与能力,不仅关系到网络世界的和谐稳定,也关系到整个社会的发展与进步。公民的社会参与能力主要体现为积极参与网络社区建设的能力,理性建设性参与公共事务的能力,尊重他人发言权利、包容多元价值观。而这要求网民更加尊重法律制度,遵守法律规范,具备社会责任意识。

网络社会公民素养培养体系的建构,不应是一时的"运动",也不应是短期的"策略",而应是一个长期的战略,应该是一个全社会参与的基础工程,也是一个系统工程。需要对网络公民素养培养的目标、任务、方法进行全面科学的论证,建立合理的、层次化的培养体系,建立长效的执行机制。

网络公民素养培养体系的基础框架应是各级教育系统,特别是中小学等教育系统。

目前,中国网民的低龄化倾向越来越明显,根据中国互联网络信息中心2011 年 1 月发布的第 27 次"中国互联网络发展状况统计报告"提供的数据,截至2010 年 12 月底,在中国的 4. 57 亿网民中,10—19 岁网民所占比重为27.3%，是目前中国互联网第二大用户群体，此外10岁以下的网民占1.1%。[1] 而这两个年龄段的网民基本上为中小学生。中小学生虽然在学校或家中有一定的上网技能的训练，但是，在其他网络媒介素养培养方面，却是非常薄弱的，而他们正是最容易受到网络环境和网络信息影响的人群，网络对于他们的社会化以及价值观的形成，起着重要的作用。对他们加强信息的辨识能力的培养、自我保护意识与能力的培养，加强网络人际交往能力的培养等，是十分必要的。

因此，网络社会公民素养培养，需要直接嵌入各级教育体系特别是基础教育体系中，中小学都应该针对不同年龄的青少年开设不同程度的数字公民素养教育课程。而在大学阶段，则可以结合不同专业的特点，进行更深层次的专门教育。

网络公民素养培养，涉及方方面面：既涉及技术应用能力，又涉及信息传播能力、社会交往能力，还涉及法律意识、社会参与能力等。因此，网络公民素养培养是一个系统工程，它需要相关部门的协调与配合。

在实施网络公民素养的培养方面，北京理应成为全国的示范。因为北京有较完备的基础教育体系，也聚集了一大批重要的高等院校。北京市的相关管理机构，需要充分协调和整合这些资源，推动共识与共同行动，探讨网络公民素养培养的长远机制。

（三）推进有效的行业自律机制

网络企业也是网络文化生产的主力，它们对于网络文化的繁荣与和谐格局起着重要作用，对于网络文化的价值取向，也有较明显的影响。在网络文化生态建设方面，网络企业的自律，十分重要。

尽管行业自律已经成为网络企业与管理者的共识，但在实践中，一些机制与行动的效果不尽如人意，相关模式与方法也需要进一步改进。

1. 尊重行业自律组织的自主地位

目前的网络行业自律组织多是在政府直接影响下形成的，而事实上，政

[1] 资料来源：www.cnnic.net.cn。

府机构不应过分干涉行业组织，更不应将这些组织变成政府管理机构的一部分。管理部门过多介入行业组织的运行中，将模糊行政权力与行业自律组织之间的界限，使得这些组织的自主性、积极性受到抑制。

目前，网民对于政府的某些管理政策还存在着一定的不理解，在网络文化管理方面，网民时常会出现与政府对立的情绪，这种情况下，行业组织应该作为独立的第三方，来起到协调作用，有些时候可以承担政府不便承担的任务。而如果沾上过浓的行政色彩，这种第三方的形象将无法树立，它们的作用也就难以充分发挥。

2. 明晰与强化行业组织的权力

目前的行业组织，更多流于形式，多数职能模糊，对成员企业的管理与制约权力较弱。2010 年“3Q 大战”，本应由行业组织出面来解决，但由于没有相应组织有这样的能力，最终只能由工信部等政府部门出面。

权力的不明晰，也会导致自律组织的地位不高，积极性不够，行业自律最终也就成为空谈。

3. 注重行业组织的整合能力

现在有些领域内同类组织太多，既有全国性组织，又有地方性组织，还有专业性组织，一个企业置身于过多的组织中，对于组织的归属感反而不明确，组织对成员的约束力也不强，不同组织交叉布置的任务，也难以顺利执行。如果能将同类组织进行整合，也许能更好地使行业组织有效运转起来，发挥它们的作用，提高行业组织的权威性与约束力。

4. 行业公约的制定应该更加谨慎

实践中，各类组织纷纷推出各种类型的公约，但是，它们对于签署者并不具备法律上的约束力。同时，多数组织也并没有形成一种有效的机制去监督公约的实施情况，有些公约也没有制定违反公约的惩戒制度。所以不少公约的实际执行效果并不理想，这又会反过来影响到行业组织的威信。

（四）探索积极健康的网民自治模式

网络自身已经成为一个新的社会，尽管这个社会在很大程度上受着现实社会的制度、环境的制约，但是，作为一个社会系统，它也可能形成自身的运行规则。尊重网络规律推动网络文化生态建设,也意味着需要利用网络社会内部的规则,特别是网民的自治机制。

从实践来看,网络社会中,是有可能形成不同形式的自治模式的。其中较典型的是网络中出现的“自组织”。

从系统论的观点来说,“自组织”是指一个系统在内在机制的驱动下,自行从简单向复杂、从粗糙向细致方向发展,不断地提高自身的复杂度和精细度的过程。换句话说,所谓自组织,即指没有外界干预,仅仅只有控制参量变化,通过子系统间的合作,能够形成宏观有序结构的现象。① 尽管自系统理论最早研究的是自然界中的自组织,但是,后来人们也开始用它来研究人类社会的现象。

网络中主要有两种自组织的作用机制。其一为常态性自组织。例如一个成熟的社区就是一个自组织,它有自己的管理规则,有相互的分工协作。其二为应急性自组织,即因为某一次传播活动而产生的临时性网民力量聚合和协同工作。

一些网络中的“自组织”正在影响着网络文化的价值取向、网络舆论的走向甚至网络行动的形成。虽然这其中存在一些消极现象,但是,从总体看,这种机制对于网络生态的平衡、对于网络的自我修正,是起到了积极作用的。“自组织”的形成是网络社会的必然。管理者需要充分认识与研究它,激发它的积极作用,抑制其可能的消极影响。

除了“自组织”外,对于网络中出现的其他网民自治、自律模式,管理者也需要有更多的关注。

(五)规划均衡有序的产业格局

网络文化生态与网络文化产业虽然是两个不同的层面,但它们又是密切相关的,和谐、健康的网络文化生态,也离不开均衡有序的产业格局。

北京是网络文化产业最发达的地区之一,它的布局也影响到全国的布局,因此,认真分析北京地区网络文化产业的现状与走势,对产业格局进行

① 资料来源:http://thns.tsinghua.edu.cn/jsj00005/kaifa1.htm。

长远规划,意义重大。

网络文化产业格局首先应该尊重网络经济自身的逻辑,尊重其商业规律。但是,在某些情况下,管理者也可以通过政策引导,来影响产业布局,培育那些意义重大但暂时还没得到商业资本青睐的产业领域,如网络教育、网络出版等。

规划产业格局,还意味着管理部门要关注技术的新进展,抓住新机遇,推进新技术与新产品的开发,以及新的产业链条的形成。当前,物联网技术正在兴起,北京地区如果能在这一新技术领域尽早布局,将有利于占领未来的制高点。

此外,管理者需要尽力促成那些事关产业发展的关键性法律、法规(如版权法)的完善,为产业发展提供更好的政策、法律环境。

(六)重视网络文化"历史风貌"的保护与延续

网络文化处于不断成长的过程中,不同的产品、事件、现象、人物等,反映了不同时期的网络文化热点甚至社会发展动向,无论有形或无形,无论积极与消极,它们都是网络文化发展中的重要历史风貌,是网络文化的"史料",同时也是网络文化发展的历史财富。对它们进行完整保存,为当今和后来的人们研究网络文化的变迁、研究中国社会发展留下历史依据,十分必要。

但对数字形式的文化风貌进行保存与延续具有极大的挑战性。在虚拟空间以数字形式存在的信息,有些转瞬即逝,即使信息能长期保存,原始的传播形式和传播平台、传播环境却较难以存留。这些都是网络文化"史料"保存的难点。可以考虑通过"网络文化博物馆"、"网络文化案例库"等专项建设,通过技术手段的创新,来尽可能完整地保存网络文化发展史上那些关键性的或具有特殊意义的历史瞬间,以实现网络文化历史风貌的延续。

媒介融合视域中的首都全媒体发展状况及对策

Development and Countermeasure of Capital Omnimedia in the View of Media Convergence

佟力强*

Tong Liqiang

摘　要：新兴媒体的兴起和媒介融合的深入，为传统媒体的战略转型和全媒体发展提供了历史性机遇。本文分析全媒体的内涵、特点和变化发展趋势；从产业支持政策、内容生产能力、技术研发和兼容标准、媒体管理方式等方面，分析首都全媒体发展过程中存在的问题；并从加强全媒体发展战略规划、健全产业扶持政策体系、创新管理方式、加强技术开发和平台建设等方面，提出推动首都全媒体发展和管理的对策措施。

关键词：全媒体　媒介融合　传播形态　受众

随着现代科学技术的快速发展，互联网、手机报、网络电视等新兴媒体如雨后春笋般纷纷涌现。新兴媒体的蓬勃兴起模糊了新、旧媒体之间的界限，打破了传统媒体的发展格局，这给传统媒体的发展和管理带来巨大挑战的同时，也为传统媒体的战略转型和全媒体发展带来了历史性机遇。把握媒介融合条件下的全媒体发展趋势，探讨首都全媒体的发展对策，对推动首都传媒事业又好又快地发展，无疑具有非常重要的意义。

---

* 佟力强，男，北京市互联网宣传管理办公室常务副主任。

一、全媒体的特点及其发展趋势

全媒体是基于国际互联网的一种跨媒体发展和多媒体融合。学界对它的主要内涵的界定是:综合运用各种表现形式,如文、图、声、光、电等全方位、立体化地展示传播内容,同时通过文字、声像、网络、通信等传播手段来传输的一种新的传播形态。"全媒体"的"全"不仅包括报纸、杂志、广播、电视、音像、电影、出版、网络、电信、卫星通信等在内的各种传播工具,涵盖视、听、形象、触觉等人们接受资讯的全部感官,还针对受众的不同需求,选择最适合的媒体形式和传播管道,提供超细分的产品和服务,实现对受众的全面覆盖及最佳传播效果。一般来说,全媒体具有如下几个特点:

(一)全媒体是传播载体和技术平台的集成形式

从载体工具来说,全媒体通过报纸、杂志、广播、电视、音像、电影、出版、网络、电信、卫星通信等传播信息;从其所依靠的技术支持平台来看,除了传统的纸质、声像外,全媒体还依赖于互联网络和电讯的 WAP、GSM、CDMA、GPRS、3G 及流媒体技术等,这就使全媒体能涵盖到广大受众的各个注意力空间。

(二)全媒体是基于各媒体和终端个性的超媒体

在全媒体时代,任何一种单一表现形式的媒体和终端都有其独特的优势,全媒体在整合运用各媒体和终端表现形式的同时,仍然要倚重各单一表现形式的媒体和终端独有的传播形式,并将其作为全媒体运作的一个核心起点和重要组成部分。从这种意义上说,如果没有各类各具特色的媒体和终端形式的融合,全媒体也就失去了存在和发展的基础。

(三)全媒体能为受众提供细分化的信息服务

对同一条信息,全媒体会针对不同个体受众的个性化需求以及信息表现的侧重点,来选择最适合的媒体形式和传播渠道,从而实现最佳的传播效果。例如,在对某一新车型进行信息展示时,既可以用图文来展示这款新车型的客观信息,也可利用音视频来展示更为直观的动态信息,而对于使用宽带网络或3G手机的受众则可用在线观看这款新车型的三维展示及参与互动性的在线虚拟驾驶等,从而使用户体验更逼真、更丰富,广告的效果也会更好。

总之,作为印刷的、音频的、视频的,以及互动的媒体组织之间的一种战略性、操作性和文化性联盟,全媒体把报纸、电台、电视台等传统媒体和互联网、手机等新兴媒体有机融合起来,通过工作流程再造、资源共享、信息重组,衍生出不同形式的资讯产品和服务,然后通过各种平台和终端传播给受众,使信息传播和用户体验无所不在、无时不在。这样,媒体之间的界限就被打破了,信息生产和传播的方式多元了,受众获取信息的渠道和终端也多样了,不仅形成了有利于展现各媒体和终端个性,同时又集成了各种传媒和技术平台的"全媒体"新型传播形态,还形成了针对不同受众和受众的不同需求,充分调动人们的视、听、形象、触觉等全部感官的"全息化"这种新型传播环境。可以说,全媒体的出现,不仅是传播形态和传播机制的变革,还是传播方式和用户体验的创新。

从发展来看,基于媒介融合的全媒体呈现出如下变化趋势:

(一)互联网将在全媒体发展中具有越来越重要的作用

作为当代最先进、渗透性最强的科学技术之一,互联网不仅是一个便捷沟通各媒体形式和终端的信息传播平台,还是一个能及时联系内容提供商、渠道运营商和广大受众的信息生产、传播和消费平台,这种特性使得互联网天然成为"媒介融合"的技术基础、最佳载体和有力推手,全媒体也必将随着互联网技术和应用的进展而发展。

(二)数字视频新媒体拥有广阔的发展前景和空间

随着网络环境的改善和接入带宽的增加,我们必将进入视频、读图时代。数字视频新媒体的优势不仅在于更能吸引受众的参与和互动,还能将视频内容加以集成、细分并在视频终端多样化呈现。未来,包括网络视频、数字电视、手机电视、户外显示屏等在内的各种视频新媒体的发展,将催生出更多的内容提供方式和信息服务形式。

（三）媒介融合将由浅入深，由“物理变化”到“化学变化”

即媒介融合将由技术层面的融合向内容生产、信息传播和组织机构等深层次融合，这种融合将带来传播环境、传媒格局、媒体形态、产品内容、服务方式等方面的深刻变化，使得媒体活动日益网络化与数字化，传播主体日益多元化与融合化，传播渠道日益延展化与复合化，媒体受众日益碎片化与分众化，产品日益多媒体化，媒体终端日益移动化，以及媒体职能日益社会化。

（四）各种媒介形态、接收终端及其生产更加细分、专业

一方面随着传媒渠道的日益丰富，传统传播形态将日益分化，如单一的印刷报纸分化成了印刷报纸、手机报纸、数字报纸等多种产品形态，广播电视分化成网络电视、手机电视等更加丰富的产品形态，媒体终端也朝手机媒体、电子阅读器等移动式、个性化的方向发展。另一方面是媒介生产流程将更加规范、精细，信息整合及平台提供者也更趋向专业化。

二、当前首都全媒体发展状况及存在的问题

作为全国政治和文化中心，北京有着850年古都的恢宏文脉，有众多的国家顶级大学和科研院所，有各种高素质的科技文化人才以及在全国有重要影响的各类媒体，特别是北京已成为我国的“网都”，知名网站云集，网络形态多样，网民普及率在全国最高。据统计，截至目前，北京市属地网站数量达37万余家，网民总数达1100余万。新浪、搜狐、凤凰等大型商业门户网站，百度、搜狗、有道、中搜等主要搜索引擎，优酷、酷6、第一视频等主要视频网站，空中网、3G门户等大型手机网站，人人网、开心网等主要社交网站和网络文学、网络游戏等众多专业类网站以及雅虎等境外网站的中国总部均落户北京，北京已成为全国重点互联网的总部基地和内容采集中心。另据2010年6月美国ALEXA网站公布的全球互联网流量调查统计显示，在全球浏览量排名前100名的网站中，北京的网站占到8家（全国共11家）；在全国最具人气的前20强新闻网站中，北京地区网站占了11家。上

述这些有利条件,都为首都大力发展全媒体奠定了坚实的基础。

北京市委、市政府高度重视媒体的融合发展,积极推动媒介融合工作。2010年,在北京获批成为我国三网融合首批试点城市后,北京市专门成立了"市三网融合工作协调小组",制定了《北京市三网融合试点总体方案》,并对试点工作进行了全面部署。2011年,北京市将加快高清交互数字电视网络升级改造和全光纤通信信息网络建设,积极推进广电电信业务双向进入和融合,努力将北京建设成三网融合新业务的集中地。首都各大媒体为适应媒介融合与全媒体发展趋势,也纷纷进行内外资源整合和业务流程再造,建立多媒体数字技术平台及数字化传输网络,研发新的多媒体融合产品形态和终端载体,积极推进全媒体发展。例如,《北京晚报》、《北京娱乐信报》等推出了手机报,北京电视台联手中国移动北京公司开展BTV手机视频业务,北京电视台网络电视"北京宽频"已实现了节目网上直播,等等。首都传统媒体与新媒体通过这种报网合一、台网互动、移动多媒体广播电视等形式,实现了各自信息资源、受众资源和媒介资源的有效整合与开发,推动我市全媒体发展浮出水面。但也要清醒看到,首都全媒体发展及管理还存在一些不容忽视的困难和问题。

(一)全媒体发展尚缺乏明确的发展战略和完善的产业支持政策

由于体制、投入、技术等原因,除了开始进行的"三网融合"试点外,北京尚未从政府层面制定全媒体发展战略,也没有展开统一的全媒体发展布局,更没有制定出完善的全媒体政策扶持体系。这种状况,不仅使得北京缺乏适应全媒体发展的政策环境,也使得首都全媒体发展缺乏驱动力和引导力。

(二)全媒体的内容生产能力相对较弱

媒介融合的关键在于能综合运用多种媒体的意识和能力。目前,媒介行业的信息化、专业化、细分化程度不高,既表现为"分"得不够,也表现为"合"得不足。作为全媒体技术基础的网站构架大部分仍脱胎于传统媒体的模式,只能做到"部门齐全",日常运行仍是视频归视频、图文归图文、互动归互动。各种媒体形式还是部门间条块分割,没有形成统一的采、编、发平台,没有构造出顺畅的内容生产流程,多数网站部门尚不具备多媒体的采访能力和全媒体的编辑能力,新闻信息难以做到有机融合、全方位展现和全向传播。

(三)全媒体的技术研发和兼容标准滞后

目前,北京市全媒体的研发单位多是IT公司、高新技术研发中心,传统媒体自主研发的很少。几大通讯公司都在办手机报、手机刊、手机电视,而我们主流的传媒单位却很少参与。另外,目前北京市全媒体的技术标准还没有成为体系,尤其是新媒体的兼容标准严重滞后,表现为各种媒体和终端的元数据和信息交换格式未能统一,数字防伪、保密、版权保护等技术问题还未完全解决。

(四)全媒体的发展受到传统媒体管理方式的制约

目前我国媒体管理条块分割,媒介资源无法通过市场实现优化配置,例如,网络媒体没有采访报道权,也不允许兴办电视台、报纸杂志;报纸原则上不允许办电视台和广播台,这样媒介融合所必需的多媒体平台往往搭建不起来,而至多成为报纸加网络或电视加网络的简单模式,但这显然与全媒体发展需要各种媒介的深度融合,并最终实现媒介的诸多功能一体化的要求是不相适应的。

上述这些困难和问题,不仅阻碍着北京市全媒体的快速发展,也影响着首都建设“世界城市”目标的实现和全市人民群众精神文化生活水平的提高。

三、推动首都全媒体发展和管理的对策措施

当今时代,基于媒介融合的全媒体是媒体发展的大势所趋。我们应从加强传播能力建设、促进信息和文化产业发展、维护党的意识形态安全、满足人民群众日益多样化的精神文化需求的高度出发,紧紧抓住首都媒体发展的机遇,大力推动全媒体的发展,切实加强全媒体的内容管理,努力推动首都全媒体事业繁荣发展。

(一)加强全媒体发展战略规划,健全产业扶持政策体系,推动全媒体行业又好又快地发展

要从政府层面制定全媒体发展的长远战略,明确优先发展重点,通过企业兼并和跨地区、跨行业重组,形成一批全媒体骨干企业集团。加大财税政策的支持力度,扩大全媒体投融资渠道,促进媒体行业产业升级。设立总额为1个亿的全媒体发展基金,重点支持网络视频、数字电视、手机报等新兴媒体的发展。完善知识产权法律法规,依法保护信息网络传播权,鼓励全媒体内容的创新发展。

(二)破除行业壁垒,创新管理方式,形成有利于全媒体发展的良好环境

要打破行业界限,广泛联合通信产业、信息网络业、文化创意产业、电子制造业、报纸业、广电业等关联行业机构,共同致力于全媒体新型业态的培育和发展。要按照全媒体发展规律加强媒介机构自身业务流程的再造,打造一流的组织结构和运行机制,例如,可尝试按照业务流程将媒体组织架构分为内容中心、渠道中心和营销中心,实行全业务、全代理模式。进一步加快文化体制改革,打破“条块分割、多头管理”的现象,联合宣传、通信、安全、广电、新闻出版等行业主管部门,建立健全全媒体建设和管理联合办公制度。坚持依法管理、科学管理和综合管理相结合,严格市场准入,保护公平竞争,强化社会监督,尽快形成统一开放、竞争有序、科学发展、确保安全的全媒体传播环境和运营环境。

(三)加强技术开发和平台建设,完善技术标准体系,为全媒体发展提供技术支撑

继续实施首都信息化行动和互联网科技创新计划,加强广播电视技术、视频搜索技术、定制下载技术、网络视频播放器技术、桌面客户端软件技术等研发,建立和完善网络视频上传分享和互动交流应用技术平台、全球镜像站点和内容分发传输技术平台、视频制作存储技术平台、多终端的内容集成播出技术平台等,力图在下一代互联网技术上保持领先地位。加强全媒体技术标准的研究,依照技术发展和市场需求不断完善技术标准体系,加强统

一标准的指导、实施和检查工作，提升我市全媒体发展的技术支持能力。

（四）打造完整的产业发展链条，提供各种增值服务，形成全媒体的可持续发展模式

通过产业引导政策，把与全媒体相关的上、中、下游产业链各环节的资源整合起来，将创意、研发、制作、交易、展示、体验全过程都连接起来，将媒体业务与金融服务、商业贸易结合起来，实现整个产业链的开放式良性循环，通过提供各种各样的增值服务，彻底改变单一的广告盈利模式，实现广告收入+收视（听）费+其他服务收入的多元化经营模式的创新，增强全媒体可持续的发展能力。

（五）不断开发新的产品和服务，丰富全媒体发展的内涵，使其成为正面宣传的新阵地

可尝试在管住终端、把握终审权和播出权的前提下，适度放开制作权和流通权，通过节目外购配额等制度，鼓励制播分离，解决全媒体平台上内容匮乏的问题。推动内容生产商之间的互通互联、共融共享，实现不同形态媒介的内容更加方便地相互嵌入，并根据各个媒体的传播特点和受众需求进行重组和分装，生产出更为多样化的信息内容。要加强渠道供应商、内容提供商和媒体业的联合协作，开展节目（版面）制作、分发、传输等合作业务，开发网络视频、动漫、游戏、教育、医疗、购物等增值服务；要加快发展手机报纸、网络电视、移动电视等新兴媒体，大力加强全媒体产品和服务的品牌建设；要充分利用网络新媒体开放性和互动性的特点，支持网民制作、上传内容健康、导向积极的作品和服务，推动全媒体内容和形式的发展繁荣。

（六）努力完善网络新闻监管机制，积极探索适应全媒体发展需要的监管模式，确保网上新闻传播健康有序

借鉴国外电影分级制度，由政府主导对网络内容分级，从内容接入上按类别设立技术屏障，并与用户实名制身份许可等结合，实行常态化管理。完善网络新闻调控和舆论引导应急处置机制，妥善应对网络突发性、群体性事件，确保网络舆论平稳有序。要继续深化“文明办网、文明上网”活动，探索完善网络新闻信息评议会、“妈妈评审团”、网站自律专员等社会监督形式，

推动形成网络文明之风，努力使全媒体成为弘扬社会主义核心价值体系的新场所。

（七）加强创新型复合型人才培养，健全选人用人机制，为全媒体发展提供人才保障

全媒体运营学科交叉、知识融合、技术集成，因而需要以多样化人才团队来支撑全媒体的运作，尤其需要有一批懂技术、会宣传、擅管理、能经营的复合型人才来组织协调。要通过联合培养、轮训、研讨等方式，定期或不定期开展新闻专业理论、信息网络技术和安全播出管理等方面的培训，使全媒体从业人员成为集采、写、摄、录、编、网络技能运用及现代设备操作等多种能力于一身的"通才"。要通过建立和完善广纳群贤、人尽其才、能进能出、能上能下的用人机制和岗位绩效薪酬制度，吸引和留住优秀的全媒体人才，为全媒体的发展繁荣提供强大的后劲。

“十一五”期间首都网络文化管理与政策热点回顾

A Review of Beijing Internet Culture Management and Policies Focus during the Eleventh Five

蔡尚伟　陈　怡*

Cai Shangwei,
Chen Yi

摘　要：北京作为首都和国内主要网站的集聚地，在网络文化管理方面不断探索，不仅认真执行全国性的网络文化管理政策，而且针对近年的网络热点问题出台一些相关政策和措施。本文从“十一五”计划期间北京市网络文化管理与政策热点入手，着重探讨其在网络文化管理方面尤其是在相关政策执行方面所做的努力，并指出国外在网络文化管理方面可供借鉴的经验，以期助力北京网络文化的未来发展。

关键词：“十一五”　低俗内容　网络游戏　网络视听　网络侵权

“十一五”期间，伴随中国经济持续快速增长和社会各领域全面快速发展，互联网领域同样表现突出。五年间，中国网民达到数以亿计的增长。2006 年 12 月底网民数为 1.37 亿；到 2010 年 12 月底，网民数突破 4.57 亿，互联网普及率上升至 34.3%。在互联网发展如火如荼的同时，网络文化的管理也迈上了一个新的台阶。针对互联网不断出现的新情况和新问题，相关管理政策和措施也适时出台。

---

* 蔡尚伟，男，博士，四川大学文化产业研究中心主任、教授，博士生导师。陈怡，女，新华社新闻研究所国际传播研究中心研究员。

作为首都和众多国内主要网站的集聚地,北京市在网络文化管理方面不断探索,不但认真执行全国性的网络文化管理政策,而且针对近年的网络热点问题出台一些相关政策和措施。作为重头戏,北京市互联网宣传管理领导小组于2007年发布《关于加强北京市网络文化建设的意见》。《意见》提出:要做强做大重点网站,大力发展数字报业、网络杂志、网络电台、网络电视等新的传播形态;要加大对网络文化重点行业、重点企业、重点项目的扶持力度,培育一批规模化、专业化程度高、具有市场竞争力的网络文化企业;要加强科技创新,推进网络技术研发;要用好文化创意产业发展专项资金,实施网络文化精品工程,从2007年起,组织开展优秀网络频道、网络专题、出版网站、网游动漫、网络音乐和网络歌曲等年度评奖活动,每年假期向广大青少年推荐一批有益于青少年身心健康、弘扬民族文化、内容健康向上、制作精良的健康益智游戏产品;要创新文化服务方式,加强数字图书馆、博物馆、文化馆、艺术馆建设,建立“北京市文化经典在线文库”,在社区、中小学、农民工驻地和农村建设绿色信息苑,免费向居民、青少年、外来务工人员和农民提供网络浏览服务,提高网上公共文化服务水平;要发挥网络教育作用,组织有影响力的网站开办网上讲堂,创新网上教育方式,推动学习型城市建设;要不断巩固文明办网成果,搭建社会公众评议平台,促进互联网站行业自律,共建文明上网环境。《意见》对首都的网络文化建设和管理作出了提纲挈领式的描述。

本文无法囊括北京市网络文化管理政策的方方面面,只能攫取其中的部分热词加以回顾,希望能够窥一斑而见全豹。需要指出的是,本文未对相关政策一一列举,而是重在关注北京市在相关政策的执行方面所作出的努力。

一、热词一:低俗内容

(一)部分相关政策法规

1. 国家级相关政策法规

2007年5月,中国记协发布《全国新闻网站坚持文明办网,净化网络环境自律公约》。

2009年1月起,由中央外宣办牵头,联合工业和信息化部、公安部、文化部、工商总局、广电总局、新闻出版总署等部门,在全国开展整治互联网低俗之风专项行动。

2010年2月,最高人民法院、最高人民检察院联合发布《关于办理利用互联网、移动通讯终端、声讯台制作、复制、出版、贩卖、传播淫秽电子信息刑事案件具体应用法律若干问题的解释(二)》。

2. 北京市相关政策法规

2006年4月,北京市网络媒体协会发布《北京网络媒体自律公约》。

2008年1月,北京市公安局等联合发布《北京市依法打击整治网络淫秽色情等有害信息专项行动工作方案的通知》。

2009年1月,北京网络媒体协会、北京地区网络出版行业分别发出《关于清理整治网上低俗内容的倡议书》、《关于清理抵制互联网出版行业低俗之风的倡议书》。

(二)背景

"十一五"期间,北京地区网络文化发展迅速。与此同时,一些含有暴力色情的低俗内容也借助网络平台大量传播,甚至呈现泛滥之势。部分网络出版单位,甚至是知名网站,为了吸引眼球、增加点击率、赚取商业利润,有的大肆刊载低俗内容,设置挑逗性标题,大打擦边球;有的刊载一些似是而非的内容,追求耸人听闻的效果。

网络低俗内容有三大突出特点,包括:一是形式多样,触目惊心:提供大量淫秽色情图片、录像、电影、文字;二是教唆引诱,气焰嚣张:不仅给网民以感官刺激,而且教唆、引诱网民进行淫秽色情活动;三是危害严重,反映强烈:网上淫秽色情信息泛滥,严重污染网络环境,败坏社会风气。特别是我国网民约60%是30岁以下的青少年。一些青少年由于长期沉湎于网上低俗色情信息,有书不读,荒废了青春,迷失了人生,有的甚至走上了违法犯罪道路。

(三)执行情况

自2009年12月8日中央九部委联合召开“深入整治互联网和手机媒体淫秽色情及低俗信息专项行动”电视电话会议以来,北京市网管办、北京网络媒体协会指导和推动属地网站自查自纠,大力清理各类不良信息,于2010年1月13日启动网络出版行业整治互联网低俗之风专项行动。同时,来自北京地区网络出版、网络游戏等单位的百余位主要负责人联名向业界发出《关于清理抵制互联网出版行业低俗之风的倡议书》,对网络图书、网络文学、网络游戏、手机文学、手机游戏中的低俗内容进行清理整顿。对于违规内容较多、情节恶劣、屡教不改的网站,通知有关管理部门停止接入服务,触犯法律的将移交公安机关。

事实上,北京市在2007年4月就已开通“北京互联网违法和不良信息举报热线”,市民可以通过邮箱或热线电话对网络低俗信息进行举报。经粗略统计,属地重点网站累计清理各环节、各类色情、低俗信息1亿6千万条以上,属地网站涉黄低俗的情况有较大改观。下一步将依法加强对电信运营商、电信增值服务商、互联网信息服务单位、广告商的管理和检查,严查主机托管业务不备案或者备案不完整,严查网管人员知情不报甚至知情包庇,以建立规范有效的互联网接入管理体制。

总体来看,北京市在扫除网络低俗内容方面有以下几个较为突出的亮点:

1. 把搜索引擎管起来

国内知名中文搜索引擎大多集中在北京,而搜索引擎有着众多的受众,同时,也是网络低俗内容的重灾区。因此,北京市把搜索引擎作为整治网络低俗问题的重要突破口。

北京市互联网管理办公室多次召开整治互联网低俗之风搜索引擎网站负责人座谈会,百度、谷歌、新浪、搜狐、网易、腾讯、雅虎、中搜、奇虎等9家提供搜索服务的网站都根据要求进行专项整治。其中,百度对搜索结果含有“写真、露点、成人文学、走光、偷拍”等低俗内容的网页进行全面清理,共处理含有低俗内容的信息3900多万条;谷歌中国也采取一系列措施清除含有低俗内容的链接和网页快照，并着手开发针对低俗信息的识别软件，在尽量不降低搜索全面性和精确性的情况下，过滤违法和不良内容；腾讯网则推出针对低俗图片的自动屏蔽过滤技术。

2.“妈妈评审团”

2010年1月，北京市以净化网络环境、保护未成年人身心健康为宗旨的“妈妈评审团”正式成立。“妈妈评审团”主要由未成年人的家长组成，她们以“儿童最大利益优先”为基本原则，依据相关道德规约尤其是妈妈对孩子的关爱标准，对互联网上暴力、色情、恐怖等低俗信息的内容进行举报、评审、形成处置建议反映给相关管理部门，并监督评审结果的执行。

“妈妈评审团”主要通过北京网络媒体协会网站对社会进行公开招聘，每任成员的聘期为一年。第一批“妈妈评审团”成员将从自愿报名者中遴选50至100名，其职业构成兼顾各行业各阶层，其中，中小学生家长所占比例不少于70%。“知心姐姐”卢勤、江西省的“网络妈妈”刘焕荣、全国劳模李素丽、青少年法律与心理咨询中心主任宗春山等9位青少年教育专家都被聘为“妈妈评审团”首批评审员。2010年年底，“妈妈评审团”荣获全国“打击互联网和手机媒体传播淫秽色情信息专项行动有功集体”。

3.“万人网络监督志愿者”

2010年5月14日，“万人网络监督志愿者”面向社会公开招募。网络监督志愿者定期接受北京网络媒体协会指导，利用业余时间监看北京属地网站出现的不文明言论、违法和不良信息，通过登录网络监督志愿者工作平台、不定期参加会议等方式向北京网络媒体协会提出意见、建议。志愿者招募工作自2006年启动以来，得到社会各界的大力支持，截至2010年4月，网络监督志愿者举报低俗信息已达10万余条。

4. 网络媒体自律专员

2010年8月27日，北京网络媒体协会发出《关于在网络媒体设立自律专员的倡议》。《倡议》建议北京网络媒体向社会征集有志于建设文明网络的各界人士作为自律专员，对网络媒体自身存在的有害信息和不良风气实施内部监督，提出改进建议。新浪、搜狐、网易、凤凰网、和讯等8家网站率先试行。2010年9月、10月，新浪网、搜狐网分别召开自律专员会议，全面启动运行自律专员工作机制。自律专员由网络媒体自主聘任、自我管理，自律专员直接对该网络媒体负责，但其工作独立于该媒体的内部采编及监控流程，网络媒体对各自聘请的自律专员自行建立相应的管理团队和工作机制。

（四）国外经验

本部分主要介绍国外在网络低俗内容管理方面较为成熟的、可供借鉴的先进经验。需要指出的是，本文所介绍的国外经验着重突出差异性和可借鉴性，而非对国外网络文化管理政策的一一列举。

1. 美国：网络法规显成效

为了遏制网络色情暴力，美国政府先后颁布《通信严肃法》、《未成年人在线保护法》、《未成年人互联网保护法》等法律，规定商业色情网站不得向未成年人提供“缺乏严肃文学、艺术、政治、科学价值的裸体与性行为影像及文字”的浏览内容。同时，美国早期制定的《隐私权法》（1974）、《联邦电子通信隐私法》（1986）以及联邦和诸多州相继制定的《电脑犯罪法》等法律也为治理网络不良信息提供了法律依据。2003年6月，美国最高法院通过投票决定，允许国会要求全国公共图书馆为联网计算机安装色情过滤系统。

2. 德国：“网上巡警”显神威

打击“传播和拥有儿童色情信息”是德国政府遏制网络犯罪的重点。为此，德国联邦内政部和联邦警察局24小时跟踪分析网络信息，并调集打击色情犯罪专家和技术力量成立了“网上巡警”调查机构。德国最高刑事法庭规定，在互联网上散播儿童色情内容同交换类似内容的印刷品没有区别，都将面临最高达15年监禁的处罚。

3. 韩国：网络实名制显奇效

韩国是世界上首个强制推行网络实名制的国家。2005年10月，韩国政府决定逐步推行网络实名制，规定网民在网络留言、建立和访问博客时，必须先登记真实姓名和身份证号，通过认证方可使用。从2008年1月28日起，韩国的35家主要网站按照韩国信息通信部的规定，陆续实施网络实名制,登录这些网站的用户在输入个人身份证号码等信息并得到验证后才能发贴。此外,为了保护网络信息发布者的隐私,韩国信息通信部允许网民在通过身份验证后,用代号、化名等替代真实姓名在网上发布信息。

网络低俗内容的最大受害者是青少年,北京市可效法国外在网络低俗内容治理方面的先进经验,出台系列政策措施,为治理网络低俗信息提供管理依据,加大对不良低俗信息(尤其是严重危害青少年身心健康的低俗内容)的打击力度,探索网络实名制,保证每个网民的合法权益,为青少年创造绿色的网络文化环境。

二、热词二:网络游戏

(一)部分相关政策法规

1. 国家相关政策法规

2007年1月,公安部、信息产业部、文化部、新闻出版总署发布《关于规范网络游戏经营秩序查禁利用网络游戏赌博的通知》。

2007年2月,文化部牵头发布《关于进一步加强网吧及网络游戏管理工作的通知》。

2007年4月,新闻出版总署、中央文明办、教育部、公安部、信息产业部、团中央、全国妇联、中国关心下一代工作委员会发布《关于保护未成年人身心健康实施网络游戏防沉迷系统的通知》。

2009年6月,文化部、商务部发布《关于加强网络游戏虚拟货币管理工作的通知》。

2009年7月,新闻出版总署发布《关于加强对进口网络游戏审批管理的通知》。

2009年9月,新闻出版总署、国家版权局、全国“打黄扫非“工作小组办公室发布《关于贯彻落实国务院〈“三定”〉规定和中央编办有关解释,进一步加强网络游戏前置审批和进口网络游戏审批管理的通知》。

2009 年 11 月,文化部发布《文化部关于改进和加强网络游戏内容管理工作的通知》。

2. 北京市相关政策法规

2009 年 10 月,北京市政府发布《北京市关于支持网络游戏产业发展的实施办法(试行)》,北京将针对辖区内符合条件的网络游戏企业择优给予 100 万至 200 万元的经济资助,旨在加快北京国家网络游戏产业基地建设,增强北京地区网络游戏企业研发制作能力和市场竞争力。

(二)背景

网络游戏是通过信息网络传播和实现的互动娱乐形式,是一种网络与文化相结合的产业。近年来,网络文化市场发展很快,网吧等互联网上网服务营业场所遍及全国城乡,带动网络游戏市场的发展。随着互联网的迅速普及、宽带的接入社区和家庭,我国网络游戏市场发展迅速并进入高速增长期,并已经创造较大的产值,带动相关产业的发展,对促进我国网络经济和娱乐业的发展、丰富互联网时代人民群众的文化娱乐生活起到了积极作用。

我国网络游戏处于发展的初期,存在许多不容忽视的问题,有的还比较严重。主要表现为:一是网络游戏产品中存在淫秽、色情、赌博、暴力、迷信、非法交易敛财以及危害国家安全等违法和不健康内容;二是拥有自主知识产权的民族原创网络游戏产品未能主导市场;三是经营模式雷同,产品类型单调,以打斗和练级为主的游戏产品占据了较大的市场份额;四是"私服"、"外挂"等侵犯知识产权、破坏市场秩序的问题突出;五是诱发一系列社会问题,影响缺乏自制能力的未成年人的身心健康。这些问题严重损害了我国网络游戏市场的健康发展。

(三)执行情况

北京市在控制、规范引导和发展网络游戏产业等方面,也出台了相关措施,并走在全国前列。

1. 行业扶持显成效

北京网络游戏市场保持着平稳而有序的发展态势。盛大、完美时空、搜狐畅游等全国网游行业前 10 名基本都已落户北京。从 2006 年到 2009 年,北京动漫网游企业的产值一直保持着40%的增幅，预计2010年增幅将达30%，而北京网游行业产值预计2010年能够达到100亿元人民币。①

北京市网络游戏市场的发展壮大，与主管部门在政策、资金等方面提供的有力支持息息相关。2009年，北京市仅针对动漫游戏行业就连续出台了4个文件，坚持政府引导、行业指导、市场主导、企业主体，坚持扶持原创、培育重点，鼓励多出网络游戏精品、多出网络游戏人才，促进网络游戏产业做强做大。同年北京动漫游戏产业联盟成立，为北京市相关产业的发展提供更为细致的服务和指导。

2010年10月出台的《北京支持网络游戏产业发展的办法》更为北京市网络游戏产业的发展注入一支强心剂。《办法》规定，对北京地区网络游戏企业自主研发原创网络游戏产品，择优予以前期资助，资助额为100万至200万元人民币；自主研发游戏引擎并利用该引擎制作大型网络游戏5款以上的，或自主知识产权网络游戏服务出口境外销售额当年累计达到800万美元及以上的，给予一次性奖励200万元。

2. 探索网游分级

2010年1月底，北京率先探索网游分级制度。北京动漫游戏产业联盟旗下的北京网游领军企业在他们的百余款产品中实行内容分级，并添加"适龄关卡"措施，最大限度地防止未成年人玩成人游戏。网络游戏内容分级初步分为成年人(18岁以上)和未成年人两个级别。网络游戏不仅要在游戏开始前明确提示产品的适用年龄段，还将通过身份证识别，判断玩家是否属于适龄人群。

随着网游行业的日渐火爆，企业也越来越注重自己的社会责任感。北京动漫游戏产业联盟所属的完美时空、金山软件、畅游天下等15家网络游戏行业领军企业发出《北京网络游戏行业自律联合倡议书》。"适龄提示"制度是北京市网游企业在中国游戏分级制度出台前的一种行业自律行为。

---

① 李红艳：《全国网游前十齐驻北京　今年产值百亿元》，新华网，2010年11月22日，http://news.xinhuanet.com/games/2010-11/22/c_12800912.htm。

这一制度已经在北京率先执行，文化部已经认可这种方式，未来将推广至全国各地的网游企业。

3. 启动网络交易监管平台

随着网络游戏产业的迅速发展，虚拟财产交易成为一个亟需规范引导的领域。为了维护网络游戏物品交易安全，北京工商部门于 2010 年 7 月开始着手开发网络交易监管平台，将"网络工商"深入到虚拟交易中维权执法。网络交易监管平台设在各个工商分局，将与网络运营商端口对接，交易纠纷发生时，工商部门能调取交易全程记录，在解决取证难的同时，也能相对准确地判定当事人责任。"网络工商"不仅能全程监控交易过程，而且虚拟的消费环境也会有实实在在的证据留存。

两部相关法规也为该平台的有效运作提供了前提。2010 年 7 月、8 月，工商总局制定的《网络商品交易及有关服务行为管理暂行办法》和文化部制定的《网络游戏管理暂行办法》分别开始实施，两部规章中都明确提出"实名制"。特别是后者，不仅明确了虚拟货币交易的合法性，而且从立法上将虚拟货币交易作为"财产"进行保护。因此，网络交易监管平台的执法更有法律依据，同时也可以对玩家身份进行实时、有效的监管。

（四）国外经验

1. 美国：探索网游分级管理

美国政府主要通过按年龄分级的办法，防止游戏色情和暴力侵害青少年。在美国公平贸易委员会的监管下，非营利机构"娱乐软件分级委员会"将游戏分为 6 个级别，并用不同深度的黄色和红色来标识游戏中的暴力和色情内容。美国公平贸易委员会还提醒家长采用游戏机或电脑中的"家长控制"设置，或安装过滤软件，以防止青少年接触不良信息。

2. 韩国：青少年网游需经父母同意

为解决韩国青少年网络游戏成瘾问题，韩国政府在 2010 年第四届青少年政策计划修正案中，计划从 2011 年起要求未满 19 岁的青少年登记网络游戏会员时，必须取得父母或监护人的同意。同时也将限制半夜 12 时到凌晨 6 时青少年玩网络游戏。

3. 日本:游戏网吧征高税

日本专门供人玩网络游戏的地方很少,因为政府向游戏网吧和具有博彩性质的娱乐场所征收很高的税,所以很少有人经营。网络游戏产业在日本的行业自律和分级审查都由"网络共同体特别委员会"完成。日本计算机供应商协会也派生出相对独立的"电脑娱乐评价机构"。

美国的网游分级管理制度经实践检验是切实可行的,北京市应将网游企业探索网游分级制度的行业自律行为加以规范化,并通过政府的支持与鼓励将这种做法推向全国;此外,还应加大对游戏网吧的管理,探索由政府、网游企业、青少年监护人三方共同参与、以防止青少年过度沉溺网游世界为目的的管理模式,从而促进网游行业的健康、可持续发展。

三、热词三:网络视听

(一)部分相关政策法规

1. 国家相关政策法规

2007 年 12 月,广电总局和信产部发布《互联网视听节目服务管理规定》。

2007 年 12 月,广电总局发布《关于加强互联网传播影视剧管理的通知》。

2008 年 2 月,广电总局发布《中国互联网视听节目服务自律公约》。

2009 年 3 月,广电总局发布《关于加强互联网视听节目内容管理的通知》。

2. 北京市相关政策法规

2009 年 11 月,北京市广电局发布《关于北京市互联网视听节目服务许可证管理有关问题的通知》。

2009 年 12 月,北京市广电局发布《关于北京市互联网视听节目服务持证网站开展视听节目自查工作的通知》。

2010 年 1 月,北京市广电局发布《互联网等信息网络传播违法和不良视听节目举报》。

（二）背景

以影视剧、动漫、在线访谈、电台电视台节目、播客等内容为核心的网络视频内容已经成为互联网内容的重要组成部分，受到广大网民的追捧。

2011 年 1 月，中国互联网络信息中心（CNNIC）的报告显示，截至 2010 年 12 月，我国网络视频用户规模达 2.84 亿，占网民总数的 62.1%。网络视频日益成为人们获取电影、电视、视频等数字内容的重要媒体。同时，从传媒视频到高清视频、从草根内容扎堆到精英内容云集、从风险投资热捧到视频网站纷纷上市，网络视频的用户规模、技术水平、内容服务、行业发展也有显著提高，在互联网行业中的地位不断凸显。而根据易观国际 Enfodesk 产业数据库发布的《中国网络视频预测 2010—2013》表明，2010 年中国网络视频广告市场规模预计达到 21.75 亿元人民币，环比增长 157.7%。2011 年市场规模将达 35.88 亿元。

但是，网络视听节目所存在的问题也十分突出。问题主要体现在以下几个方面：一是盗版猖獗；二是黄色低俗内容泛滥；三是视频质量参差不齐，恶搞之风盛行。网络视听节目的监督与管理势在必行。

（三）执行情况

北京市广电局设有专门的网络视听节目管理处，其职能是：拟订本市网络视听节目服务的发展规划和政策并组织实施；指导网络视听节目服务的发展和宣传；负责对开办信息网络视听节目（含 IP 电视、网络广播电视、手机视听节目）服务业务的审核和监管。

1. 人员培训

北京市广电局组织网络视听管理与执行领域的人员参加学习培训，加强全市信息网络视听节目的规范管理及版权保护，提高视听节目内容审查与管理，加强网络视听节目社会监督能力，促进网络视听节目持证机构自觉依法办网，共同营造首都网络文化的良好环境。

2009 年 4 月，北京市广电局组织人员参加中国传媒大学举办的网络视听媒体规范管理及版权保护研修班，对信息网络视听媒体的规范化发展与管理、网络视听节目的传播与交易、网络侵权案件的司法实务及法律风险控制等内容进行授课；2009 年 8 月，北京市广电局与中国传媒大学联合举办网络视听节目内容审查与管理操作实务培训班，对网络媒体媒介素养与实践、网络视听节目低俗内容的审查与监控、网络视听节目的版权规范及法律风险控制等内容进行授课；2010 年 11 月，组织机关网络评论员和网络视听节目社会监督员进行业务培训，围绕互联网发展趋势、网络舆论形势和加强网络评论员队伍建设等内容进行专题授课辅导，提高网络评论员工作水平。

2. 加大打击力度

随着北京市净化网络环境专项行动的持续开展，北京市不断加大对互联网不良视听节目的打击力度，助力北京市网络文化的健康发展。

2007 年，北京市广电局根据广电总局的要求，加大对网络视听节目的管理力度，对全市互联网传播不良视听节目的网站进行调查、取证，删除不良信息、处理直接责任人、建立健全节目审查责任制等；2009 年 11 月中旬，北京广电局提请市文化行政执法总队查处违规视听节目网站 82 家，建立网络视听节目服务无证网站分类统计名单，并对其进行分批清理。

2010 年 1 月，北京市广电局设立互联网等信息网络传播违法和不良视听节目举报系统，提供电子邮箱和举报电话等多种举报手段。

（四）国外经验

1. 英国：ISP 自我管制

英国广播电视的主管机关——独立电视委员会（ITC）宣称，依照英国《广播法》，它有权对网络视听节目进行管理。但它并未直接行使其管理权力，而是致力于指导和协助英国网络行业建立一种自我管理的机制。在英国政府倡导下，英国互联网服务提供商（ISP）自发成立互联网监视基金会，实行自我管制。

2. 韩国：加强网络视听立法

韩国在 1995 年发布的《电子传播法》规定，由信息通信道德委员会对“引起国家主权丧失”或“有害信息”等文字和音视频内容进行审查。此后，陆续出台、修订《促进信息化基本法》、《信息通信基本保护法》、《促进信息通信网络使用及信息保护法》和《电信事业法》等多部与网络视听节目相关的法律。

3. 法国:突出与电子通信的相关性

欧盟在网络监管方面遵循三个原则:表达自由原则、比例原则、尊重隐私原则,而比例原则即指国家与政府的干预不能过度。法国在遵循欧盟网络监管三原则的基础上,制定更为具体的管理制度。2006 年,法国在修改《邮电法》时,突出网络视听服务与电子通信在立法上的相关性。电信法律要求电信网络对视听业务开放,为网络视听业务进入电信破除体制障碍。

北京市应致力于探索与指导本市网络视听领域建立自我管理机制,督促建立一个由政府、企业等代表共同参与的自治组织;继续探索适合本市情况的、切实可行的网络视听管理新规,以应对不断出现的网络视听新问题、新现象。同时,探索网络视听业务与电信业务的双向准入制度,为网络视听行业的发展破除体制障碍。

四、热词四:网络侵权

(一)部分相关政策法规

1. 国家相关政策法规

2006 年 7 月,国务院出台《信息网络传播权保护条例》。

2006 年 7 月,新闻出版总署、国家版权局、国家工商行政管理总局、公安部、建设部、监察部共同发布《关于开展集中打击盗版音像和计算机软件制品行动的通知》。

2008 年 6 月,国家版权局、公安局、工业和信息化部联合制定《2008 年打击网络侵权盗版专项行动实施方案》。

2010 年 6 月,最高人民法院发布《关于审理涉及计算机网络著作权纠纷案件适用法律若干问题的解释》。

2010 年 7 月,《中华人民共和国侵权责任法》出台,第三十六条以两款篇幅规定了网络用户和网络服务提供者侵害他人民事权益的法律责任,被称为“互联网专条”。

2010年7月，国家版权局、公安部、工业和信息化部制定《2010年打击网络侵权盗版专项治理“剑网行动”方案》。

2. 北京市相关政策法规

2010年8月，北京市打击网络侵权盗版专项治理“剑网行动”正式启动，旨在净化网络版权环境，促进互联网产业的健康发展。

（二）背景

以互联网为代表的新技术产业，在中国发展非常迅猛，当然也给现行法律制度带来了无从回避的挑战。由于互联网传播方式彻底改变了传统信息拥有者、传播者、使用者三者之间的利益格局，引起版权拥有者与网络基础产业之间的激烈冲突。知识产权问题，尤其是版权问题成为网络产业的“阿克琉斯之踵”，成为网络产业发展中必须去面对和解决的问题。① 网络侵权愈演愈烈的根源在于互联网尚未建立公正、科学、合理的授权机制，并且网络版权权利主体众多、作品众多，对网络版权的发展提出很大挑战。

我国网络侵权主要集中在以下几个方面：一是数字图书馆版权纠纷，即未经著作人许可擅自上传他人作品供网民使用；二是视频网站传播影视作品纠纷，包括局域网及网吧传播音像制品纠纷；三是数字音乐下载及P2P软件引发的版权纠纷。由于网络侵权行为不仅涉及多个侵权环节，并在网络设备中发生相应的改变（存储或复制），也增加网络侵权案件的审理难度。

（三）执行情况

北京市作为全国版权保护重镇，锐意创新管理模式，大力开展整顿活动，不断提高技术水平，为首都网络文化繁荣发展保驾护航。

1. 启动数字作品版权登记平台

2006年4月，为加快北京数字作品登记中心建设，北京启动全国第一家数字作品版权登记平台，采用“数字水印加密”和“图像自动检索”两大技

① 汪涌、史学清：《网络侵权案例研究》，中国民主法制出版社2009年版，第1页。

术,将一直处于著作权保护空白领域的数字作品纳入保护范围,如数码照片、网游动漫、(博客)网络文学等作品可以像传统作品一样获得著作权登记证书,使数字作品在获得版权登记的同时也获得先进科技手段的技术保护。北京因而成为我国第一个开展数字作品版权登记工作的城市。

北京数字作品版权登记平台是集数字作品版权登记、合同备案、作品权利信息查询、版权贸易展示、数字水印加密技术应用以及数字作品版权认证、执法取证等综合义务为一体的版权行政管理平台,能够提供权利信息查询、权利认证及执法取证工作,在世界范围内尚属首次。它不仅能够提高数字作品侵权者的侵权成本,同时降低正版者维护权利的诉讼成本,在确保网络数字作品传播及使用规范、保证交易安全方面均有重要意义。

2. 开展“剑网行动”

2010 年 7 月,针对网络侵权盗版所呈现出的集团化、专业化、高技术化的情况,国家版权局等部门联合制定《2010 年打击网络侵权盗版专项治理“剑网行动”方案》。根据《“剑网行动”方案》的部署,北京市版权局专门召开 2010 年打击网络侵权盗版专项行动工作协调会,围绕网络环境中如何准确适用侵犯著作权罪和销售侵权复制品罪,以及行政执法和刑事司法如何衔接等问题,进行了深入细致的研讨。

市版权局、市广电局、市通管局建立联合行动机制,动员社会公众举报网络侵权案件线索,加大对新媒体侵权行为的打击力度。“剑网行动”将矛头指向各种网络侵权的源头,对重点网站进行现场检查和技术监控,从源头上减少网络侵权行为的发生;并将网络音频、视频及网络文学、网络游戏、动漫、软件等作为重点对象;将提供网络销售平台,提供搜索、链接、储存空间等技术服务的网站作为重点治理类型。

3. 提高技术水平

技术措施是建设无盗版网络环境的一件利器。北京市版权局针对网络传播的技术特点,不断加大对监管设备等软硬件的投入,提升网络出版的监管技术水平,实现网络出版监管的智能化和自动化,从而提升监管手段,加强监管力量,改善监管水平。

2007年6月,为积极应对新技术给版权保护带来的挑战,北京市科委、市版权局联合启动"科技维权工程",支持北京地区科技企业参与反侵权技术的研发与推广利用,力争使反侵权技术措施成为既让企业赚钱,又为政府分忧的新型版权产业。很快,数字版权登记技术、数字版权交易服务平台模拟系统、数字版权管理与激活技术、网络游戏反外挂与私设服务器技术等许多成果通过验收并很快投入应用。

(四)国外经验

1. 法国:立法打击网络侵权

法国政府不仅以积极的态度推广互联网,同时也以严格的法律对其进行管理。2006年,法国通过《信息社会法案》,充分保护网民的隐私权、著作权以及国家和个人的安全。2009年4月,法国政府通过了被认为是"世界上最为严厉的"打击网络侵权行为的法案,对非法上传、下载共享文件的行为进行严厉的处罚,并据此成立"网络著作传播与权利保护高级公署",维护公共秩序,打击侵权盗版活动,保护著作权人的合法权益。

2. 韩国:建立三级版权行政管理体系

韩国不断修改完善著作权法,并已初步建立了一条相对行之有效的互联网版权管理现行管理体制,其主要实行三级版权行政管理体系,即韩国文化体育观光部(版权保护课)、韩国著作权委员会(公正利用振兴局)、韩国版权团体联合会三级。其中,韩国著作权委员会建立了纠正命令、纠正劝告审议系统和版权取证系统。三级版权行政管理体系的建立,为韩国打击网络侵权方面起到了非常重要的作用。

3. 美国:行业协会搭建平台

美国计算机伦理协会为计算机伦理学制定的"摩西十诫"中,规定"网民不应用计算机去伤害别人、不应盗用别人的智力成果"等。计算机协会提出的网络伦理八项要求中,希望其成员支持一般的伦理道德和职业行为规范,包括避免伤害他人、要公正并且不采取歧视性行为、尊重知识产权等内容。对于涉嫌网络侵权者,行业协会代表整个行业向其施压,敦促其改正行为。

国外一直注重网络作品版权保护，将网络侵权作为重点整治领域，并通过各类管理措施使网络侵权的情况有所改善。北京市应出台相关网络版权管理政策法规，建立适合本市情况的版权管理体系，加大对网络侵权行为的监管力度与违规处罚力度；组建网络出版行业协会，将侵权网络媒体列入黑名单，公开曝光，限期整改，规范网络媒体市场秩序，促进网络出版行业自律，保护著作权人的合法权益。

五、结　语

“十一五”期间，北京网络文化领域得到很大发展，北京市在网络文化管理与执行方面取得一些成绩，存在一些不足。“十二五”已经到来，首都网络文化领域也将继续发生一些值得期待的变化。北京市应以足够的信心与勇气，以“把一切变化当做机遇”的态度，继续探索、锐意进取，共同维护首都良好的网络文化环境，促进首都网络文化的健康发展。

首都网络文化法制建设现状及发展建议

Current Situation and Development Strategies of Legal System Construction of Cyber Culture in Beijing

王 军 邓 柳*

Wang Jun, Deng Liu

摘 要：日益强势的网络文化所蕴含的不良因素会给社会带来负面影响，不利于社会和谐稳定和网络文化自身的健康发展。首都北京的网络文化建设不仅对于繁荣北京本地的文化有着重要的意义，而且还对全国网络文化的健康发展起着重要的示范和引领作用。要推进首都网络文化的健康发展，必须加强首都网络文化的法制建设。本文论述北京市网络文化的现状以及存在的问题，总结北京市网络文化法规建设的状况，提出北京市网络文化法制建设的意见和对策建议。

关键词：首都 网络文化监管 法规 网络立法 网络安全

随着计算机技术和互联网技术的不断发展，网络成为人们构建社会主义核心价值体系和宣传倡导先进文化的重要阵地；网络传播成为传播舆情、沟通民意、引导民众的主要渠道；网络文化逐渐渗透到我们社会生活的各个方面，深刻地影响人们的思想观念、价值取向和行为方式，成为一个值得高度重视和研究的问题。北京作为首都，是全国的政治中心、文化中心和国际文化交流中心，首都网络文化的建设、管理、发展、繁荣，对于作为首善之区

---

* 王军，女，中国传媒大学电视与新闻学院教授，硕士生导师。邓柳，中国传媒大学电视与新闻学院研究生。

的北京来说有着率先垂范的重要意义，对于全国网络文化的健康发展也起着重要的引导作用。

一、首都网络文化发展的现状及其存在的问题

（一）现状分析

早在2007年的《北京市“十一五”时期文化创意产业发展规划》就提出，要全面贯彻实施《关于加强北京市网络文化建设的意见》，其中包括加大对网络文化重点行业、重点企业、重点项目的政策扶持，培育市场竞争力较强的网络文化企业；支持市属重点网站、市属新闻媒体网站和文化类优秀网站开辟新兴增值业务；发挥网络教育作用，推进建设学习型城市等一系列措施。2009年，北京市颁布实施的《北京信息化基础设施提升计划（2009—2012）》等一系列文件也为北京网络文化建设提供了政策支持。

（二）问题分析

网络文化是社会文化的延伸，受到社会文化的影响，所以网络文化不仅具有自己的特征，而且具有社会一般文化的特征。从这个角度来看，当前网络文化存在的问题既有社会中存在的常见问题，如色情、暴力、赌博等，也有网络文化中特有的问题，如与网络安全相关的计算机病毒、垃圾邮件、网络黑客等。

通过分析，我们总结出北京市网络文化存在以下几个问题：

1. 现实社会问题在网络文化中的表现

（1）网络色情、暴力和赌博问题

北京市网络文化中存在着大量网络色情、暴力和赌博等问题。截至2010年2月，北京市在“整治手机淫秽色情专项行动”（从2009年12月开始）中，共破获15起网络传播淫秽色情案件，处理网络淫秽色情有害信息15万余起[①]；据2010年2月12日《京华时报》的报道，2月11日，北京警方

---

① 李建盛、陈华、马春玲主编：《首都网络文化发展报告（2009—2010）》，人民出版社2010年版，第278页。

宣布连续侦破3起网络赌博案，抓获犯罪嫌疑人37名，涉案金额近2亿元，这也是近年来首都警方破获的较大的网络赌博案件。

（2）网络文本、视频等侵犯版权、著作权的问题

随着网络视频和网络文学的繁荣，网络中侵犯著作权的现象时有发生：如1999年，王蒙等六位作家状告"北京在线"网站侵犯其著作权案；2002年网易诉搜狐抄袭与剽窃案；2007年"北京金互动科技有限公司侵犯著作权案"成为全国首例网络侵犯影视作品版权刑事案件；2010年国产电影市场更是受到了网络盗版的严重冲击：《山楂树之恋》、《大笑江湖》、《让子弹飞》等国产影片在公映短短三四天之后，网上就出现了清晰的DVD画质的盗版下载链接。

（3）侵犯个人隐私、名誉等人身权利的问题

近年来，网络侵犯公民隐私和侵害个人名誉的案件屡见不鲜：所谓的"人肉搜索"就是典型代表，2007年北京朝阳法院判决大旗网和"北飞的候鸟"网构成侵权，两网站因将"人肉搜索"贴子公布在其网站上，导致被害人王菲名誉受损；"闫德利艾滋门"事件：2009年10月14日，一位自称来自河北容城县的女子闫德利，在网上公布了279名曾与自己发生过"性关系"的男性手机号码，并称自己身染艾滋病，这一消息在网上引发轩然大波，对当事人造成了恶劣的影响，后经警方调查，这是闫德利的前男友所为，其前男友随后被拘；2010年1月的"兽兽门"事件也是发生在首都网络中恶劣的侵犯公民隐私和侵害个人名誉的案件之一。

（4）侵害公民、法人以及相关组织财产的问题

随着网络逐渐普及，利用网络进行诈骗的案件日益增多，比如盗取他人QQ号，再通过QQ号进行诈骗。据法制网2009年12月28日的报道，自2009年以来，北京市共发生网络诈骗案3129起，造成经济损失6574.26万元，其中网络交易、网络中奖诈骗占网络诈骗案件总数的78%；据人民网2010年7月24日的报道，北京警方23日在盘点上半年打击防范电信诈骗情况时表示，截至7月中旬，网络诈骗同比上升了19.6%。

（5）危害社会稳定和国家安全的问题

近年来,一些不法分子开始利用互联网进行激化民族矛盾、颠覆国家的活动,他们在网络上散布一些不利于民族团结和社会稳定的言论,严重威胁着民族的团结和社会的稳定。另外,在我国对于地震预测信息的发布有着明确的规定,任何单位或个人,在地震预报意见未经人民政府批准发布前不得向外泄露,更无权对外发布,然而就在"5·12"地震后一段时间里网络上出现了多起个人利用网络非法发布地震信息的事件,严重威胁了社会的稳定。如据新华网2008年5月21日的报道,就在"5·12"地震才发生的几小时内,网上、QQ、短信"5月12日晚22时至24时北京局部地区要发生2至6级地震"的谣言,由于国家地震局及时出面辟谣,才避免了北京地区广大民众的恐慌,及可能引发的社会不稳定。

2. 网络文化中存在的特殊问题

(1)网络文化中存在着大量的虚假信息和垃圾邮件

由于网络传播具有匿名性和内容的开放性等特征,大量虚假信息充斥着网络。虚假广告:2010年8月,北京市通州工商分局查处62家发布网络虚假广告企业,为网上购物消费者敲响警钟;虚假新闻:2010年12月6日,《中国新闻周刊》新浪官方微博发布了一条关于"金庸去世"的消息,后来证实为假消息,后该刊副总编辑、新媒体总编辑刘新宇被迫辞职。

此外,网络中垃圾邮件也给网络用户正常使用网络带来了极大的不便。据调查数据显示,中国网民在2007年接收到的垃圾邮件达694亿封,国内每一个企业用户平均每天花36分钟处理垃圾邮件,严重降低了企业运转的效率,大幅提升了企业运营成本,全年造成的经济损失接近200亿元人民币。

(2)危害网络计算机安全的问题,如网络病毒、网络黑客

随着网络的迅速发展,计算机和网络安全问题也日渐凸显出来:许多不法分子制造出大量网络计算机病毒,这不仅危害了网络使用者的利益,同时也不利于网络文化的健康发展。据中国互联网信息中心(CNNIC)第26次《中国互联网络发展状况统计报告》的数据显示,2010年上半年,我国有59.2%的网民在使用互联网过程中遇到过病毒或木马攻击,遇到该类不安

全事件的网民规模达到2.5亿人,有30.9%的网民账号或密码被盗过。由此可见,我国网络安全的问题比较突出,因此必须加大力度打击网络病毒、网络黑客等违法犯罪行为。

(3)网络服务提供商侵害网络消费者权益的问题

如强制用户绑定的流氓软件(弹出式广告)和网络服务提供商之前不正当竞争对网络消费者权益的侵害等。"流氓软件"是指介于病毒和正规软件之间的软件,同时具备开启正常功能(下载和媒体播放)和恶意行为(弹广告、开后门),给用户带来实质性危害,包括间谍软件、恶意广告软件、浏览器劫持、行为记录软件和自动拨号程序等。在2007年,北京市网络协会公布了包括了"3721上网助手"在内的10大流氓软件。

网络服务商之间的不正当竞争对网络消费者权益造成损害的事件也时有发生,最具代表性的当属2010年11月3日到2011年3月10日的"3Q大战",在腾讯公司(总部在深圳)和奇虎360公司(总部在北京)之间的恶性商业竞争中,广大网络消费者成了受害者。面对腾讯公司强迫网络消费者在使用腾讯软件时必须卸载360公司软件的行为,广大网友对两家公司的不正当竞争行为进行了声讨,最终在信息工业化部等三部委的调解下两家公司才达成和解,避免了给广大网络消费者造成更大的损失。

(4)网络文化中不良的亚文化问题以及青少年网络成瘾的问题

据中国互联网信息中心(CNNIC)的调查显示,在北京市的网民结构中,10至29岁的青少年占据了网民总数的60.4%。这些年轻人(主要是80后和90后)是这个虚拟世界中的主角和中坚,他们不仅在网络中颠覆着现实社会中的种种价值观念,而且形成了属于他们自己的网络文化,其中非主流文化就是其中的一股力量。这种网络亚文化,当然有其彰显年轻人个性的一面,但是其中也包含着许多不良的因素,不但不利于青少年的健康成长,而且也在社会上造成了不良的影响。网络层出不穷的"虐猫门"、"虐兔门"就是网络不良亚文化的代表。

另外一个涉及青少年的网络文化问题就是青少年网络成瘾的问题,由于好奇心强以及自律性不强等因素,青少年过分迷恋网络游戏、网络聊天和网络色情等网络成瘾的问题成为首都乃至全国网络文化中的一个突出问题,据《法制晚报》2005 年的报道,在民盟北京市委提交的本市中学生网络成瘾调查报告中指出:北京市青少年网络成瘾者为 13 万多人,占 14.8%,七成学生网民沉湎于网聊,四成多经常光顾色情网站。

二、首都网络文化法制建设的现状

(一)北京市网络文化法规体系

依法建网、依法管网、依法用网是我国互联网事业发展的重要原则,也是世界各国的共同做法。① 首都网络文化法规体系包括国家出台的相关法律、法规和规章制度和北京市出台的有关网络的地方法规。

北京市关于网络文化的法规体系主要包括以下几个方面②:

1. 关于网络文化的政策和规划

北京市关于网络文化的政策和规划,主要包括:北京市政府发布的《北京市"十一五"时期文化创意产业发展规划》(2007 年)、《关于加强北京网络文化建设的意见》(2007 年)、《北京市软件、网络及计算机服务类税收优惠政策》(2007 年)、《北京市关于支持网络游戏产业发展的实施办法(试行)》(2009 年)、《北京市促进软件和信息服务业发展指导意见的通知》(2010 年)以及北京市信息化工作领导小组办公室发布的《北京市提高全民信息能力行动纲要》(2007 年)。

2. 关于网络文化监管的制度和法规

北京市关于网络文化监管的制度和法规,主要包括:

(1)关于网站经营管理的法规:《北京市互联网站从事登载新闻业务审批及管理工作程序》(2000 年)、《经营性网站备案登记管理暂行办法》及其

---

① 王军:《中国网络立法现状扫描》,http://blog.sina.com.cn/s/blog_6cf359370100m9rt.html。

② 部分参考吴洪俊:《网络文化管理的政策法规分析》,载《首都网络文化发展报告(2009—2010)》,人民出版社 2010 年版,第 23—35 页。

细则(2000年)、《网站名称注册管理暂行办法》及其细则(2000年)、《关于互联网信息服务业务办理经营许可和备案有关问题的通告》(2000年)、《北京市公共服务网络与信息系统安全管理规定》(2005年)、《关于规范互联网接入及预算编制管理的通知》(2006年)以及《北京市鼓励计算机软件著作权登记办法》(2008年)。

(2)关于网络内容管理的法规:《北京市网络广告管理暂行办法》(2001年)、《北京市工商行政管理局关于对网络广告经营资格进行规范的通告》(2000年)、《北京市文化局关于北京市公共图书馆计算机服务网络管理的规定》(2005年)、《北京市信息化促进条例》(2007年)、《关于贯彻落实〈北京市信息化促进条例〉加强电子商务监督管理的意见》(2008年)、《北京市高级人民法院关于印发〈关于审理涉及网络环境下著作权纠纷案件若干问题的指导意见(一)(试行)〉的通知》(2010年),以及《北京市实施〈中华人民共和国保守国家秘密法〉若干规定》(1996年)、《北京市实施〈中华人民共和国气象法〉办法》(2005年)等法规中相关网络信息传播的规定。

(3)关于互联网络服务场所的法规:《北京市互联网上网服务营业场所管理办法》(2002年)、《北京市互联网上网服务营业场所管理规范》(2005年)、《北京市文化局关于进一步深化建立网吧管理长效机制试点工作有关问题的通知》(2006年)以及《建立网吧管理长效机制试点工作方案》(2006年)。

3. 关于政府和公共网站的政策和法规

北京市关于政府和公共网站的政策和法规,主要包括:《政府网站的建设与管理规范》(2004年)、《关于进一步加强首都之窗网站建设和管理的意见》(2006年)和《北京市政府网站网上办事服务建设与管理规范》(2009年)。

(二)存在的问题

北京市网络法规存在的问题也反映了我国网络立法存在的问题,主要有以下几个方面:

1. 缺少必要的基本法①

国家出台的相关法律也是首都法律法规体系的重要组成部分,虽然,2000 年 12 月,第九届全国人民代表大会常务委员会第十九次会议通过了《关于维护互联网安全的决定》,但只是一个法律性文件,网络立法层次低、多头管理、相互冲突的情况时有发生,所以制定有关网络管理的基本法律也迫在眉睫。

2. 法规体系尚不健全,相对于首都互联网文化的飞速发展来说,法制建设比较滞后

北京市现有的网络法规体系虽然涵盖了三大部分,但是其中政策规范比较多,而且在对网络内容方面管理的法规中主要涉及对网络广告、相关公共服务网络、信息化促进,以及其他法规对于网络信息传播的规范。但是当今计算机技术和网络技术是飞速发展的,例如博客、播客出版已经很普遍,但是目前还没有出台相关的法规对其进行规范。

3. 相关法规灵活性不够,没有与互联网特性很好地结合

灵活性不够,没有很好地结合网络的特征和发展规律是我国网络法律法规的一个主要问题,目前首都网络文化法规体系也存在这样的问题,难以适应规范网络发展、打击网络犯罪的实际需要,因此,在加强首都网络文化法制建设时必须考虑这个因素。

4. 总的来说是框架性内容比较多,法规可操作性较弱,缺乏针对性的法律法规

虽然北京市互联网法规体系已经初步形成,但是就目前已经制定的法规、政策来说仍然是以制定大的立法框架为主,而在具体的实施标准等方面还有待完善,法规的可操作性仍然较弱,法律法规针对性不强。因此,在首都网络文化法制建设过程中需要细化相关法规,提高法规、政策的操作性和针对性。

---

① 参见王军:《从"铜须事件"透视我国网络舆论管理中的问题》,载《传播学前沿》,中国传媒大学出版社 2006 年版。

5. 现有法规中公法为主,私法和网络利用问题的内容较少①

有学者指出网络法律是一个综合的法律,主要包括公法、私法和网络利用问题三个方面,而现有的法规较少涉及网络主体、网络主体的权利义务关系、网络行为、网络违法行为的民事责任作出的规定等属于私法的内容以及利用网络进行商务交易、新闻传播、社会交际、文学创造、远程教学、研究等网络利用问题。

三、对于首都网络文化法制建设的建议

针对目前北京市网络文化中存在的突出问题和北京市关于网络文化的地方法制体系建设的情况,北京市网络文化法制建设应朝着以下几个方面进行改进。

(一)应加大法制建设的步伐

针对北京市网络文化相关法规不健全的状况,需要加大相关法规建设。在进行相关法规建设的时候,相关立法部门需要结合网络以及网络文化的特点。此外,还需要针对上文所述的两大类问题,对于现实社会问题在网络文化中的表现需要修订完善国家和北京市相关法规,增加有关网络文化的内容;对于网络文化中存在的特殊问题,需要制定专门的法规进行管理。

(二)在立法中坚持法治的原则、法律法规建设要具有前瞻性

一方面,北京市在制定网络文化法规的时候应坚持法治原则,应主要坚持地方立法机构来制定,尽量减少行政法规的数量。另一方面,由于网络的开放性和高速发展的特点,在制定相关法规时,需要站在未来的需求上来制定相关法规。

(三)根据国家已有的法律法规,细化其内容,符合首都网络文化建设的实际

北京市网络文化法制法规体系中一个主要的方面就是国家制定的网络

① 参见杨立新:《网络立法的现状与思考》,《信息安全与通信保密》2001 年第6 期。

文化的法律法规,但是一些学者也指出这些法律法规中框架性东西比较多,缺乏可操作性细则。为了更好地执行相关法律法规,以促进首都网络文化的发展和繁荣,北京市的立法机构和相关部门,应结合首都网络文化的实际情况,制定相关的执行细则。

(四)重视网络文化的社会排气阀功能,首都法制建设要"疏堵结合",重在加强正确的引导和监督

社会安全阀功能是网络文化的重要功能之一,首都在进行网络文化法制建设时需要"疏堵结合",以疏为主,重在加强正确的引导和监督。

(五)增强法制建设的创新能力切实保护网络文化参与主体的权益

首都网络文化法制建设应加强立法创新能力,可以借鉴国外有益的立法经验,对互联网内容实行分级制度,特别是网络游戏的分级是刻不容缓的;制定保护未成年人的法规;明确网络文化参与主体的权责,特别是网络服务商的权责,加大网络侵权和侵害网络服务消费者的侵权和侵害成本,加重网络侵权和侵害网络服务消费者行为的处罚力度,切实保护相关利益主体和网络服务消费者的正当权益。

(六)注重行业自律体系的建设

加强互联网行业自律建设是加快网络法制建设的有益补充,通过制定相应的行业规范,强化网络从业人员的职业道德,主动把各种法规内化为自己的行为准则,从而推动网络文化的健康发展。

此外,需要指出的是,要使首都网络文化法制建设形成科学合理的体系,还需要加大全国性的网络法律体系的建设①:加快网络立法的步伐,出台一部独立的网络法作为基本法;在一些基本法中补充有关网络内容的规定;建立配套的行政法规和部门规章;对网络法还要作出实施细则,使之成为一个以网络法为核心,以基本法的相关内容为配套,以行政法规和行政规章作补充,以最高司法机关的司法解释作为法律实施说明的完整的法律体系。

---

① 参见杨立新:《网络立法的现状与思考》,《信息安全与通信保密》2001 年第 6 期。

四、结 语

首都网络文化发展总体趋势是良性的,但是仍然存在着许多问题,网络色情、暴力、赌博网络侵权和网络安全等问题还比较突出。要促进首都网络文化的健康发展,就必须加大力度打击这些危害网络文化健康发展的行为,而加大网络文化法制建设又是其中最为关键的因素之一。虽然国家和北京市有关部门加大了关于网络法制建设的步伐,初步建立起了首都网络文化法律法规体系,但是这个法律法规体系仍然不完善,还不能满足保障首都网络文化快速、健康发展的要求。因此,加快首都网络文化法制建设的步伐刻不容缓,北京市相关部门特别是立法部门需要认识到加快网络文化建设的重要性和紧迫性,应积极主动地根据网络发展实际以及出现的问题,进行调查研究,出台切实可行的法规,以促进首都网络文化的健康发展。需要指出的是,网络文化的健康发展除了需要完善立法外,还需要与互联网行业自律、网民的网络素养教育和社会的广泛监督结合起来,四管齐下,强化治理与规范。①

① 参见王军:《中国网络立法现状扫描》,http://blog. sina. com. cn/s/blog_6cf359370100m9rt. html。

2010年首都网络舆情及其引导路径

Capital Internet Public Opinion and Conducting of It in 2010

谭云明
祝兴平等*

Tan Yunming,
Zhu Xingping

摘 要：随着互联网的迅速发展，网络舆情成为整个社会舆情状况的重要组成部分。北京作为中国的首都和政治、经济、文化中心，在舆情引导方面有着影响全局和率先垂范的重要作用。本报告对北京地区的网络舆情引导环境进行分析，通过2010年度重大网络事件，总结北京地区网络舆情引导的基本特点，并探讨北京地区网络媒体舆情引导的基本路径。对网络舆情必须加以积极的正面引导，保障网络环境的健康发展，构建积极、向上、健康的网络文化。

关键词：舆情　网络媒体　引导　主流网站　新闻事件

一、北京网络媒体舆情引导的外部环境

北京是我国的首都，是全国的政治、经济、交通和文化中心，北京地区的网络舆论对北京乃至全国都有着至关重要的作用。作为这样一个全国舆论的首善之地，北京的舆论宣传环境较之其他城市，有着自身的特殊性。

---

* 谭云明，男，中央财经大学新闻系副教授、硕士生导师。祝兴平，男，中央财经大学新闻系副教授、硕士生导师。饶潇，女，中央财经大学研究生。代欣，女，中央财经大学研究生。李舒，女，中央财经大学研究生。

第一,北京地区汇集着各大中央部门所属网站以及许多大型的网络媒体,这些网站和网络媒体通常具有较高的公信力,其发布的信息及舆论导向,能对全国的舆情起到重要的示范和引导作用。以下是 Alexa 网站截至 2011 年 1 月 23 日统计的近三个月内全国新闻门户网站的排名。

表 1　Alexa 近三个月新闻门户网站排名表

排名	名称	用户覆盖数	变化	用户日均访问页面	变化	访问量指数	变化
1	新华网	4740	→	6	1%	19412	12%
2	人民网	3999	-7%	4	-14%	17997	154%
3	北青网	2167	7%	16	→	25678	359%
4	央视网	2152	12%	3	3%	6586	-19%
5	环球网	1786	24%	14	11%	16714	→
6	中国新闻网	1694	-8%	5	-9%	6685	186%
7	第一视频	1355	147%	7	112%	4794	→
8	中国网	1241	-4%	2	13%	2376	241%
9	中国日报网站	1217	32%	2	-11%	2288	55%
10	新民网	1048	10%	2	-4%	1246	→

根据该排名,近三个月内居于全国前十位的新闻门户网站中,除了新民网,其余 9 个网站皆为北京的网络媒体。其中,新华网是由党中央直接部署,国家通讯社新华社主办的中央重点新闻网站;人民网是《人民日报》建设的以新闻为主的大型网上信息发布平台,也是互联网上最大的中文新闻网站和多语种新闻网站之一;央视网是中国的国家网络电视播出机构,拥有中央电视台和全国电视机构的大量影像资源,是中国规模最大的网络视频正版传播机构;中国新闻网则是由中国新闻社主办的中文媒体,依托中新社健全的境内外新闻采集发布体系向海内外众多网络媒体用户提供中新社、中新网的各种原创新闻产品,YAHOO、LYCOS、新浪、搜狐、网易、中华网等几乎所有主要中文网络都与中新网建立了稳定的业务合作关系。毫无疑问,这些北京的网络媒体无论是从信息来源渠道、关注度还是公信力来看,

都是全国网站中的佼佼者，发生在全国各地的事件一经北京媒体的报道，往往能够在全国形成一定的舆论，对舆情的形成与引导起到了至关重要的作用。

第二，北京作为我国首都，同时是一个国际化的大都市，机构、企业、人口众多，上至国家大事，下至百姓生活，各种信息在这里汇聚。在北京发生的新闻事件往往能够迅速得到全国乃至世界的关注，舆情集中，变化迅速，爆发频繁。

人民网舆情监测室和中国传媒大学网络舆情（口碑）研究所（简称 IRI）于 2010 年 12 月发布了《2010 年中国互联网舆情分析报告》，报告统计了 2010 年国内的 20 大网络热点事件，如下表所示。

表 2　2010 年度 20 件网络热点事件（表中数据为主贴及跟贴数）

序号	事件/话题	天涯社区	凯迪社区	强国论坛	新浪论坛	中华网论坛	新浪微博	合计
1	腾讯与 360 互相攻击	477000	6592	3213	240861	42312	2605482	3375460
2	上海世博会	149093	6547	10472	7824	13838	1061019	1248793
3	网络红人“凤姐”	22600	2169	756	10509	6374	570050	612458
4	李刚之子校园撞人致死	25641	4982	2154	5864	16870	144840	200351
5	富士康员工跳楼	33800	4072	16900	5015	23211	57327	140325
6	袁腾飞言论惹争议	2522	1352	18400	1493	66973	45163	135903
7	北京查封“天上人间”	13400	1840	2350	5869	9504	82932	115895
8	郭德纲弟子打记者事件	30400	3636	2873	4835	15235	29550	86529
9	唐骏“学历门”	821	3620	1976	1309	2746	72657	83129
10	宜黄强拆自焚事件	22100	2416	1919	608	6452	44990	78485

续表

序号	事件/话题	天涯社区	凯迪社区	强国论坛	新浪论坛	中华网论坛	新浪微博	合计
11	方舟子遇袭	1248	1994	12300	2809	16433	43293	78077
12	张悟本涉嫌虚假宣传	11900	2777	549	1220	3386	36465	56297
13	各地校园袭童案	14100	848	642	2221	1524	32141	51476
14	安阳曹操墓真伪之辩	15900	2520	554	1090	1857	27861	49782
15	山西“问题疫苗”	6542	2856	1117	517	1792	35939	48763
16	商丘赵作海冤案	10400	3825	1386	1759	2984	23094	43448
17	王家岭矿难救援	11800	1452	874	647	3631	18076	36480
18	谷歌退出中国	10500	2182	914	1254	3555	15323	33728
19	唐福珍自焚	11000	5562	2230	1083	1658	9651	31184
20	部分地区罢工	10729	4080	661	3199	7124	4167	29960

上面20个热点话题中,在北京地区或与北京地区直接相关的事件有8个,占比达40%,包括腾讯与360互相攻击、袁腾飞言论惹争议、北京查封“天上人间”、郭德纲弟子打记者事件、唐骏“学历门”、方舟子遇袭、张悟本涉嫌虚假宣传、谷歌退出中国。由此可以表现出,北京在引发网络舆情方面具有很强的敏感性,在国内的社会舆论环境中具有高度的中心性,在过去一年中,始终是网络舆论和新闻事件的高发地。

第三,北京的网络基础设施较完善,为网络舆论的聚集提供了重要的物质基础。据北京市政府2010年12月29日发布的消息,截至2010年,北京拥有网站数为37.2万个,已初步建成国内领先的3G网络、20兆宽带覆盖最广的信息网络和用户最多的高清交互式数字电视网络。互联网普及率达到66.1%,占全市常住人口的三分之二,此比例居全国第一。2010年北京地区网民规模达到了1218万人，仅一年新增网民就达2600万人，增长率10.5%。此外，北京网民素质较高，聚集着大量的高级知识分子和社会文化精英阶层，其中不乏网络舆论的意见领袖。

二、2010年北京网络媒体舆情引导的基本特点

（一）出台监管政策，加强管理力度

2010年，一系列规范互联网行为、完善网络舆论环境的政策法规在首都出台，对北京乃至全国的网络环境建设产生了重大的影响。

国务院新闻办公室新设九局，即网络新闻协调局，其主要职责是"承担网络文化建设和管理的有关指导、协调和督促等工作"。2月，最高人民法院、最高人民检察院联合发布《关于办理利用互联网、移动通讯终端、声讯台制作、复制、出版、贩卖、传播淫秽电子信息刑事案件具体应用法律若干问题的解释（二）》，这是对2004年发布的相关司法解释的进一步补充和完善，明确了电信业务经营者、互联网信息服务提供者、广告主、广告联盟、第三方支付平台等在淫秽电子信息犯罪中所负的刑事责任。新闻出版总署继续加大对网络色情低俗内容的整治，先后7批公布了438家提供淫秽色情网络小说、手机小说、Flash游戏等违法内容网站的名单。2010年7月1日，《中华人民共和国侵权责任法》开始施行，其中第三十六条被业界称为"互联网专条"，首次明确了网络用户和网络服务提供商的法律责任。7月21日，国家版权局等部门启动2010年"剑网行动"，加强了对音频、视频及文学网站、网游动漫网站以及网络电子商务平台的监控力度。10月1日，修订后的《中华人民共和国保守国家秘密法》开始施行，其"保密制度"和"法律责任"中的多个条款均涉及互联网。

（二）三网融合，网络报道立体化

2010年1月13日，温家宝总理主持召开国务院常务会议，决定加快推进电信网、广播电视网和互联网三网融合。7月1日，北京进入了第一批公布的三网融合试点名单；7月16日，北京市三网融合试点工作正式启动。

三网融合使得信息的传输更加快捷，电子信息的表现更加立体。在此背景下，2010 北京网络媒体的新闻报道更显生动深入，影响更大。例如，在 2010 年上海世博会举办期间，中国网络电视台（CNTV）联合世博官网等推出了"全景世博会"板块，尝试将电信网、广播电视网和互联网进行融合与打通。此外，"网上世博会"也是此届世博的亮点之一，通过网络高科技手段的运用，让全世界网民只需在世博会园区主页上点击展馆，就可足不出户三维游览整个世博园区，使无法亲临上海的观众可以体验世博各个场馆，也可在世博会结束后"重游"场馆。三网融合带来的网络媒介传播方式的革新，使得首都的网络新闻报道与视频、音频、3D 等新技术的结合更为紧密，网络舆情借助更为生动多样的媒介形态得到更为快捷、立体、有效的传播。

（三）网络问政加强官民互动对话

2010 年，"网络问政"在全国各地成为了一种风尚，尤其在北京，多个网络媒体纷纷开通网络问政渠道，打造网络问政平台。通过网民留言板、网络发言人等方式，政府和网民之间的交流互动得到了加强，民意有了更好的表达和宣泄窗口，政府也有了更为符合民情民意的决策依据。

如 2010 年 9 月 8 日，人民网正式推出了"直通中南海——中央领导人和中央机构留言板"。留言板以"中南海新华门"和"为人民服务"影壁动画页面为封面，点击进入页面后，只要在页面找到想留言的领导姓名或者中央机构，在留言框内输入留言内容，点击"留言"即可直接给胡锦涛总书记和温家宝总理及中央政治局常委、委员留言。留言板开通至今，留言数量大，内容涉及方方面面，尤其是房价、教育、整肃贪腐、退休双轨制、地区分配不均等热点问题，更为网民所关注。"直通中南海"留言板的开通，对拓宽民意表达渠道、推动民主政治革新，有着典型的示范意义。这一渠道的开辟，不仅使得中央领导可以从中了解情况，及时敦促相关部门解决问题；更为重要的是，可以通过典型示范作用推动各级党委和政府强化网络问政，由首都辐射全国，推动民主政治革新。2010 年北京治堵也体现了网络问政平台在北京地区官民互动中的作用。12 月 13 日至 19 日，为了缓解首都的交通拥堵状况，北京市相关部门在网上公布北京市关于缓解交通拥堵的工作意见征求意见稿,受到市民的极大关注。网上共收到意见建议 2929 件,信函和传真 425 件,其中 94.2% 提出了建设性意见。经过对网民意见的研究,交通委对原来的征求意见方案作了五个方面的修改,使之更加贴近百姓的需求。

网络问政参政平台离不开网民的献计献策,也成为反映网民需求和社会民情的公共意见表达平台,成为网络舆论和民意的"晴雨表"、公众诉求的"助听器",有利于首都政府利用网络了解民情、体察民意。

(四)微博客力量强势崛起

2010 年被网友称为中国的"微博年",是继 2005 年博客大普及后,又一次大众化的普及应用浪潮。自 2009 年 8 月新浪作为门户网站率先推出微博服务后,2010 年,各大网站都在奋起直追。北京的众多网络媒体如搜狐网等,都相继开通了微博服务平台。此外,北京是中国政界、文化界、商界名人和精英阶层的聚集地,这些"意见领袖"发出的声音无疑是全国舆论的重要发祥地。微博让每一个用户能够"短"、"频"、"快"地发布新闻,包括对新闻事件的发生进行"爆料"、对新闻事件的过程进行"现场直播"、对新闻事件的前因后果进行评说。如果后续环节充分,一条微博可以做到核裂变式的广泛传播。尽管其信息呈现碎片化的特点,但"围观"现象并不少见,完全可以形成强大的舆论场域,并实现社会动员和组织的作用。"两会"是一个充分利用微博力量的典型例子。2010 年"两会"期间,人民网下设的"微博报两会"成为其新闻专题的一大亮点。人民网打出"微言大事博论两会"的口号,开辟"代表委员微博"、"两会记者微博"、"微博放映厅"、"博眼看会"等多个栏目,极大地丰富了网络中的"两会"议题。有了微博的加入,使得这次"两会"比往年更为热烈。此外,7 月 29 日,北京市公安局开通的官方微博"平安北京",也成为社会舆情的重要关注点和生成地。截至 11 月 27 日,"平安北京"点击量超过 1100 万次,网民留言近 4.5 万条,粉丝超 23 万人,通过微博解决网友反映的实际问题 89 件。这些例子都显示着微博客在首都北京的舆情生成和民意表达中的强势崛起和重要作用。

需要注意的是,微博作为一项具有"自媒体"显著特点的应用,也带来了不少新问题,如假新闻、泄密、无聊的炒作、出言不逊的骂战等。微博既是网络舆情的聚集地,也是舆情引导的重要平台,其舆论的影响力在2010年得到了令人瞩目的凸显,而其应用中的相关问题也亟需进一步的规范与引导。

(五)迎击低俗,舆情引导凸显反"三俗"

2010年网络上惊现不少因"雷人"行径或低俗事件而走红的网络红人,引起媒体的强烈关注,如典型的"凤姐"、"兽兽门"事件。北京的各大新闻网站对这些事件普遍作了跟进报道,豆瓣、百度贴吧等北京著名的社区网站也形成了热烈的讨论。这类案例多与"网络推手"的炒作行为存在紧密关联。近年来网络推手身影频现,其策划的网络热点事件大多走的是低俗文化的道路,而网友对这类事件的关注,一方面来自于对社会病态事物的猎奇心理,一方面则是由于媒体对于这类事件的报道方式偏差,在面对一些社会现象时,缺乏理性的分析,被策划机构牵着鼻子走,要么吹捧,要么唾骂、羞辱,让趣味低下、哗众取宠的行为充斥在版面和镜头中。面对日益泛滥的网络低俗之风,2010年7月23日,胡锦涛总书记在中共中央政治局第二十二次集体学习时提出"坚决抵制庸俗、低俗、媚俗之风"。2010年,反"三俗"成为网络文化和互联网舆情引导的重点。首都北京倡导媒体坚持健康的价值导向,不为了争夺收视率、发行量而宣扬庸俗、低俗、媚俗的内容,降低自身品格。

(六)网民规模激增,网络舆情引导复杂度增大

截至2010年底,北京地区网民规模已超过1160万人,仅一年新增网民就高达260万人。同时,移动互联网、三网融合等新网络传播形态的发展,使得网民主体的数量和分布、上网方式更为多元化和复杂化。2010年北京地区网络舆论涉及各种热点事件、突发事件,关注热点涉及公民权利保护、公共权力监督、公共秩序维护、公共道德伸张等一系列重大社会问题。在这些公共事件中,网民的认知度、参与度和转发率、评论率都很高,体现了在关系到社会公共问题时民众的高度参与和关注,这些网络舆情也很容易演变出各种群体性聚集、突发事件和公共事件。对这些规模大、传播迅速、渠道

丰富的网络舆情进行引导时，要遵循及时的信息公开原则，掌握信息主动权，在第一时间内了解和引导潜在舆情。

三、北京网络媒体舆情引导的基本路径

（一）加强主流媒体网站建设

近几年，网络媒体异军突起，成为网络舆情形成和传播的主要阵地，使传统的主流媒体在网络舆情的监控和引导方面显得较为缺位和被动。因此，加强主流媒体网站的建设，发挥主流媒体的优势，使之充分发挥网络舆情把关人和引导者的作用，成为引导网络舆情的一个重要环节。

1. 提升主流新闻媒体网站影响力

北京作为首都，是我国主流新闻媒体网站的聚集地。主流新闻媒体网站主要是指由党和政府的传统媒体所建立的新闻网站。自1997年开始，我国逐步形成了人民网、新华网、中国网、国际在线、中国日报网站、央视国际网络、中青网和中国经济网8家中央重点新闻网站的布局。中国网络电视台（CNTV）于2009年12月正式开通，新华网络电视台、中国国际广播电视网络台（CIBN）也自2010年以来相继成立或开通。这些主流网站通过广泛的覆盖、权威的信息报道、多样化的媒体形态，有助于提升主流媒体的传播力和影响力。主流新闻媒体在对重大事件和新闻进行报道时具有较高的权威性，主流媒体网站应该充分发挥这一优势，维护和巩固在网络意见市场中的“意见领袖”地位，起到设置议题的主导作用。在对引起网友关注的热点事件的报道中，主流新闻媒体网站应该以更客观、更及时、更深刻的视角对事件进行解读，加深群众对事件的认知，引导网友用客观、正确、理性的思维对待热点事件，减少偏激和不良意识的影响。

2. 加大对新媒体形式的应用和融合

微博等新兴的自媒体形式对网络舆情的影响力不容小觑。主流媒体网站应该借助新媒体的有力工具，既可以加强网站本身的传播渠道和传播力度，也有助于对网络舆情进行掌握、监测和引导。例如，人民网在各大主流

媒体网站中率先开通微博,通过“人民微博”的“民意通”、“记者圈”、“牛媒体”等特色栏目,彰显主流媒体的特色和互动特性。其中“民意通”聚焦了各部委和地方党政官员的微博,旨在打造继强国论坛、地方领导留言板之后,人民网又一具有网络问政特色的优质平台。“记者圈”、“牛媒体”囊括了所有加入人民微博的媒体和记者,目前已有近百名人民日报社编辑记者和人民网知名专栏率先进驻。① 主流媒体网站对微博等新媒体渠道的有效利用和开发、融合,可以对突发新闻和事件的报道作出迅速反应,同时,也可以借助这些渠道和多样态、多层次的用户进行有效沟通和互动,为引导网络舆情形成良好的氛围。

(二)加强网络立法,规范舆论环境

目前,我国网络舆论的高速发展和网络管理的规范化建设之间存在着一定的差距和张力。网络中,网民的不理性行为、政府的不规范执法比比皆是。对于互联网舆论这一新生事物,政府必须考虑如何在民主与法制的轨道上,制定和落实科学的管理规范,在保障自由的同时,有效维护网络环境的健康发展。

1. 通过立法,规范网民行为

由于网络的匿名性,网络主体行为如果完全不受约束,就容易产生各种语言暴力,出现散布色情、虚假信息等网络不良行为。目前我国网络立法已有了原则性或指导性的规定,但仍未建立并完善具有可操作性的行为规范体系。在实际管理中,行政行为多过司法行为,导致管理部门在掌握管理尺度时缺乏明确的标准,网络管理具有很大的不确定性。因此加强网络立法,对网民行为进行明确规范,产生良好的行为引导性和后果预见性,具有紧迫的现实意义。在网络立法方面,国外有些做法值得借鉴。例如,1996 年 9 月,英国颁布了网络监管行业性法规《3R 安全规则》,“3R”分别代表分级认定、举报告发、承担责任。1996 年 7 月,新加坡对互联网络实行管制,并实施分类许可证制度。澳大利亚对网络内容的监管是先从地方政府推行,西

---

① http://baike.baidu.com/view/3281104.htm.

奥省于1995年通过《检查法案》,直接规定业者对网络传播的内容负责。该国议会于1999年6月通过《广播服务(网络服务)修正案》,对互联网上的内容监管作出规范。除了对网民行为进行法律约束之外,还应注意强化对网络运营商监管责任的规定,使其更好地履行网络监管职责。

2. 规范网络管理的主体和执法标准

现阶段,由于基层管理存在很多问题,社会矛盾众多,网络言论经常显得十分尖锐,这确实给网络管理带来了难度。新闻跟贴"实名制"、BBS话题过滤、限制部分网友的发言,现阶段的这些管理手段试图消解舆论热点于萌芽之中,一方面有利于引导网民理性建言,但另一方面也构成了对公众表达权的限制,影响了网络舆论秩序。更重要的是,部分地方政府在监管的过程中,方式简单粗暴,对于网友的负面言论采取打击报复的措施,滥用公权力,已经形成了对网络环境健康发展的阻碍。事实上,删贴并不是最有效的网络舆论应对方法,现在一些地方政府的"跨省追捕"之类的做法更是侵犯了网民个体的权利,成为公权力恶性扩张的表现,对网络环境造成了巨大的危害。此外,删贴保护的往往是一些不良官员和社会不良现象,对民主法治和健康社会秩序的破坏比较严重。因此,在网络法律的体系中,必须对网络监管主体进行必要的约束,规范执法标准和管理行为,保障网民的正当权利。

(三)建立健全网络舆情研判与危机预警机制

网络舆情危机预警机制,是指在从危机事件的征兆出现到危机造成可感知的损失这段时间内,应对和化解危机所采取的必要、有效行动。大量的网络舆情都起源于一些恶性的公共事件,即我们所说的危机事件。因此,加强政府对网络舆情的研判能力,建立危机预警机制,能够使政府在网络舆情中占据主动地位,更有效地对网络舆情进行引导,化解网络舆情热点。网络舆情预警的意义就在于,及早发现危机的苗头,及早对可能产生的现实危机的走向、规模进行判断,及早通知各有关职能部门共同做好应对危机的准备。危机预警能力的高低,主要体现在能否从每天海量的网络言论中敏锐地发现潜在危机的苗头,以及准确判断这种苗头与危机可能爆发之间的时间差。这个时间差越大，相关职能部门越有充裕的时间来准备，为下一阶段危机的有效应对赢得宝贵的时间。具体来讲，建立网络舆情危机预警机制就是发现对网络舆情出现、发展和消亡具有重要影响的因素，并连续不间断地动态监测、度量、及时采集它们的信息，根据预警体系内容，运用综合分析技术，重新组织信息，对当前网络舆情作出评价分析并预测其发展趋势，及时做出等级预报的活动。

目前，我国对于网络舆情危机的预警流程为：

1. 从网络上（如论坛、BBS、新闻站点、博客、微博等）采集相关网络舆情信息，通过对该信息的分析（如热点话题发现、网民观点倾向性分析等），产生分析结果，并依据该结果对网络舆情危机事件进行预警。

2. 制定危机判断和应对方案。针对各种类型的危机事件，制定比较详尽的判断标准和应对方案，以做到有所准备，一旦危机出现便有章可循、对症下药。

3. 密切关注事态发展。保持对事态的第一时间获知权，加强监测力度。

4. 及时传递和沟通信息。与舆论危机涉及的政府相关部门保持紧密沟通，建立和运用好信息沟通机制。

当然，危机的及时预警，仅仅是政府应对危机的第一步。在正确预测网络舆情的发展趋势以后，政府只有快速地作出反应，公布权威信息，对相关责任人实行处罚，对在群体性、突发性事件中处置失当的领导干部实施问责，才能够防止负面舆论的蔓延和升级，有效地引导网络舆情。

（四）注重高校网络舆情引导，构建高校引导机制

北京是高校聚集区，而且大学生是社会的先驱力量及网络的活跃分子，高校的舆情引导对北京地区网络舆情有着至关重要的作用。

1. 完善高校门户网站，完善激励机制，深入基层，做好正面舆情引导

目前，很多高校网站的功能定位是一般性的日常工作网站，栏目设置往往以事务性工作为主，内容单调，缺乏吸引青年大学生的特色栏目，从而无法将教育思想传输给大学生。作为高校应该完善网站板块，创办特色高校

门户网站，可以通过互动性的形式提高学生的关注度。

2. 依靠热点论坛、BBS，开设舆论板块，充分调动青年人的积极性

网络为思想政治教育提供了重要平台，充分发挥这一平台的互动性是调动教育主体和教育对象主观能动性的基础，同时开设舆情论坛板块是开拓网络阵地的有效措施。可充分利用热门论坛的人气及多样性，拉动板块内文章及信息的阅读量，也可利用已有模板，减轻管理与规范的工作量，并且时刻关注团员动向及丰富板块内容。

3. 加大硬件投入，完善机制保障

无论是高校门户网站、网络论坛还是网络舆情、高校舆情引导体系都离不开计算机、网络作为载体，这就要求这个体系的构建必须要有强大的组织保证与物资、技术支持。务必建立监测机制、常规引导机制与联动应急机制，以减少高校网络舆论的不稳定因素，确保网络安全性与舆论引导的有效性。

4. 成立信息管理部门，培养一个素质过硬的信息队伍

高校网络系统应该合理分配管理团队人力资源，成立网络信息管理部门，培养一支素质过硬的信息队伍，实行网上值班制，通过持续值班，对信息入口进行监控、过滤、引导，去除不良言论或纠究错误言论。在舆情管理过程中，仅依靠人工的方法难以应对网上海量信息的收集和处理，需要加强相关信息技术的研究，形成一套自动化的网络舆情分析系统，利用该系统进行信息自动采集，舆情跟踪与分析，再进一步进行数据统计、清理，方便队伍人员通过网络把握舆情方向，掌握网络舆论宣传阵地的主动权，建立高校舆情有效引导机制。①

（五）培养体制内意见领袖，完善网络发言人制度

网络媒体中存在着大量活跃的网友群体，即所谓的网络意见领袖。他们有个性，有独立想法和思维方式，是网络民意表达的“喉舌”。网络意见领袖们的言论在网友中有相当高的威信，团结网络意见领袖对于舆情引导

① 李霓虹等：《构建高校网络舆情引导立体体系》，《琼州学院学报》2009年第6期。

能够起到事半功倍的作用。然而,随着近年来社会矛盾的加剧,意见领袖的价值立场发生了明显分化。一部分人对社会的渐进发展失去耐心,趋于激进;另一部分人依然坚定地选择体制内改革的立场。因此,对于意见领袖的声音,必须团结其中理性的部分,抑制其中非理性的部分,孤立打击极少数真正的敌对分子。通过培养体制内意见领袖,将网络舆论向健康、理性的方向引导。培养体制内的意见领袖,政府需要找到恰当的方式与网络意见领袖进行沟通,引导他们理解党和政府的方针政策,理解政府解决种种复杂问题的基本思路和实际操作,如政府可以设立成为版主等身份考核标准,并对其进行教育等。

此外,政府应当完善网络发言人制度。通过这一举措,一方面着力于体制内意见领袖的形成,在面临突发事件等公共危机时,通过这样的网民信赖的发言人及时公布真实情况、疏导民意;另一方面打造建立政府与网民沟通联系的桥梁,更好地传达政府信息,回应网友的疑问和意见,促进政府和网民的顺畅沟通。

(六)加强与传统媒体合作,努力发挥议程设置功能

传统媒体在新闻采集、制作方面有着较全面的物质技术保障,具有较高的公信力、权威性和可靠性。因此,网络媒体除了要尽力发挥自己的优势外,还要争取与传统媒体合作,对网络舆论实行立体化引导。传统媒体与网络媒体共同作用,利用多种方式与传统媒体形式互动,把传统媒体的优势运用到网络环境中,影响和规范网络舆论,端正网络舆论的发展方向,提高网络从业人员专业素质,促进社会民主进步①。网络舆论与传统媒体舆论相互作用、相互影响的趋势日益明显,传统媒体和网络媒体的联系越来越紧密,两者必须良性互动,共同营造积极健康向上的舆论环境,防止出现两种声音、形成两个舆论场。网络媒体及时转载传统新闻媒体的重要新闻稿件,对传统新闻媒体的重要信息进行二次传播,实现传播效应的最大化;传统媒

① 杨琳瑜:《网络舆论引导机制创新的路径选择》,《云南行政学院学报》2010 年第 2 期。

体也要注意对网上舆论热点进行有效地引导，介绍网上正面宣传的进展情况，多报道广大网民的积极反应①。

网络媒体除了要加强与传统媒体的合作外，努力发挥网络媒体议程设置功能，甚至可以为传统媒体进行议程设置。② 把"议程设置"作为一种观点提出的是美国著名的新闻工作者沃尔特·李普曼。他认为，大众传媒的报道活动是一种营造"拟态环境"的活动，它形成人们头脑中的"关于外部世界的图像"，并由此影响人们的行为。与传统媒体相比较，互联网被看做是解放了的媒介。有人认为，媒介设置公众议程的作用在网络传播环境中将减少，头版头条已不再重要。事实上，"议程设置"理论仍然适用于网络传播。通过"议程设置"可以把网民的注意力和社会的关心引导到特定的方向，帮助网民提高对环境的认知，从而达到引导舆论的目的。如人民网在"智障工人"事件发生后马上设立专题报道，专题报道的板块分为：事件概况、媒体关注、网友热议、人民调查、最新动态、事件回顾、各方反应等。从事件被查到当天起人民网就作出系列报道，直击智障包身工的生活状态，包括住宿、午饭、工钱、卫生和苦力五个部分，显示出政府对智障包身工的同情与关心，与以往政府堵信息的方法完全不同。有时，网络由于更善于民众互动更了解社会的动态，往往可以成为传统媒体的指示灯，为传统媒体进行议程设置。

（七）发挥北京网络媒体协会的作用，加强行业自律

北京的各大网络媒体充当着引导网络舆情的主力军，承担着正确引导网络舆情的社会责任，它们在北京乃至全国都充当着意见领袖的角色，其新闻、言论不仅能够辐射全国，更会引导舆论走向。因此，要想引导网络舆情，首先应该加强北京各大网络媒体网站的自身建设和行业自律。北京网络媒体协会是集合了北京多个网络媒体的行业组织，因此，充分发挥北京网络媒

---

① 李玉锋：《提高互联网舆论引导能力 营造积极健康和谐的网络文化环境》，中国网联网，2008年6月23日。

② 谭萍：《中国网络舆论现状及引导方略》，郑州大学2005级硕士论文，第27页。

体协会等行业组织的功能,加强网络媒体行业的自律性对引导网络舆情具有积极的作用。

北京网络媒体协会成立于2004年10月26日,是依法在北京登记注册并通过互联网提供新闻信息服务的网站,是经过北京市社会团体登记管理机关核准等级的非营利性社会团体法人,由相关的教学、科研等机构及个人自愿联合发起,现有会员78个,其中包括新浪、搜狐、网易和百度等具有影响力的大型门户网站,同时也包括北京市互联网宣传管理办公室、中国人民大学新闻学院和中共北京市委党校等行政机构,它们大部分是团体会员。北京网络媒体协会的宗旨是遵守中华人民共和国宪法和法律,遵守互联网新闻信息服务管理有关法律法规,遵守社会公德和符合社会主义核心价值体系的网路伦理,积极向网络媒体行业宣传国家的法律、法规和政策,协调会员关系,倡导并建立业界自律机制,制定行业经营规范,维护国家信息安全和社会公共利益,维护行业正当利益,加强网络文化建设,营造良好网络环境,营造良好行业形象,保障会员合法权益,促进互联网新闻信息服务健康有序发展。①

北京网络媒体协会自成立以来不断致力于构建和谐的网络文化。同时,协会网站还为网络媒体和网民提供即时的业界资讯,成员的动态发展,宣传互联网的政策法规,以期促进北京各大网络媒体的合作,共同引导网络舆情。由北京网络媒体协会、北京市互联网违法和不良信息举报中心主办的"北京互联网行业自律大会"于2011年1月11日召开,大会回顾了2010年度北京互联网行业自律工作取得的成就,指出2010年是北京互联网行业自律工作继往开来的一年。新浪、搜狐、百度、第一视频等网站自觉在"文明办网、文明上网"、维护网络和谐环境方面作出了积极探索和努力,并且评选了"2010年度北京互联网行业自律工作支持单位"等奖项。② 这些肯定都极大地刺激了北京各大网络媒体正确引导网络舆情、杜绝虚假新闻、维

① http://www.baom.org.cn/jianjie/node_133.htm.
② http://www.baom.org.cn/2011-01/11/content_5704.htm.

护网络媒体公信力和构建和谐的网络文化的积极性。在引导网络舆情的工作中，需要探讨如何进一步凸显北京网络媒体协会这类行业组织的重要性，充分发挥其团结北京网络媒体、发布权威信息等功能作用，为舆情引导提供有益前提和良好环境。

促进数字包容，建设和谐的网络文化

Promote the Digital Inclusive, Construct the Harmonious Network Culture

黄 佩 洪文渊
仝海威*

Huang Pei,
Hong Wenyuan,
Tong Haiwei

摘 要:在全球信息社会快速发展的时代,促进数字包容,让技术惠及不同的群体成为各国政府最为关注的议题之一。建设更有包容能力的数字社会和网络文化也成为政府的重任。本文在世界各国数字包容政策的视野背景下,以北京市西城区为案例作了重点分析,并就数字包容与和谐文化的建设问题提出了相应的建议。

关键词:数字包容 和谐 网络文化

信息技术的日益发展给人们带来了大量的机遇,制造了众多的数字红利。不过,由于掌握技术需要相应的知识、经济能力和社会环境,现实中社会各群体间产生了应用程度的不同以及创新能力的差别,从而造成一种新的“文化落差”和“知识分隔”。

人们对互联网的使用和创新也存在差异,尽管网络文化提倡一种包容的精神,要使社会各个阶层都从中受益,但事实上并非所有人都能享受到这种文化带来的好处。因此,如何将信息技术用于建设一个更有包容能力的网络文化,建立更有社区感和社区生活质量的网络文化,是网络文化发展的

---

* 黄佩,女,北京邮电大学网络系统与网络文化北京市重点实验室副教授,从事网络文化、新媒体与社会发展研究。洪文渊,北京市西城区信息化工作办公室。仝海威,北京市经济与信息化委员会软件与信息服务业处副处长。

更高层次诉求。

建设这样一个网络文化环境，政府、社会组织和公民都扮演着重要的角色，政府的作用尤其重要。政府是信息社会基础设施的提供者、服务者，它为民众搭建网络信息技术服务的平台，并且提供相应的准入培训和准入措施，从而为提供人人平等地接触、使用网络信息技术，融入网络文化打下坚实的基础。这是建设和谐网络文化的必要前提。目前，世界各国政府都在努力制定符合本国特色的数字包容政策，为网络文化整体均衡发展打下基础。

一、世界各国对于数字包容、建立包容性网络文化的政策

随着信息技术的进一步扩散和应用，在公共、私人和商业领域，使用这些技术的能力和技能、投身于技术所营造的文化环境中并获益成为社会发展的重要内容之一。在这个过程中，社会包容(social inclusion)概念重新获得了人们的重视。社会包容原指个体和个体之间、不同群体之间、或不同文化之间相互配合、相互适应的过程。由于网络的渗透，人们的现实社会生活已经大量地转移到网络上，因而也产生了“数字包容”的新问题。根据欧盟2006年签署的“里加部长宣言”(Riga Ministerial Declaration)，其含义是指“通过包容性的信息技术及其使用以实现更广的包容性的目标，着重于所有个人或社区在信息社会里各方面的参与”；其内容涵盖六大优先实践领域，即“年长工人及老年人的需求、地理数字鸿沟的降低、电子易用性和可用性的提高、数字化知识和技能、促进文化多样性与包容、推进包容性电子政府的发展”①。“数字包容”是通过反对社会排斥来消除数字鸿沟，从而促成社会包容的行动和过程，它不仅包含对信息通讯技术拥有公平的准入

① EuropeanUnion. MinisterialDeclarationapprovedunanimouslyon11June2006, Riga, Latvia [S/OL]. [2010-11-26]. http://ec.europa.eu/information_society/events/ict_riga_2006/doc/declaration_riga.pdf.

和使用权,还意味着要更多关注社会文化要素,确保受到排斥的人能够使用信息技术去进行拓展,并促成他们拥有获取更好生活的能力,从而使他们能够进一步融入网络社会,成为网络文化中的一分子。

在实施“数字包容”的政策中,不同国家有其不同的模式。

(一)瑞士的电子政府主导型策略

瑞士建立强大的电子政务体系,基本实现了100%的政府网上服务,在强大的政府电子公共平台支撑下,通过向山区人口推广宽带技术、举行全国性的老年人信息技术培训、对高校教师、学生提供持续性的技术培训和网络文化教育,进一步完善数字包容工作。

(二)加拿大的“联结加拿大人民(Connecting Canadians)”数字包容模式

加拿大目前的“联网”程度处于世界领先地位,它采用的数字包容模式涉及了社会的各个层面,一是在社会或公民层面,通过公共的连结端口来提高网络流畅度,通过电子政府来提高公民的数字技能,通过政府在线信息和服务来扩散网络的使用和数字信息;二是利用强大的网络教育功能,提高个体的数字知识能力,通过学校来提高网络利用率;三是通过政府、企业和市场的互动,促成信息通讯技术(使用)的扩散,通过部门或区域间的配置来消除数字鸿沟。

(三)爱沙尼亚发展“以公民为中心”的包容性信息社会

爱沙尼亚是一个并不富裕的小国,但它却是欧洲最为先进的信息社会之一,这个国家的人民在互联网上投票进行国会选举,采用电子报税,互联网的普及率约为60%,而且绝大多数是宽带网络。数字包容不仅仅是一个政策,而且还是它们信息社会的发展准则之一。爱沙尼亚的数字包容政策推广得益于早期政府对教育机构的联网政策,中期得到国际捐助机构以及国内非政府组织的支持,发展公共互联网接入点以及成人培训。目前,政府积极发挥主导功能,打造互联互通的政府一站式服务体系,通过满足不同社会群体的需求达到社会整合的目的。

（四）法国推动“影响社会及文化发展”的数字包容政策

法国的信息社会建设已走在领先地位，目前关注数字包容政策如何实现对社会和文化的良性影响，其中包含公共服务的持续现代化、在文化、教育、培训、卫生等领域推动新的网络信息服务、保护儿童的权益、打击网络犯罪。通过平衡信息政策实施发展过程中的正负影响，实现数字包容政策的良性发展。

（五）美国三藩市的“赋权”数字包容模式

美国三藩市的数字包容模式强调赋权（empowerment）要素。一是支持所有市民获得使用网络所需的技术和技能，以获取工作、教育和医疗、政府服务和其他信息服务；二是通过影响网络来建立一个更有活力的三藩市，增强沟通、权利，增加市民参与，提高物理社区和文化社区之间的联系；三是通过扩大创新机会和参与机会，进一步增强三藩市在本地、区域和全球经济中的作用；四是通过与社区已有的服务组织合作，加强市民对技术的采纳，改善数字赋权情况。为实现上述四个目标，三藩市对欠发展的社区和弱势居民以及家庭的信息技术运用给予了大量关注，它为市民提供免费的和支付得起的网络接入、计算机，可估价的硬件和软件方案，基本技能培训项目，提高数字安全和责任性的资源。此外，为进一步扩大三藩市信息技术的价值、提高数字赋权，三藩市还与其他城市开展合作，推动数字阅读能力项目，增加能够直接被市民和社区所使用的、适宜的、多语言的信息内容。①

（六）新西兰的“3C”政策

新西兰的数字政策强调三个能动因素，分别为联结（Connection）、信心（Confidence）以及内容（Content）。在这三个因素互相作用下，确保所有新西兰人能够共享数字未来。承载这些因素的行动主体包含了社区、企业和政府，这三者之间联系日益紧密，不可分割，协作是未来发展的趋势。社区

① Linda Ashcroft, Social Exclusion in the Information Profession, and how LIS Journals Can Encourage Information Provision in a Wider Social Context, 68th IFLA Council and General Conference, August 18 - 24, 2002, No. 014-118-E.

和非政府组织首先进行合作,分享知识、采用新的互动方式,建立有效的伙伴关系;企业要采取新的战略合作方式,实现技术的联结,推动生产力的发展;各地政府要努力发展电子社区,社区发展的主题是:宽带联结、地区技术创新、数字内容发展提升社区认同、培养技术群体、保存社区资源实现可持续发展。

综上所述,我们可以看到,各国发展数字包容各具特色,但是目标是相似的:技术化的社会形态不是终极目的,利用信息技术进一步完善公共服务,提升网络社会中的公民生活质量,共享网络文化的分享、协作精神,为不同阶层的群体赋权才是真正的目的。

二、中国建设包容性网络文化的政策及举措

近年来,中国在解决地区之间、城乡之间数字鸿沟问题,推进信息社会建设,促进经济和社会协调发展等方面取得了明显进展。在《2006—2020年国家信息化发展战略》中,确认了中国信息技术应用水平与先进国家相比存在较大差距,国内不同地区、不同领域、不同群体的信息技术应用水平和网络普及程度很不平衡,城乡、区域和行业的差距有扩大趋势,已成为影响协调发展的新因素。针对此制订的战略方针是:要以人为本,惠及全民,创造广大群众用得上、用得起、用得好的信息化发展环境。在具体的网络文化建设上,该发展战略还提出,要将网络文化定位在改善公共文化信息服务上,加强公益性文化信息基础设施建设,完善公共文化信息服务体系,将文化产品送到千家万户,丰富基层群众文化生活。

胡锦涛总书记2007年在中共中央政治局第三十八次集体学习时,也强调了将互联网建成公共文化服务的新平台的重要性,并提到了要将互联网建成共建共享的精神家园的目标。可以说,党和各级政府都意识到了网络无论是在技术层面还是内容层面都具有公共性质,利用网络建立一种包容文化,能够促进和谐社会的发展。

近年来,中国在解决地区之间、城乡之间数字鸿沟问题,推进信息社会

建设，建设有包容性的网络文化，促进经济和社会协调发展等方面取得了明显进展。政府在打造公共网络接入点、加强中西部基础信息设施建设、加大全民网络素养教育、整合电信运营平台降低资费等方面做了大量的工作。中国互联网信息中心的调查表明，截至2010年12月底，我国网民规模突破4.5亿大关，达到4.57亿，较2009年年底增加7330万人；互联网普及率攀升至34.3%，较2009年提高5.4个百分点。宽带网民达到4.5亿，年增长30%。与此同时，人们对从统筹城乡、区域协调发展的角度来关注数字鸿沟问题已基本形成共识，新农村信息化建设渐成热潮，这些都对进一步缩小数字鸿沟产生了一定的作用。但是总体来看，中国城乡、地区间的数字鸿沟仍然很突出，困扰着中国信息化的发展。随着网络信息技术的进一步发展，各地的技术采纳和扩散速度又各不相同，更是呈现出不同的发展面貌。如何针对不同的发展状况，制定有效的数字包容政策，从而实现真正的社会包容，是一个极富挑战性的问题。

三、北京促进数字包容，建设包容性网络文化的举措

北京是全国的政治、文化中心，在这里建设一个良好的网络文化环境有着得天独厚的优势。首先，它有着良好的覆盖城乡的网络信息服务设施，为打造良好的城市网络文化环境奠定了基础；其次，各种扶持政策的出台和实施都紧紧围绕首都建设成世界城市的目标行进，其中一个重要的指标就是信息化、网络化社会的构建；再次，作为一个文化之都，北京目前极其重视“人文北京”的建设，要考虑对人的生存状态的关怀、提升符合人性的生活条件、培育能包容各阶层的文化氛围，网络文化恰恰就潜在地提供了这样的条件，而北京的人文建设无疑会促进一个良性网络文化环境的形成。事实上，北京已经构建了良好的网络文化基础，据中国互联网络信息中心最新调查显示，北京互联网普及率达到69.4%，居全国之首①。

① 中国互联网络信息中心：《第27次中国互联网络发展状况统计报告》，第16页。

然而,北京有其特殊性,一方面,政府重视信息化的建设,经济发展水平较高,国际化程度较高,知识性劳动者相对集中,奥运会和世博会等大型活动都推动着北京整个网络文化向更高层次发展;另一方面,北京的流动人口众多,社会阶层分化较大,那些处于弱势或边缘的群体,由于经济水平、信息素养以及观念与高端存在较大的落差,虽处在北京这个相同的地理空间,但却属于被网络排斥的人群,低收入家庭、外来务工人员、残疾人等群体的网络文化融入问题更为迫切。

基于上述情况,近几年,在促进数字包容,建设包容性的网络文化方面,北京出台了《北京市百万家庭上网工程》、《北京市提高全民信息能力行动纲要》等政策,努力实现"缩小数字鸿沟,构建和谐社会",打造和谐的网络文化。从全局来看,政府集中力量建设基础设施,提升服务质量。首先,政府自身实现服务模式的转型,服务方式向以用户为中心的服务与管理模式的转变,促进以"一体化"的方式提供政府服务,例如"首都之窗"就很好地实现了政府提供电子服务的理念;其次,政府积极建设开放性的服务供给基础体系。政府针对农村地区、社区、中小学等提供相应的技术支持,对信息能力较弱的地区提供技术职称;再次,为关键的公共服务领域打造开放性的服务平台,例如首都图书馆的公共服务平台就很好地整合了数字资源,以公众的信息需求为导向,方便公众获得服务。

从个案来看,北京市西城区 2010 年为促进数字包容,建设和谐的网络文化,开展了一系列相关的活动,其中有特色的举措包括:

(一)政府加大力度进行公共网络基础设施建设,开展信息化互助活动,使更多市民拥有网络的准入权

"西城区信息化互助行动"自 2006 年启动,由区信息办牵头,联合区残联、区社会办和街道办事处等单位共同组织实施。"西城区信息化互助行动"以项目形式组织,政府、企业通力合作,政府提供专项资金,规划并监督项目运行,企业和社会各方共同承担基础设施的建设,包括建设培训教室,铺设相应的网络环境,选择、建设并管理好社区免费上网点。在选定的地址建立培训教室,每个培训教室配备计算机,并提供网络设备(交换机),组建

培训教室局域网,满足开展培训上网的需要。

各街道办事处根据各社区服务中心、社区居委会、社区服务站的基础条件选择并向信息办申报建设社区上网点,2010年借助北京市基础设施提升计划的契机,和联通公司谈取了优惠价格,为167个社区免费上网点接入ADSL企业宽带,带宽为2M。

(二)通过为地区各个群体的居民提供免费的信息技能培训和便利的上网条件,增强居民的信息素养

2010年,西城区的信息化互助行动进一步深入,明确了工作任务、指派了主管领导和具体负责人并制定了落实预案。相关责任单位的任务分别是:街道办事处主要负责具体组织实施,开展面向困难群众和外来务工人员的信息化知识培训。每个街道办事处年内完成至少10期2500人次的培训任务。每个街道办事处年内至少开通3个免费上网点,为困难群众和外来务工人员提供免费上网服务。制定配套的上网点管理制度,做好上网点的管理工作。区残联负责具体组织实施,开展面向残疾人的信息化知识培训,年内完成至少5期1000人次的培训任务。区总工会负责具体组织实施,开展面向困难群众和外来务工人员的信息化知识培训,年内完成至少5期1000人次的培训任务。区社会办充分发挥行政主管部门的作用,加强对各街道办事处和社区服务站为民开展信息化知识培训和便民上网服务情况的监管。积极动员社会组织参与信息化互助行动。区教委负责开放社区教育学校场地开展信息化知识培训和上网服务,整合教育资源免费向贫困家庭学生提供。团区委负责保障信息化培训和上网服务所需志愿者的配备、管理和服务。自2006年以来,培训规模不断扩大,培训层次不断加深,培训质量和效果不断提升。培训规模从2006年的16期、3500人次,提高到2010年的100期、2万人次,目前累计培训300余期、培训居民6万余人次,受益群体覆盖了老年人、残疾人、4050失业人员、低保人员、低保边缘人员和特困家庭子女六类弱势群体。通过各部门的协作,信息化互助行动切实深入到那些不易接触到信息技术的群体,为他们融入网络社会、网络文化打下基础。

（三）提高市民利用信息技术参与经济社会生活和获取政府公共服务的能力

针对网络技术的飞速发展和社会需求的变化，西城区设计的培训也应时而变，注重技能的培养和能力的开发，使被培训人学有所用，发挥长处，真正使他们受益于所学的技术。从2006年到2010年，培训学时从最初每人6次12学时一期增加为每人10次20学时一期。培训内容从单一的计算机、上网基本操作技能培训，增加了图像处理、动画制作等较为专业培训，并且尝试与计算机等级取证、计算机类职业资格取证培训相结合。

许多参加过信息化互助培训的失业人员都顺利通过了计算机考试，重新走上了工作岗位。通过对残疾人专职委员专项培训，为区残联培养出一支由残疾人组成的高素质的信息化队伍。面向贫困家庭子女开展的电脑培训，丰富了孩子们的业余生活，圆了孩子们的电脑梦。很多参加过培训的学员自愿加入信息化互助行动的志愿者队伍，还有部分志愿者通过考核后成功再转化为小教员，形成居民教居民学习信息化知识和信息技能的局面，实现了信息化互助理念。

（四）利用网络建设“电子社区”，打造公共服务平台

现代城市的一个主要特征是人员的离散程度较高，尽管城市集合了各类人群，但是由于城市功能的划分使得人群之间的信息流通存在障碍。现代传播体系从大众传播时代的单向传播转变为目前的高度互动、双向传播，从一定程度上促进了信息流通，这为公共服务提供了新的契机。以往的公共服务更多地依靠政府推动，而在新的网络环境下，可以通过网络技术聚合相关的社会力量，通过统一的管理平台，对所需的服务及时响应，促成相关人员的互动，从而建立起离散社会的新型“聚合”形式。西城区团委志愿者管理平台就充分体现了利用电子社区打造公共服务平台的理念。

西城区团委志愿者管理平台包括5个子系统：志愿西城网、志愿西城网信息发布系统、志愿西城后台管理系统、志愿西城论坛、志愿西城社区。志愿西城网利用公告系统，将重要事件及活动及时通知志愿者个人，达到公告内容迅速传播的目的；志愿西城网信息发布系统利用内容管理系统，内容的

创作人员、编辑人员、发布人员使用内容管理系统来提交、修改、审批、发布内容；志愿西城后台管理系统可对全站的会员进行用户管理，可对志愿者个人的隐私资料独立管理，它独立于系统后台，与系统后台分开独立运行，安全可靠；志愿西城论坛给志愿者提供发表自己意见和建议的场所，成为志愿者和组织间沟通的桥梁和纽带；志愿西城社区使用了各种社交应用技术，便于志愿者进行互动。

通过这一公共服务平台，来自各个阶层的志愿者集合在“志愿精神”之下，实现了跨越时空的聚合，成为了有共同理想的“我们”。在技术赋权下，人们通过高度的互动，为建立“电子社区”打下了基础，通过有序、持续的互动，相同兴趣的聚合，内部有效的信息化管理，志愿者可以逐步发展出延伸至网下的社区，实现网上网下互动的良性循环，最终形成有情感纽带和共同理想的社区。可以说，电子社区为规划社区、建设社区提供了革命性的手段，也为人们寻找归属感、寻求集体生活提供了新的形式。

四、建立更具有包容性的网络文化

2010 年 9 月，胡锦涛主席在出席第五届亚太经合组织人力资源开发部长级会议开幕式时，提出了“包容性增长”的理念，指出其根本目的是让经济全球化和经济发展成果惠及所有国家和地区、惠及所有人群，在可持续发展中实现经济社会协调发展。同样，在网络文化建设领域，政府也应借助信息技术提供无差异的公共服务，注重“数字包容”，强调对网络文化的包容性治理，在更大范围内实现“包容性增长”这一社会目标。通过列举西城区 2010 年关于数字包容的几个工作，我们可以进一步总结如何建立更具有包容性的网络文化。首先，政府要确立在建设中的领导地位，并且先从自身电子政务的改革和完善做起，引领公共服务的转型；其次，政府应该继续加强信息基础设施建设，进一步完善公共政策，加大信息公开程度，扩大弱势群体的公共参与，保障公民权利，使每个公民都能享有基本的服务；再次，要大力推动志愿组织和非政府组织、社区组织等公民社会组织的社会创新，倡导它们积极参与数字鸿沟治理，为弱势、边缘化及具有特殊需求的群体提供信息服务，提升全民的信息意识和信息素养，确认家庭、社区对网络积极功能的准确认识，使社会成员得到适当的教育和培训，使他们不仅能融入网络文化环境之中、用得上技术，还要将技术“用得好”；最后，要动员社会各方走进网络，建立社区，使有共同兴趣的人走到一起，通过互动、参与生成社区的共有内容，产生对社区的依赖感和归属感，从而真正建设一个包容的、社区化的网络文化环境，让人们真正感受到关怀。

网络文化媒介与形态透析

An Analysis of Media and Configuration of Cyber Culture

2010年移动互联网文化分析

An Analysis on Mobile Internet Culture in 2010

邝明艳*

Kuang Mingyan

摘　要：2010年，移动互联网以其锐不可挡的态势成为互联网行业具有高度价值的发展领域。作为“3G元年”的2009年中，主要在3G移动互联网概念普及、相关技术硬件建设、政策制度的初步规范指导等方面，打下铺垫性的初步基础，酝酿着各方面力量迫切期待进入的准备姿态。2010年，移动互联网的发展取得进一步的成果。北京在移动互联网发展的政策倾斜、硬软件建设、资源、市场基础等方面处于全国领先位置。北京一直是文化新变动的辐射中心，对于整个中国甚至世界移动互联网而言，首都北京都具有典型意义和引领作用。

关键词：移动互联网　跨界竞争　多元信息平台　社交互动空间

移动互联网是“移动通信+互联网”，它具有传统互联网的交互性、即时性、延展性、融合性等新媒体技术所共有的特征，又具备“随时随地在线”的独特性和突出优势，只要有移动无线网络和手机信号覆盖的地方，就能使用移动互联网。在各项技术不断提升的基础上，移动互联网的信息传播变得更加方便和快捷，得到广泛的应用，应用主体涉及政府、企业和个人。2010

---

* 邝明艳，女，博士，西南大学文学院教师。

年，移动互联网成为信息传递与交流的新型重要平台，也成为互联网行业和网络文化发展极具关注价值的新领域。

一、2010年移动互联网发展情况及分析

移动互联网由于其新且快的发展形式，呈现出错综复杂、瞬息万变的局面，我们主要从用户数量及结构、硬件终端及操作系统、使用分布、移动网站等几个方面对2010年的移动互联网发展情况进行归纳总结，并结合对比2009年移动互联网，传统互联网以及其他国家移动互联网发展，作出相关简要分析。

（一）移动互联网用户数量规模及结构

据统计，截至2010年12月，我国手机网民达3.03亿，较2009年年底增加了6930万人。手机网民较传统互联网网民增幅更大，在手机用户和总体网民中的比例都进一步提高，成为拉动中国总体网民规模攀升的主要动力。手机网民数量整体增长的趋势中具有阶段性及结构性变化。

从阶段性来说，与2009年和2008年同期相比，2009年上半年手机网民规模继续稳步攀升；但是相比2009年下半年，手机网民增幅出现了一定滑落。原因主要是以下三点：一是季节性下滑。受电信运营商的营销策略影响，下半年的手机网民增幅一般都高于上半年，按惯例，各大电信运营商会在下半年密集推出各类优惠活动，如手机上网资费、终端补贴等方面的举措，极大地促进了手机上网行为的普及。二是与3G商用推进进程有关。2009年年初3G宣布正式商用，但实际上运营商密集推广集中在2009年下半年，“手机上网”概念深入人心。受这一刺激，2009年全年手机网民净增超过1亿户，3G商用对于手机上网服务的普及更多是停留在营销层面上的，仍受终端、网络、资费等方面的限制，3G网民还未成为手机上网网民增长的主要推力。2010年，伴随3G概念的逐渐淡化，3G及移动互联网的宣传力度的减小，网民增幅回归到了正常水平。三是2010年存量手机用户和新增手机用户，都没有为手机网民提供很好的支撑。在2009年存量手机用

户的手机网民爆发,将存量手机用户中的很多潜在手机网民都发展为了实际手机网民,导致潜在手机网民大幅下降。在这样的背景下,2010年又没有新的更大刺激因素,因此手机网民增长减缓。

移动互联网用户结构与传统互联网用户在性别、年龄、学历、职业、收入、城乡等方面具有大体雷同局部区别的特点,具体如下:1)性别结构,与2009年年末相比,手机网民中男性占比小幅上升,达到57.1%,与整体网民性别结构趋势一致,但男性用户在手机网民中占比大于整体网民中男性用户占比。可见,在使用手机作为上网终端上,男性群体的优势更为明显;2)年龄结构,2010年上半年,手机网民年龄向成熟化方向发展,手机网民中30—49岁占比显著提高,增加了3.7个百分点,10—19岁手机网民占比下降了2.1个百分点;3)学历结构,与整体网民的学历结构相比,手机网民学历偏低。2010年上半年,手机网民群体学历结构在提升。中小学以下学历手机网民的比例显著下降,初中及以上各学历层次的网民比例均有所上升;4)职业结构,与2009年年底相比,除了产业服务业工人,专业技术人员、农村外出务工人员、无业人员占比下降外,手机网民中其他职业类型群体占比均有所上升。在手机上网和电脑上网用户融合趋势下,手机上网不断向各个群体渗透。5)收入结构,由于手机网民中职业结构分化,手机网民的收入结构也出现变化。截至2010年6月,手机网民中月收入在500元以下的占比提升到21.9%,月收入在3000—8000元手机网民提升到12.9%。6)城乡结构,截至2010年6月,我国手机网民城乡比例为71.1∶28.9,手机网民中农村人口仍高于整体网民农村网民比例。但是,由于手机的电脑上网用户呈现融合趋势,农村手机网民占比较2009年年末略微下降,手机网民与整体网民的城乡结构趋于一致。①

(二)移动互联网硬件终端及操作系统发展

简单概括来说,移动互联网是“移动通信+互联网”,2010年,无论是在

① 数据来源:《第26次中国互联网发展状况统计报告》(CNNIC,2010年9月);《第27次中国互联网发展状况统计报告》(CNNIC,2011年1月)。

移动通信还是互联网都出现风云变化，气象万千的局面，最为直观的是，移动互联网的终端硬件从单一的手机独大，到多种终端浮出水面，起起伏伏，热闹非常，在终端背后还有一个隐而不显的潜伏战场——操作系统，更是紧锣密鼓，杀机四伏。

先看移动互联网终端，目前，中国移动互联网应用的承载终端主要为手机终端，此外，平板电脑、电子阅读器等多种新型终端的出现，为移动应用提供了多种传播路径。手机终端市场是现阶段移动互联网应用传播的主要介质。在市场上，诺基亚和三星两种品牌的终端占有了市场的较大份额，其他品牌终端的市场占有率相对较低。随着高速移动网络的普及，能够承载移动业务/应用的终端也呈多元化发展，越来越多的便携设备也具备了网络功能，为移动互联网应用/服务提供了更为多元化的传播介质。其中，电子阅读器及平板电脑等移动终端设备值得关注。2010 年，中国电子阅读器终端销量达 120 多万部。尽管目前，中国电子阅读器终端主要承载阅读的功能，但是未来随着终端性能完善，电子阅读器将可能集成部分的移动互联网应用。在平板电脑方面，根据研究机构预计，2011 年，中国平板电脑市场将出现群雄征战的局面，平板电脑的规模销售将为中国移动互联网应用提供更为优质的传播介质。

有数据显示，2009 年智能手机渗透率仅 13% 至 15%，2010 年渗透率预估 18% 至 22%，预估 2011 年将达 26% 至 31%。这代表 2011 年每 3 部手机中，将有 1 部手机是智能手机。智能手机，除直接可观的硬件之外，操作系统是其核心。手机操作系统的发展从起步时就成为移动互联网竞争的战略高地，相较于硬件终端而言，操作系统更具潜力，有着无限的可能性。在国外，手机操作系统非常烦杂，有 30—40 个之多①。大部分手机使用各自厂商开发的专有操作系统，因此会出现由于彼此标准不同，它们不得不单独开发、测试和支持它们推出的数百种版本的同一种服务的问题，对资源利用造成浪

① 参见《被 5 国联军瓜分的中国市场——手机操作系统》，http://www.chinalabs.com/html/shiyanshiguandian/20100427/33377.html。

费,也给使用者带来麻烦,操作系统亟待精简整合。在中国,市场上,除一些较具影响力的终端品牌具有自有的手机操作系统外,一些规模相对不大的手机终端厂商更倾向于使用开源的手机操作系统。操作系统是中国移动互联网发展的软肋之一,虽然我们拥有联想等国产品牌的硬件终端,但手机操作系统没有一种是源于中国,庞大的中国市场被其他国家的主流操作系统瓜分,它们分别是:Symbian、Windows Mobile、iPhone OS、Android 和 BlackBerry OS,不夸张地说已经具有各自的势力划分,形成了十分强大的掌控格局。

(三)移动互联网应用行为特点及原因

移动互联网应用行为与传统互联网有着密切联系,互联网主要为使用者提供信息与交流服务,在移动互联网应用主体行为与传统互联网的应用行为相同,但受终端操作特性、网络基础建设、发展速度进程等方面的制约,移动互联网的应用行为也形成了自身的特点,这些特点尚在变化中,有着很大的可能性和拓展空间。移动互联网应用行为从功能服务类型上来看,即时通信、搜索、社交渗透率最高,分别观之:1)即时通信渗透率达到61.5%,是渗透率最高的应用,这一现象有多方面的成因:从技术支撑来看,一方面是由于移动互联网的发展为移动即时通信的应用奠定了基础,尤其是在一些上网条件较差的地区和人群,作用更为明显;另一方面,作为一种"免费"的通信服务,即时通信的价格优势与移动通信设备的使用方便性结合必然会提升用户对其的使用意愿。因此,随着移动互联网的普及,移动即时通信还将保持增长。从市场基础来看,首先,即时通信工具庞大的用户规模以及极高的用户黏性保证了移动即时聊天的需求存在;此外,鉴于对即时通信工具的极强吸引力的认识,各终端制造商都将其作为标准软件内置于产品中,这方便了用户的使用,也提高了用户使用手机即时通信工具的可能。2)搜索在移动互联网应用使用率中排名第二,达到48.4%。由于手机浏览性能,输入效率较差,手机网民更习惯利用统一的入口进入各类内容页面。因此,搜索导航类应用继续保持用户渗透率的领军地位。3)社交网络的渗透率在2010年增长较快,上半年就达到了35.5%,展现出较好的成长势头。社交网站用户中,使用电脑和手机两类终端的重合用户达39.1%。互联网的社交化趋势已经变得不可阻挡，目前已经在传统互联网中占据重要的位置。由于手机上网的随时性和随身性，使用手机上社交网站的用户有 9827 万，占社交网站用户总数的 46.7%。未来，移动互联网上的社交化应用将迎来更大的发展。

从内容方面看，手机上网应用主要还是集中在娱乐休闲类应用，手机上网较电脑上网更加休闲化，手机网民中有 77.3% 只在业余时间用手机上网，电脑网民的相应比例为 68.9%。音乐、文学、游戏、视频等应用都在渗透率中排名靠前；而手机邮电、支付等应用渗透率较低；而在传统互联网中，商务类应用发展表现更加突出，2010 年，网上支付、网络购物和网上银行用户增长较快。这是由于，手机网民总体并不是集中在中高端商务人群，普遍民众才是手机网民的主体，手机目前更多还倾向于娱乐终端。以手机文学为例，截至 2010 年 6 月，网络文学使用率为 44.8%，用户规模达 1.88 亿，较 2009 年年底增长 15.7%，是互联网娱乐类应用中，用户规模增幅最大的一项，据统计，有 36.4% 的网络文学用户只在电脑上在线/下载看网络文学作品，只在手机上在线/下载看网络文学作品的也有 30.7%。① 这说明网络文学用户群体在电脑和手机两类终端使用上较为分化。

（四）中国移动互联网与世界其他国家的比较

移动互联网是世界范围内的新型产业，在资源划分、市场竞争、政治关系、文化交流等方面，中国移动互联网发展都处于世界整体格局中，与其他国家的互联网发展有着密不可分的关联，由于互联网的广泛性，往往在牵一发而动全身，因而，对于中国移动互联网的观察必须置于世界背景之下。

从世界范围来看，由于日韩移动通信比较发达，因此移动互联网的普及率也非常高，其他国家则相对较低。截至 2009 年 6 月底，日本移动互联网渗透率超过 80%，韩国超过 60%，英国移动互联网渗透率 22%，美国 19%，中国超过 30%。2010 年第三季度全球 3G 用户数同比增长 35% 至 7.26 亿，普及率达 14%；其中中国市场达到 2000 万，增长率高达 458%。目前，

① 数据来源：《第 26 次中国互联网发展状况统计报告》，CNNIC，2010 年 9 月。

3G用户数最多的分别是美国和日本,分别达到1.41亿和1.09亿,而中国、巴西、印尼和越南等国增长迅猛。美国是PC互联网的中心,网民普及率一直居于世界领先水平,并且有google、facebook、twitter等一大批领先的互联网应用。而移动互联网方面,无论是手机网民/手机用户比,还是移动互联网应用方面,日本远远优于其他国家。2009年6月,日本的3G用户数已超过90%,移动互联网在日本已成为主流。从手机网民占手机用户的比例角度来说,中国现阶段还处在日本2005年的状态,落后于日本5年。同美国相比,虽然网民的普及率远远低于美国的74%,但手机网民比例同美国发展水平相近。①

以移动互联网的发展模式和进程来看,各主流国家在运营模式、服务形态,目标市场,重点业务四个方面存在差异,对我国移动互联网的发展有借鉴意义:1)封闭与开放运营模式消长变化。国内三家移动运营商对于产业链控制力均相对较弱,因此选择较为开放的运营模式更为适宜,与内容提供商进行平等合作,共同促进移动互联网的普及和整个产业的繁荣。2)服务形态由WAP走向Web。WAP是有线互联网服务的主流类型,移动互联网用户通过WAP网关接入,运营商通过封闭的门户提供彩铃、音乐、VOD、游戏、信息服务等。但是随着技术的发展和移动互联网的普及,基于Web方式的在线服务正在世界范围内成为移动互联网的发展趋势。WAP方式是中国移动互联网发展的一大特色,用户多数采用WAP接入的方式。但是Web方式不仅使用户可以得到与传统互联网一致的体验,而且大大节约了社会资源,已经在世界范围内成为主流。3)移动互联网目标市场和重点业务,高端商务、大众生活齐头并进。中国的市场空间很大,移动互联网业务正处于起步阶段,用户类型与需求呈现多样化的特点,为移动运营商实施差异化的竞争提供了很好的空间,运营商完全可以结合企业自身资源、能力等

① 数据来源:柴雪芳:《海外移动互联网演进路线趋同》,《通信世界》2010年第5期;《中国移动互联网同美、日的比较》,http://www.chinalabs.com/html/jiaodiandaodu/TNTyejie/2010/0823/39406.html。

方面的优势，为特定的用户群提供有针对性甚至是个性化的内容/应用。

二、移动互联网文化的形成及其特点

移动互联网基于已具规模并快速扩展通信和互联网产业，形成一种新型综合产业，涉及联动众多领域。作为产业，其经济效益蔚为可观，2010 年中国移动互联网市场规模达到 637 亿元，比 2009 年上涨 64.2%，2010 年第四季度国内移动互联网用户规模达 2.88 亿，环比增长 18.52%，相比去年同期呈现 41.48% 的增长速度，除去流量费之外，移动互联网服务收入达到 342 亿元。在整体的经济规模增长趋势之中，流量费作为基本构成，为可预见及可确切统计变化，而移动互联网服务收入组成复杂，仍处在快速波动中。互联网服务这一部分不仅仅是一种市场行为，由于其辐射范围广、类型结构多变、涉及人群数量组成庞杂，已然成为一种新型媒介文化。移动互联网文化有其独特性，且将长时间处于变化期。总体来看，中国移动互联网文化具有以下特点。

（一）支持鼓励的良好政策环境，监督规范的辅助护航

中国移动互联网从发展之初，便处于中国政府相关政策的指导规范之下，这其中以支持为主要态度。相继制定信息产业发展规划、调整计划，如《电子信息产业调整和振兴规划》（2009 年），颁发《网络游戏管理暂行办法》（2010 年，信息产业部）、《2010 年网络侵权盗版专项治理“剑网行动”方案》（2010 年，国家版权局）、《通信网络安全保护管理办法》（2010 年，信息产业部）等整体互联网具体部门管理规范。除此之外，近两年来，国家针对移动互联网作出的政策指导以及执行措施越来越多，既表明移动互联网本身发展前景值得关注，也看出国家在面对新兴的产业不断尝试有效合理的管理和有益指导。2010 年，国家最为重大的举措是推进“三网融合”①。

---

① 关于“三网融合”详情，参见：《工业和信息化部、广电总局就推进三网融合答问》，http://www.gov.cn/jrzg/2010-02/09/content_1531908.htm。

2010年1月，温家宝总理亲自主持召开国务院常务会议，决定加快推进电信网、广播电视网和互联网的三网融合。同时指出，推进电信网、广播电视网和互联网融合发展，实现三网互联互通、资源共享，为用户提供话音、数据和广播电视等多种服务。事实表明，三网融合的一年中，产生更多的应用内容及创新的应用品类，对于促进应用导向的移动互联网市场具有积极的作用。在监管方面，从2009年起，中国相关监管部门对于中国移动互联网行业的监管收紧，规范行业发展。2009年11月，中国相关机构对WAP市场进行严厉的整顿与清理，引起SP市场的严重洗牌。WAP涉黄事件后，中国移动于2009年11月30日对所有WAP业务收费协议的服务提供商和内容提供商全部暂停收费；中国联通自12月6日零时起，暂停尚未向社会作出公开承诺的SP企业信息服务；2009年12月初，中国电信清理整顿ISP 141个，清理关闭未备案WAP网站49个，清理关闭虽非黄色但有不健康内容的WAP网站101个，这类整顿行动一直持续到2010年，为移动互联网的健康发展提供有效的辅助护航。

（二）全民性平等参与文化活动建设的最大可能性平台

相对于桌面互联网运用，移动互联网在成本、功能、范围等方面具有极大的优势，促成了移动互联网的广泛覆盖面。据CNNIC 2009年12月和2010年6月发布的数据显示：2009年12月，中国有3.84亿网民，其中“只使用手机上网”的网民为3070万，约占8%；2010年6月，中国网民数量达到4.2亿，其中“只使用手机上网”的网民增长为4914万，占11.7%。半年时间，中国的网民数量增加了3600万，“只使用手机上网”的网民数量增长了1844万，占半年来网民增长总量的51%。其中，一度在桌面互联网阶段受限的“双底”人群尤其引人关注。有研究表明，农民工成为手机上网增长主力①。农民工在城镇，外部环境的影响使其接触到网络并对之有一定的了解，使其产生了对上网的需求。但因其学历、年龄、资历和工作环境等因

① 参看：《“只使用手机上网”网民增长占新增网民的半数以上》，http://ebbs.chinalabs.com/html/shiyanshiguandian/20100811/38845.html。

素限制其使用电脑上网，在相当长的时间里，被限制在互联网之外，所以在考虑成本、功能等因素下，选择使用手机上网作为电脑上网的过渡方式。手机上网的成本主要包括购买手机的成本和上网资费成本。技术的发展使得手机的购买成本越来越低，2009 年，我国移动手机上网资费普遍进行了下调，相对于传统的电话、短信功能来说，手机上网发信息的成本反而更低廉一些。据了解，一个年轻的进城务工人员，"买个手机"是其紧迫的需求之一。"双低"农民工网民上网的主要目的为：聊天、休闲娱乐（包括游戏、看电子书等）。所以，相对来说，手机这一终端设备基本能满足这类人群的需求。农民工群体年龄低，对新事物具有较强的接受能力，同时受打工或旁边人群的影响（如下载音乐、手机聊天、手机游戏等）会迅速地发展为手机网民。由此可见，移动互联网最为可贵的是，降低基本准入的门槛，手机网民的庞大数量和快速增长，使得信息传播和交流的范围最大限度地扩张，覆盖的人员层次多元丰富，实际已经表明，移动互联网已经成为全民性平等参与文化活动建设的最大可能性平台。

（三）跨国界、跨行业的新型商业竞争文化

移动互联网最大的威力在于将彻底重组全球高科技版图，是 IT 业、通信业、互联网业第一次全面交融的新领地。第三次互联网浪潮中以移动互联网为第一战场，并且是一场跨国界的竞争，苹果、Google、微软、Nokia、惠普、三星等几乎全球所有最重量级的高科技都全面参战。打破行业界限，都志在必得。但是，这些占尽规模、技术、产品等先天性优势的国际巨头第一次失去了主场优势。中国将迎来一个前所未有的机遇：中国互联网领域有两个最值得我们骄傲的世界第一——全球网民，全球手机绝对第一。因此，再也不是欧美市场，而将是一个中国市场主导的全新时代，将是由中国消费者引导用户体验的全新机会。然而，我们也必须认清，在全球互联网格局中，中国长期忍受着产业之痛，屈身产业链低端，上网使用的 PC 产业完全由英特尔、微软、惠普等霸主主导；手机产业完全由 Nokia、摩托罗拉、三星、苹果等巨头把持。手机操作系统被 Symbian、Windows Mobile、iPhone OS、Android 和 BlackBerry OS 等其他国家的主流操作系统瓜分，国产手机厂商缺席于操作系统大战,由于操作系统市场集中度进一步提高,手机将会越来越相像,某种程度上形成一种殖民方式。为扭转局面,真正发挥中国的主场优势,中国IT业、通信业、互联网业必须联手协作,形成合力。2010年,4月19日,联想集团在北京举行了移动互联战略暨新品发布会,宣布在中国正式启动移动互联战略,并推出多款移动互联终端。联想集团、阿里巴巴集团、搜狐、新浪,来自国家发改委、工信部、科技部、科学院、国新办及北京市等政府有关部门,以及百度、凤凰网、盛大、腾讯、网易、用友等百余家国内顶尖内容提供商、应用开发商的高层代表,出席了发布会。这次发布会标志,借助移动互联网的全球崛起,中国的运行商、PC厂商、设备厂商、应用商店、互联网企业努力把握这个历史性的机遇,合纵连横,促成跨国界、跨行业的新型商业竞争文化。

(四)信息利得,广泛紧密,自由而密切的新型社交空间

已有的调查表明,移动互联网应用行为从功能服务类型上来看,即时通信、搜索、社交渗透率最高,社交网站用户中,使用电脑和手机两类终端的重合用户达39.1%。在2010年,社交网络的渗透率上半年就达到了35.5%,互联网的社交化趋势已经变得不可阻挡。有关业界专家表示,移动互联网的下一个重要竞争焦点在社区互动空间。霍华德·莱因戈德在《聪明暴民:下一次社会革命》中提到新媒体全新沟通模式:互联网的力量从电脑转移到手机上,诞生全新的社会现象,全新的沟通模式。随着移动互联网的不断发展、成熟,一种新型的媒体生活方式和行为即将形成。社交需求是人类根本的需求之一,而社交服务能充分实现人与人之间的互动需求。在传统互联网上已经见识到SNS虚拟社区的威力和超强的用户黏性,如今,在移动互联网上,基于手机号码的手机网上社区日渐成为移动互联网运营点。传统SNS网站都推出手机版,专门为手机用户量身打造的手机SNS社区——手机公社也在2009年开始进入内测阶段。手机公社,是一个以手机号码为“身份证”的新型移动互联社区,是真实个体关系雷达下的情感性互动空间。社区组建设置充分考虑了手机媒体的媒体特性,把移动电子商务这一特殊应用植入到手机社区中,在功能上包含了照片、视频、博客、游戏、

应用、活动、逛街、小字报、淘宝、群组、论坛、分享、音乐盒等十余种应用。在模式上照搬互联网传统SNS社区的板块设置,同时又有淘宝、逛街等设计移动电子商务的应用服务。手机社交的普遍性构建了一种移动互联网传播互动空间,具有即时便捷、随时随地、真实个体关系、安全绿色等传统互联网无法比拟的优势,是无时不在的全媒体、也是无处不在的超媒体。移动互联网重在表现个人的状态或者思想,是介于沟通和传媒之间的一种无特定指向的新型沟通方式,这种方式与电话、短信、电子邮件或即时通信都有一脉相承的部分,都是方便人与人之间沟通。但二者又有区别,移动互联网有时表达一种状态或思想并不需要回应,但获得的回应却能激发更多的沟通,是一种自言自语的网状表达指向方式。

三、移动互联网前景展望及发展建议

未来移动互联网将出现以下新趋势:1. 移动平台迅速普及;2. 移动业务全球化发展;3. 社交网络加速移动业务发展;4. 用户对移动设备的使用方式转变;5. 移动广告前景光明但目前增长仍较为缓慢;6. 移动商务将改变购物行为模式;7. 虚拟物品和应用交易勃兴;8. 不同平台发展速度迥异;9. 互联网领域变革将加速,新兴企业层出不穷。移动互联网的发展迅速而复杂,充满机遇与挑战,必须在根据中国国情,遵循政策规划引导的基础上,充分发挥灵活机动性,积极联合,求同存异,形成集合强势,实现持续深远发展。

(一)基础政策制度、规划引导倾斜性支持,协调平衡

总体来说,国家相关部门对于移动互联网持积极支持态度,在政策制度的制定,具体规划引导方面以利好促进为主体方向。除继续坚持以上方向外,我们认为应该在移动互联网发展布局上从政策规划上进行倾斜性平衡。以三网融合总体方案为例,2010年至2012年为试点阶段,选择有条件的地区开展试点,完善网络规划建设、基础设施共建共享,截至2011年2月,北京六环内联通3G网络覆盖已达95%,3G基站数量已建12259个,年内光

纤到户比率将达到53%,构建北京建设全球领先的信息基础设施的坚强支撑,在试点阶段完成之后,不断扩大试点的广度和范围,加快移动互联网建设,推进二线三线城市城镇3G网络架构进程,并进一步扩大农村地区移动互联网覆盖范围,符合有关法律法规规定的,给予金融、财政、税收等支持。加强网络统筹规划和共建共享,充分利用现有信息基础设施,充分发挥各类网络和传输方式的优势,避免重复建设,实现网络等资源的高效利用。符合统筹规划和共建共享要求的网络建设,要纳入城乡发展规划、土地利用规划和国家投资计划。在国际竞争中,予以国内移动互联网产业后盾支持,合理运用国际惯例、共同法规抵制国外技术垄断,产品倾销。

(二)有效有节规范引导,确保移动互联网互动空间自由平等安全

随着3G网络在中国的逐渐铺开,移动互联网技术在中国已经日趋成熟,越来越多的手机用户开始"定居"互联网,手机网友成为我国互联网消费群的一个新的增长点,手机号码开始成为新的"互联网身份证"。中国移动研究院院长黄晓庆表示,当技术难关已经逐个攻克,摆在中国移动产品运营商们面前的是更多技术之外的问题,而移动互联网的传播互动空间,涉及移动互联网产品的核心,是充分发挥移动互联网潜在能量的关键。多年的移动互联网产品运营经验表明,移动互联网传播互动空间的营造,成为移动互联网产品能否受广大用户欢迎的关键。中国社科院2010年《社会蓝皮书》中的《2009年中国互联网舆情分析报告》中,影响力较大的社会热点事件有30%是由网络爆料而引发公众关注的。手机和网络互动,尤其使得网络舆论更具杀伤力。可以说在移动互联网的信息互动方面也日益形成成熟的舆论话语表达权。移动互联网的娱乐互动空间本质上是一种诉求性互动空间,手机网友通过手机下载和上传流媒体文件,形成了娱乐信息的流动和分享。当然娱乐互动空间的打造与信息互动空间相比,受到更多的移动通信和网络技术的制约和限制。对于移动互联网互动空间国家有关部门应加强和改进网络与信息管理工作,健全和完善文化舆论宣传管理体系,确保网络信息安全和文化安全,确保移动互联网用户在信息获得、舆论参与上自由平等的权益。

（三）鼓励技术创新，寻找效益生长点，着眼持续深远拓展

以新一代网络建设为契机，鼓励技术创新，加强设备制造企业与电信运营商的互动，推进产品和服务的融合创新，以规模应用促进通信设备制造业发展。加快第三代移动通信网络、下一代互联网和宽带光纤接入网建设，开发适应新一代移动通信网络特点和移动互联网需求的新业务、新应用，带动系统和终端产品的升级换代。在移动互联网服务方面，完善服务内容，从而寻找效益生长点，以移动商务为例，可以在基于地理位置的服务，更精准地面向消费者，帮助其寻找本地的优秀商品和服务；价格透明化，新的应用帮助用户比较本地和线上商店的价格、折扣让利、实时满足等方面加以改进。而在移动互联网广告业务上，其性价比远超互联网、电视、印刷、广播和户外广告，需要积极探索新广告形式，吸引更多高级客户，扩大广告收益。

（四）加强信息监管，建构移动互联网公德，现实经济与文化双赢

随着移动互联网的快速普及，低俗信息、反动信息等各种不良信息已经开始通过移动互联网新媒体技术进行传播。据统计，传统互联网上一年就有45万个色情图片和文件，人们通过移动互联网也可以获取这些不良信息，色情和暴力游戏、视频、小说也在通过移动互联网平台进行传播。同时，更应引起我们注意的是，不少反动信息也开始通过移动互联网平台进行传播，这有可能严重危害到国家安全和社会稳定。比如，在德国，就有煽动种族主义的“电子纳粹”；在我国，“法轮功”组织也利用网络和手机平台发布信息、传达指令，大肆传播其歪理邪说。与此同时，不少人利用移动互联网进行欺诈、传播流言。从技术上看，移动互联网的信息来源多种多样，有可能来自传统互联网，有可能来自信息供应商，还有可能来自手机使用者个体，这使得恶意信息的追踪溯源变得更加困难，加大了信息监管的难度。相关监管部门应采取主动建设健康思想教育信息平台，加强移动互联网信息监控及舆情分析工作，提高移动互联网新媒体技术运用能力，建构移动互联网公德体系，现实经济与文化双赢。

微博、公共事件与公共领域

Micro-blog, Public Accidents and Public Sphere

张　跳*

Zhang Xian

摘　要:微博是当今网络传播的最新和最具潜力的形式。它以分享与发现为基本的传播形态,以独特的技术优势、足够丰富的社会实践和推动民主前进的潜质,对公共领域产生了重要影响。微博为普通民众提供了前所未有的表达与被倾听的机会,对于政府来说,一方面它获得了更广泛的了解民意、听取反馈、捕捉信息、实时交流的崭新和有效的方式;另一方面,对潮水一般汹涌澎湃的"微舆情"的应对和管理,则是一个新的问题。

关键词:微博　公共事件　公共领域　舆情管理

一种传播媒体普及到5000万人,收音机用了38年,电视用了13年,互联网用了4年,而微博只用了14个月。事实上,仅仅在一年多以前,对于大多数人来讲,微博还是一个相当陌生的词语。它伴随着"饭否"、"嘀咕"等网站的沉浮进入人们的视野,随之而又昙花一现。但是,恐怕没有人能够料到,到了2010年,微博这种新的传播方式突然爆发式发展,并且,当它与中国式的社会发展问题遭遇的时候,它直接参与并作用于公共事件和公共领域之中,迅速演变成了一种强大的社会推动力量。

---

* 张跳,男,博士,中国青年政治学院中文系副教授。

一、微博爆发的2010年

微博(昵称"围脖",写微博也因此被称为"织围脖"),源自英文"microblog",即"微型博客",它是一个基于用户关系的信息分享、传播与获取的平台、一种开放的互联网社交服务。微博之所以得名,是因为它和传统的博客有着较为密切的关系,可以说它是一种非正式的迷你型博客,一种可以即时发布和分享信息的类似博客的互联网工具。微博的迅猛发展有其技术和传播特性方面的原因:

(一)碎片化

微博最显著的特点在于"微",也即"短小精悍",每条微博的内容不得超过140个字。这样一种限制从表面上看似乎是对表达的束缚,实际上是一举两得——不仅与博客和Facebook等以往的社交平台区别开来,更重要的是,它大大节省了沟通成本,降低了沟通门槛,而这必然导致大量的原创性内容爆发性地被创造出来。博客洋洋洒洒、长篇大论、瞻前顾后、起承转合,微博则是冲口而出、信手拈来、三言两语、七嘴八舌。

(二)兼容性

微博能够整合各类传播工具,表现出异常强大的开放性。以往的博客只能通过网络页面进行内容更新,微博用户的内容更新的方式则变得十分广泛。仅就手机短信这一方式而言,它实现了电脑网络和移动通信网络的平滑衔接,一条微博的发布和一条短信的发出没有任何区别,微博使用的技术门槛和写作门槛由此大幅降低。这样,微博的更新和传播几乎实现了真正的随时随地,"发现"与"分享"也变得唾手可得。

(三)裂变性

微博的每一个用户既关注别人又可能被别人关注,因此他既是信息发布者,又是信息接收者,同时还是一个信息中转站。这就使得任何一条信息的传播都可能通过两条路径展开:一种是"发散路径",信息一旦发布,所有的关注者的页面都能在第一时间自动显示该条信息;另一种是"转发路径”,一旦有一位关注者转发或者评论了某条信息,他的所有关注者也同样可以实时接收信息。当“发散路径”和“转发路径”相互交叉、交互作用时,该条信息的传播速度和传播范围就几何级数倍增。这就是微博的裂变式传播。

目前,除了占尽先机的新浪微博,搜狐、腾迅、凤凰、人民等各大门户网站也纷纷推出自己的微博服务。在一定程度上,微博已经成了门户网站的标准配置之一。而饭否等专业微博网站的东山再起,则更让这种崭新的网络服务风生水起。

微博覆盖人数之广、发展速度之快,下面一组数据可以佐证:根据上海交通大学舆情研究实验室2010年12月28日发布的《2010中国微博年度报告》,截至2010年10月,中国微博服务的访问用户规模已达12521.7万人,活跃注册账户数突破6500万个;根据2010年11月16日召开的中国首届微博开发者大会公布的最新数据,截至2010年10月底,仅仅新浪微博的用户数就已经达到5000万,新浪微博用户平均每天发布超过2500万条微博内容;而从2010年8月28日到10月底,新浪微博平均每月增长了1000万新用户,新用户呈现出爆发性增长态势;根据DCCI互联网数据中心2010年的预计,中国互联网实际不重复的微博独立用户数,2011年、2012年、2013年将分别达到1亿、1.68亿、2.53亿人左右。这样一些数字显然不是夸大其词,考虑到截至2010年年底中国网民数量已经达到4.57亿,其中手机网民达到3.03亿,由这样一个事实,可以断言,微博的发展空间仍然很大,它在社会文化发展中的地位和作用将越来越不可小觑。

微博的迅猛发展实际上是在宣布着一个新的媒体时代——微博时代的到来,一个信息生产的全民时代的到来。这个时代最显著的特征就是:信息的当事人、观察者、传播者、消费者之间的界限不仅被完全打破,而且相互变换,“分享”与“发现”不再是少数人或者少数机构的特权,而是成为人人可能拥有的能力。更重要的是,这种能力可能在很短的时间内演变成为一种几乎是几何级数倍增的力量,并且必然要在公共领域产生影响——不论它是作为一种建设性力量的积极影响,还是作为一种破坏性力量的消极影响。

二、微博与2010年的网络公共事件

“某领导对一女孩耍流氓，女孩强烈反抗，领导骂道：‘小妞，别闹了，我可是有背景的人！’女孩一听，顿时笑了：‘大叔，别闹了，我可是有微博的人。’”这样一条影射现实生活中负面事件的一个具体案例①的段子在互联网上一度广为流传，成千上万的网民在自己的微博中转发并评论这个虚构出来的、颇有点精神胜利色彩的故事。一方面，它放映了普通网民渴望打破传统媒体的“中心化”结构，渴望打破信息传播的垄断壁垒，获得向世界发言的权力；另一方面，它也凸现出这样一个基本事实：区别于以 TWITTER 为代表的西方微博以娱乐和个人社交为主要内容，以新浪微博为代表的中国国内的微博从一开始就和公共事件、公共话题缠绕在一起②——事实上，微博在中国的起落浮沉均与它的这个特点密切相关。2010 年，“当中国的现实照进微博的梦想”，越来越多的明星大腕、专家学者、突发事件当事人和普通民众开始使用微博，微博的内容也从日常生活的琐碎表达逐渐转向公共事件和公共话题，逐渐发展成为普通网民乃至于传统媒体最重要的信息来源，成为一种能够迅速有效介入公共事务的新媒体。

回顾 2010 年，通过微博迅速发酵的重要公共事件主要包括：

(一)宜黄拆迁自焚

2010 年 9 月 14 日，江西省宜黄县钟如奎一家与拆迁人员发生冲突，并引发“自焚”事件。16 日，钟家姐妹赴北京求助媒体被当地 4 余人围堵，被迫躲入南昌机场女厕所内。钟家姐妹拨通《新世纪周刊》记者刘长的电话，刘长发出第一条事关宜黄强拆的微博，呼吁关注。20 分钟后，网络意见领

① 中国银行河南固始县支行行长闵某酒后猥亵并殴打一女子，该县副县长张某不但未予制止，还劝被打女子说：“姑娘，别闹了，闵行长是有背景的。”参见《都市快报》2010 年 4 月 10 日。

② 关于 TWITTER 与新浪微博内容、功能方面的差异，可以参考王馨语：《大路朝天，各走一边——从内容看 TWITTER 和新浪微博的不同路线》，《新知客》2010 年第 10 期。

袖慕容雪村转发了这条微博,此后,转发开始以几何级数增加。随着众多微博网友的关注,当日下午,钟家姐妹虽未能如约赴京,但得以重获人身自由,并就事件与政府商谈。"宜黄拆迁自焚"被认为是改变中国微博历史的一次"直播",它使得原本单纯的自焚事件,转变为一个万众瞩目的网络公共事件。有评论说,"上访不如上网",宜黄事件揭开了"中国维权史上新的一页"。

(二)唐骏"学历门"

2010年7月,曾创办中文网第一个学术打假网站的科普作家方舟子博士,在其新浪微博上回复网友提问时指出"打工皇帝"唐骏的博士学位造假,唐骏方面随后予以否认。方舟子于是连续举证质疑唐骏在其书《我的成功可以复制》中所说的论文、学历、专利甚至职业经历都涉嫌造假。唐骏"学历门"不仅得到社会各界强烈关注,更引发一股修改简历的"热潮"。在仅仅两天的时间里,一百余人修改了自己百度百科简历中"西太平洋大学"的字样,其中包括很多商界、政界、学界、娱乐界知名人士。唐骏"学历门"推到了中国广泛存在的学历造假的多米诺骨牌,而这一切仅仅源自于微博上的一次问答,有人因此欢呼"微博让一切赝品无可遁形"。

(三)"我爸是李刚"

2010年10月16日,位于保定的河北大学校园里发生了一起恶性交通事故,事故导致一死一伤。肇事者李启铭在遭到学生围堵之后大喊:"有本事你们告去,我爸是李刚。"此事一经微博报料,立即在网络世界产生轩然大波。人们在震惊和谴责肇事者的嚣张与狂妄之外,也对试图干扰揭示事件真相的任何人和事予以"人肉"和曝光。不仅如此,围绕"我爸是李刚"网友展开了以戏谑和反讽为特征的造句大赛,以黑色幽默的方式予以抗争。最终的结果是,李刚泪水涟涟公开道歉,河北大学校方也不再沉默。

(四)仇子明被通缉

2010年7月,《经济观察报》记者仇子明因为在报纸和网络上发表有关凯恩集团的负面报道,被浙江遂昌县公安局以"涉嫌损害商业信誉罪"在全国范围内通缉。仇子明则借助不断变化的手机和客户端在新浪微博上发表

言论和动向,并公然向警方挑战:“我就躲在某一个角落,有本事你们来抓我!”在这次事件中,微博不仅成了当事人发布信息的最便捷和有力的媒介,微博上的围观更成了民意表达的重要方式。此次时间从消息曝光到通缉撤销,仅仅用了36个小时。但这36个小时却是民意汹涌的36个小时。

(五)3Q大战

2010年11月网络巨头腾讯QQ同杀毒软件服务商奇虎360两家公司的利益之争迅速升级,双方相互指责对方窥探用户隐私,并恶意阻拦用户使用对方公司的软件。“一石激起千层浪”,两家公司置用户利益于不顾并公然绑架客户以达到自身目的的行为。此事件引发了“中国互联网史上前所未有的恶性竞争”。在这一事件中,新浪微博成了民意表达的主渠道,网友们用自己的言论和行动维护自己的权利,抵制互联网霸主的跋扈。

(六)金庸“被去世”

2010年12月6日晚,有赵楚在微博中称金庸因中脑炎合并胼胝体积水在香港尖沙咀圣玛利亚医院去世。从消息现身微博,到消息发布者在微博上主动辟谣,谣言在微博上仅仅存活了94分钟,但这个消息如炸雷般迅速在微博中被转载。事后,因为未经求证便在新浪微博上予以转发的《中国新闻周刊》两位领导因此辞职,成为中国第一个因微博出错而辞职的新媒体总编辑。

(七)富士康员工跳楼事件

作为世界五百强企业,富士康因为管理问题屡遭批评。从2010年1月23日到5月27日,富士康连续发生13起员工跳楼自杀事件,造成10死3伤的惨剧。富士康跳楼事件基本都是率先通过微博曝光的,传统媒体和当地政府由于丧失了应有的信息主导权,不仅公信度受到质疑,更是受到社会舆论的广泛批评。在微博上,人们不仅仅是围观和愤怒,也开始对事件的深层原因进行多方面的剖析。而当地政府的态度也由最初的回避逐渐开始学会在危机中抢占舆论阵地。

(八)舟曲泥石流

2010年8月7日,甘肃舟曲县突发特大山洪泥石流灾害,造成重大人员伤亡。8月8日—17日，到甘肃探望外公的重庆理工大学大三学生王凯，手持便携式相机和手机，活跃在舟曲泥石流灾区现场，以“Kayne”网名对特大泥石流灾害和救灾过程进行了微博“直播”。事件开了微博直播重大灾难的先河。同样的情况也发生在上海“11·15”特大火灾事故的报道现场。当重大灾难发生，而专业记者又无法第一时间赶到现场之时，人人都可能成为记者，而微博则是他们最重要的传播手段。

（九）“77元廉租房”

2010年年底，中央电视台《新闻联播》节目中，一位北京市民向前来视察的领导报告说，她所居住的45平米的廉租房月租金仅77元。此事立即引起互联网论坛和微博上大面积的质疑和“人肉搜索”——“我不相信”几乎成了一致的声音。随后，有媒体刊登了记者实地探访的报道，并以详尽的人证物证和政策解读对“77元廉租房”的真实性予以证实。但是，质疑之声不仅没有停止，反而更加转向对保障制度和社会公平的全面怀疑。

（十）微博问政

通过微博追捕逃犯，寻找破案线索，是2010年的重要事件。先有8月份，以著名作家郑渊洁为代表的网友在微博上“微博通缉”出逃官员李卫民，后有11月厦门警方通过网友在微博上提供的线索破获备受关注的女童被害案。“微博追逃”其实是网民“微博问政”的一个缩影。“李盟盟被落榜事件”的最终解决则是网络问政的又一成功案例。事实上，在2010年，全国范围内许多公安和其他政府机关通过微博同普通民众展开互动，社会反响热烈。2011年年初兴起的“微博打拐”则可以看成是“微博问政”的延续。

（十一）“微博公益”

通过微博组织和开展慈善与公益活动，也是2010年随着微博兴盛起来的一种新现象。微博寻人、捐款救灾、保护动物、寄托哀思等，都已经成为微博公益的重要组成部分。在西南抗旱、玉树地震、上海大火等灾难中，微博都是举足轻重的公益活动的信息传播渠道和组织方式。

三、微博与公共领域

公共领域位于政治权力之外，是一个与私人领域相对的独立领域。作为当今网络传播的最新和最具潜力的形式，微博发挥出比网络论坛和博客更强大的信息传播力量和干预社会公共事件的能力，被认为是“永不落幕的新闻发布会”，甚至是“杀伤力最强的舆论载体”。换言之，微博几乎是天然地要对公共领域的权力格局产生影响。

（一）多元话语集散地

微博篇幅受到的强制性限制，尽管会导致信息的碎片化和零散化，但它的现实意义却不可小觑。篇幅的限制实际上是写作门槛和准入资格的降低，也正是从这个角度我们可以说，篇幅的限制“将平民拉到了和莎士比亚同样的水平线上”。这句话虽则夸张，但却揭示了两方面的深刻变化：第一，平民可以拥有和“莎士比亚”同样平等的写作和发布信息的特权（事实上，在微博上信息的排列完全按照时间顺序，与发布者的个人威望无关）；第二，“莎士比亚”必须用平民可以接受的语言方式来写作和发布信息，因为在这里长篇大论无法发表，而晦涩深奥只能被海量的信息迅速淹没。换言之，写作和分享的门槛同时被降低到一般大众的水平线。按照哈贝马斯的说法，所谓的公共领域“原则上是向所有公民开放”，“他们在非强制的情况下处理普遍利益问题时，公民们作为一个群体来行动；可以自由地集合和组合，可以自由地表达和公开他们的意见”。从这个角度讲，微博创造了一个不同阶层、不同职业、不同文化程度、不同社会背景的公民共同参与的众声喧哗的空间，真正地成为了多元话语的集散地。门槛降低的过程不仅是一个“去魅”的过程，也是一个“复魅”的过程，“去”的是权威之魅、阶层之魅，“复”的是草根之魅、平权之魅。这样一个双重过程的直接后果就是，微博不仅使得信息、信息传播者、信息分享者在数量上巨量增长，更使得其在类型的丰富程度上大为增加；不仅使草根阶层获得了“信息的接近权”，使原本沉默的大多数获得了发声的机会，更使他们获得了与社会精英或者意见领袖同样的被倾听的机会。如果说,传统媒体以及博客是精英阶层的话语场的话,那么,微博则最大可能地为草根阶层话语的有效传播提供了可能。

(二)草根舆论放大器

与BBS论坛和博客相比,微博的特别之处至少表现在如下三个方面:一是草根的大规模转发和聚集,这是草根意见演变成草根舆论的基础性条件;二是草根阶层与精英、准精英阶层临时的、具体的互动,这是草根舆论穿越社会阶层和媒体壁垒的现实动力;三是微博裂变式的传播方式,这是草根舆论广泛传播的技术保证和虚拟助推器。当这三个方面形成某种程度的相互促动的时候,草根意见就将既在虚拟世界又在现实世界、既在草根阶层又在精英阶层得到传播和放大——放大意味着不仅传播,而且是超预期、超常态地传播。事实上,转发就是一种关注,就是一种表达,就是一种力量,这一点在微博世界里表现得最为明显。

在2010年8月发生的“李盟盟事件”中,因为县招办的失职,在高考中获得高分的李盟盟险些与向往已久的大学校园失之交臂。事件在微博上曝光后,立即引来了数十万网友的关注、转发和评论。更有网友通过微博发出了“致河南省委书记卢展工的一封微信”,以期引起相关部门关注。随着一些名人和明星的关注,事件由微博延伸到了网媒,由网媒串烧到了纸媒。在有关部门的干预下,李盟盟最终如愿以偿地收到了大学录取通知书。数万网友高呼“万能的围脖,神奇的围脖,正义的围脖,友爱的围脖”。而在2010年9月发生的“江西宜黄拆迁自焚事件”以及稍早前发生的“仇子明被通缉事件”中,无论是维权的当事人还是揭黑的记者,微博都成为他们向外界传递信息、同外界交换信息的唯一方式。马克斯·韦伯说,权力意味着“一个人或者很多人在某一种共同体行动中哪怕遇到其他参加者的反抗也能贯彻自己的意志的机会”①。微博恰恰赋予了人们这种贯彻自己意志的机会,并因此成为社会动员的强大武器。

① 马克斯·韦伯:《经济与社会》(下卷),商务印书馆1998年版,第246页。

(三)交往理性试验区

媒介是社会发展的重要动力,正如生产方式一样,媒介方式也是区分不同社会形态的标志之一。作为一种新型媒介方式,如果说微博有可能成为区分社会形态的标志的话,那么最基本的理由在于,微博正在成为重要的交往理性的试验区。在哈贝马斯的体系中,交往理性(Communicative Rationality)是指隐含在人类言语结构中并由所有言说者共享的理性。与只有一个维度、只涉及命题之间的逻辑关系的传统理性观不同,交往理性是双维度的,涉及不同言说者的对话关系,强调在人与人之间、主体与主体之间相互理解的达成。在微博当中,除了前述的关注和转发功能之外,还有"评论功能"、"回复功能"、"私信功能",这些功能不仅为用户之间的信息交换提供了条件,也为主体之间的相互对话和理解提供了条件。

在"被交警咆哮事件"中,一位网络知名人士本来想通过微博对交警展开群众声讨和人肉搜索,结果却是在网友的连续追问下不得不承认自己违章停车在先的事实。"今天中国网络论坛上的整体氛围可能是盲目的、急切的、有中心的、容易引导的,但微博好像不太一样"。这其中基本的原因,一是微博用户在类型上的多样性,二是微博方便而广泛的对话功能。广东省公安厅的"微博公关"则表明,"通过微博这种看起来很民间、很草根的方式跟公众搭建起交流平台,也有利于消除公众情绪的极端化倾向,消除隔阂和偏见。这样一来,就能更好地增进彼此之间的沟通和理解,更加利于工作的开展"。显然,微博不仅丰富了人们茶余饭后的谈资,更重要的是,它为人们提供了更多看问题的角度和方法。"生活就其本质说就是对话的",对话既是目的又是方式,它强调对话参与者的相互碰撞,彼此启发。事实上,不仅是具体的转发、回复、评论和私信功能等"微型对话",整个微博的世界就是一个由不同规模的对话构成的"复调"系统,微博本身也因此具有一定的自我纠错和补偿能力。不仅如此,微博从来就不是一个独立自足的封闭系统。由于它的广泛的第三方应用以及由此带来的兼容性,微博世界和博客世界、"主流媒体"世界的信息交换和交互作用也都从不间断地发生着,这也使得它的自我纠错和补偿机制能够源源不断地获得能量。

为了避免"信息死角"的出现和讨论成员的缄默不语,桑斯坦曾经大声疾呼实施"协商前的匿名、秘密投票",甚至建议一些群体成员"唱反调,力主一种与群体倾向相反的立场"。微博的技术设计可以说最大限度地避免了"信息死角":一方面,是实名注册还是假名注册纯粹是网友自己的选择;另一方面,微博的异常多样和强大的第三方应用功能,不仅成为用户躲避封锁和屏蔽的重要途径,甚至在很大程度上可以保证用户在发表言论之后逃遁无形。这就难怪,仇子明在被通缉后还敢公然在微博上叫板"有本事就抓到我"。

(四)谣言和"坏消息综合征"

从"腾讯微博主管和菜头离职事件"到"央视名嘴柴静索贿事件",从"谢霆锋儿子酷似陈冠希"到"王小丫画作售价千万",从"舟曲救灾记者身亡"到"北京地铁发生爆炸",从"草根博主微博求婚"到"抑郁男孩直播自杀",很多在微博上被广为转发和评论,甚至引起"微博地震"的信息,后来或者被证明是空穴来风,或者被指责为歪曲事实,或者被揭发为自我炒作,或者被发现纯粹是恶作剧,诸如此类,不一而足。中国网民对"坏消息"确实有一种异乎寻常的亲近感。在浩如烟海的网络信息传播中,人们总是对腐败、侵权、道德败坏、天灾人祸等充满兴趣。这样一种"坏消息综合征"由于微博的出现而表现得更加突出——在微博上,越是那些负面的消息和批评性的评论就越能激发起广泛转载和评论的热潮,而且常常是在既没有弄清楚青红皂白,又没有弄清楚消息来源之前。前面提到的诸如"我爸是李刚"、"宜黄拆迁自焚"、"77 元廉租房"则更是反映了谣言和"坏消息综合征"的深层次原因,一种难以言表的、散播开来的普遍的不信任心态。

"坏消息综合征"并非中国媒体人群所独有,世界各国莫不如此。它与"社会的不完美"有关,更与"人性的不完美"有关。"我们人性中的自私,使我们更愿意接受坏消息,更喜欢消费坏消息中的暴力和血腥、在负面新闻中当轻松的旁观者、在坏消息中享受那种置身事外的幸运感、以坏消息滋养某种愤懑的情绪和阴暗的欲望"①。但是,中国人的"坏消息综合征"似乎更

---

① 曹林:《"坏消息综合征"缘自人性的不完美》,《中国青年报》2010 年 8 月 6 日。

甚一筹，一个很大的原因却来自“主流媒体”与“自媒体”在功能定位和价值取向上的强烈反差。“主流媒体”偏重文化宣传而轻视信息传播，加之在构建宏大叙事的过程中过于功利化，人们对它通常采取“敬而远之”的态度；而以博客、论坛等为代表的“自媒体”经过最近几年的“野蛮生长”，反而变成了某种程度的“新主流媒体”，成了普通民众获取信息的重要渠道。微博的传播特性，则将这种反差推向了极端。

事实上，当微博上的网友潮水一般地转发或评论某些“坏消息”时，他们未必真的会认为所转发的就是事实真相，更多的时候，转发和评论只是一种情绪的宣泄，只是在转发一种莫名的“世界感”——这种“世界感”在“主流媒体”及其“宏大叙事”中往往是被压抑、被屏蔽的。我们必须承认“坏消息综合征”有着强烈的舆论监督的特性，有着强烈的展开对话、解释真相的渴望，并且自始至终以一种消极但坚韧的方式维护着基本的、朴素的价值观，但我们也不能否认，“坏消息综合征”确实容易滋生愤懑和悲观的情绪，容易削弱公共领域彼此信任和相互对话的基础。这一点，从下面这个“段子”当中可以略见一斑：“微博泡久了，口味越来越重了：1. 矿难死亡 100 人以下，只看不转；2. 拆迁、城管等导致自杀、被杀 10 人以下，只看不转；3. 100 年以下不遇洪水，只看不转；4. 散步 1 万人以下，只看不转；5. 酒后飞车时速 150 公里以下，只看不转；6. 贪污 1000 万元以下的，只看不转；7. 情人编制一个班以下的，只看不转。”这个“段子”尽管饱含讥讽和夸张，但却非常形象地描述了微博信息给人们造成的负面的精神冲击，以及由此而来的经验世界的溃不成军。

（五）“速度魔鬼”

即便是具体到其最具传播优势的对突发事件的关注方面，微博也存在着相当程度的缺憾，一则是“萝卜快了不洗泥”，对信息往往既无辨别亦无筛选，仅仅如是我闻，或者道听途说；二则仅仅满足于强烈的现场感，对事件的起因与结果，对事实真相常常是不闻不问，漠不关心。比如，在对北京前门地区的一桩凶杀案进行实地探访并通过微博观察和交流之后，一位记者发出这样的感慨：“前门事件过去了 2 个多月，甚至没有多少人再记得它，也很少有人继续揣摩那晚各种消息来源中互相矛盾的细节，更没有多少人会去追问凶手为什么要在那里杀人。”①这样一种感慨恰恰印证了微博的缺憾，事实上这种缺憾在微博的世界中是普遍存在的。

从这个意义上讲，微博只有现场没有真相，只有片段没有整体，只有瞬间没有时间，微博对突发事件的传播在相当大的程度上只是一种猎奇。因为一个显著的事实是，这些突发事件大多只会沦为一种谈资，不会也不可能切断人们业已自动化了的、按部就班的日常生活。从一个更大的范围来看，微博的技术特性决定了它很难有持续关注的话题。正如有“段子”所描述的：“贪污案被强拆迁转移了视线，不了了之；强拆迁被高房价转移了视线，不了了之；高房价被地沟油转移了视线，不了了之；地沟油被假疫苗转移了视线，不了了之；假疫苗被旱灾转移了视线，不了了之；旱灾被矿难转移了视线，不了了之；矿难被地震转移了视线，不了了之。看吧，地震马上就被世博转移了视线。”在充分享受信息获取的高速度和巨大数量的时候，人们也在以更高的速度遗忘。

四、“微舆情”与政府应对

微博为普通民众提供了前所未有的表达与被倾听的机会，对于政府来说，一方面它获得了更广泛的了解民意、听取反馈、捕捉信息、实时交流的崭新和有效的方式；另一方面，对潮水一般汹涌澎湃的“微舆情”的应对和管理，则是一个新的问题。这样一个问题，应对得好，可以成为提高管理水平和服务能力的机遇；应对不好，则是一个随时可能引发连锁反应的巨大的挑战。关于个体网民同行动集团的关系，有学者曾经做过这样的表达：“单就个体网民而言，他的每一次点击、回贴、跟贴、转贴，其效果都小得可以忽略；他在这样做时，也未必清楚同类和同伴在哪里。但就是这样看似无力和孤立的行动，一旦快速聚集起来，孤掌就变成了共鸣，小众就扩张为大众，陌生

① 谭翊飞：《微博的力量》，《南方传媒研究》第21期，南方日报出版社2009年版。

人就组成了声音嘹亮的行动集团。更加有趣的是，互联网草根投票所表现出的民意取向，极有可能迥异于精英们自以为是的判断；其聚合爆发出的能力，偶尔也会改变信息市场的力量对比，进而改变事件的结局。”①在微博的规模和影响力迅速爆发的时代，这样的断言显然不是危言耸听。

（一）健全信息公开制度，设立网络新闻发言人

信息公开制度是提高党政机关管理水平和服务能力的制度保证。党政机关对于普通民众关心的问题和事件，尤其是在以微博为代表的新媒体传播时代，尤其要贯彻“公开为原则，不公开是例外”的基本要求。网络新闻发言人，应当尽可能广泛深入了解以微博为主要传播集散地的网络舆情，尽可能及时明确地予以答复、澄清和回应。

（二）建立舆情预警机制，防止“蝴蝶效应”发生

任何一次网络公共事件都有一个触发、酝酿、聚集和爆发的过程。网络舆情管理部门应当具有高度的政治敏感性和新闻敏感性，在第一时间掌握信息，分析趋势，制定对策，防止“蝴蝶效应”的发生。对于涉及社会公平、政府形象、百姓利益的事件，要有沟通渠道，有应急预案，有补救措施。

（三）重视意见领袖的社会影响，掌握信息传播主导权

在微博信息传播中，意见领袖的介入往往会成为事件扩大化的转机。因此，政府机关必须重视网络舆论领袖的作用和影响力，这其中既包括在现实生活中就有影响的舆论领袖，也包括活跃在微博世界的“草根英雄”。一方面，要做好与意见领袖的日常沟通，加强与舆论领袖的信息交换；另一方面，要积极掌握舆论主导权，使得网络意见领袖成为政府舆论引导的积极力量。尤其是在危机事件中，政府应当尽可能地做好同意见领袖的交流与沟通，并通过其影响力对舆论方向进行引导。

（四）坦诚应对舆论危机

在一个高速发展的社会，危机其实是不可避免的。对于党和政府来说，不怕危机发生，只怕危机应对不力。一次有效的应对不仅能减轻危机程度，

① 李永刚：《互联网上的公共舆论及其生成机制》，《文化纵横》2010 年第 10 期。

而且能够带来正面的效果,“塞翁失马,焉知非福”;而一次蹩脚的应对不仅可能扩大危机的程度和范围,而且可能由此引发公众对党政机关以及党和国家的信任和信心,“一着不慎,满盘皆输”。在一个信息传播高度发达的时代,在一个信息链条中的当事人、观察者、传播者、消费者之间的界限不仅被完全打破而且常常相互变换的时代,面对舆论危机,坦诚的态度是至关重要的。犹犹豫豫、躲躲闪闪、藏着掖着,往往会产生适得其反的效果。坦诚的态度,不仅是党和政府的制度性要求,也是党政机关的自信心和对群众信心的表现。“群众的眼睛是雪亮的”,这句话不是一个空洞的口号。

2010：中国“网络电影元年”

2010:The Initial Year of Chinese Internet Movie

唐宏峰 *

Tang Hongfeng

摘　要:2010 年可谓中国的网络电影元年。这一年里,网络电影数量激增,产生了引发热烈关注的代表作品,同时也形成了渐趋成熟的产业模式。“11 度青春系列电影”和“4+1”计划具有重要意义,标志着网络电影专业制作和整合营销的模式被确立。本文考察和回顾 2010 年网络电影生产的状况,具体分析网络电影的制作、内容与形式特点、传播、意义,以及营销、分配等内容。在此基础上,为政府网络文化建设与管理提供应对、扶持、监管的对策建议。

关键词:网络电影　11 度青春　老男孩　4 夜奇谭

中国电影产业一年年快速走高,在 2010 年达到了 100 亿的票房,令人振奋。同时,在院线大屏幕之外,网络媒介与电影的关系也越来越紧密。在网络上可以看到刚刚下线的电影大片、不易搜求的艺术电影,也可以看到大量原创的网络电影短片。2010 年被称为“中国网络电影元年”,在这一年里,网络电影数量激增,产生了引发热烈关注的代表作品,同时也形成了渐趋成熟的产业模式。网络成为电影电视、民间视频等影像资源进行传播的越来越重要的媒介。各种视频网站竞争激烈,风起云涌,网络影像一直面对的版权、成本、收益等问题也在这一年里得到更多的讨论、协商与解决。

---

* 唐宏峰,女,博士。中国艺术研究院助理研究员。

一、网络电影:概念与历程

首先需要对本文论述的对象进行一个基本的辨析。网络影像在最宽泛的意义上讲,包括了所有在网络上进行传播的数字影像。依据影像的制作和内容的不同,网络影像基本分为影剧和视频两种。前者包括在网络上传播的普通电影和电视剧,比如许多电影在下院线后都被放到网上,供网民观看;更包括许多专门为网络媒介制作的小电影、短片、MV、动画等,其传播方式定位于网络传播。网络影剧通常是虚构制作的影像。而后者网络视频则包括了各种形式的在网上传播的动态影像,一般是记录性的影像,通常是普通人拍摄的社会事件记录,或个人化的生活纪录,等等。网络视频由网民放到网上进行传播交流。

本文讨论中国网络电影的生产与映播,一般说来,单纯在网上观看的普通电影等并不属于网络电影①,网络上各种民间的记录性的视频也不属于网络电影的范围。本文认为网络电影专指以网络媒介为首要传媒途径、以网络大众为期待观众、并为此调整制作方式以追求良好的网络传播效果的电影,包括电影短片、MV、动画等形式。本文主要探讨网络电影,但行文中也会涉及类电视剧的网络剧集。

网络媒介对于电影生产的意义,现在越来越受到重视。我国的视频网站主要包括优酷网、土豆网、酷6网、新浪与搜狐的视频、乐视网、第一视频等,在其上可以看到刚刚下线的大片、中小成本的艺术电影,还有许多网络首发的电影短片,网站自制的剧集等。可以说,宽带网的发展为网络影像生产提供了基本的条件,在网络早期的时候,普通网速还达不到流畅看视频的效果,也只是随着宽带网的发展近两年才出现了如 YouTube、优酷网等专门

---

① 参见阿祥:《网络电影——电影史上的一场革命》,《计算机与网络》2000 年第 17 期。张熙娟:《网络电影流行的传播学分析》,《新西部》2007 年第 16 期。朱倩、李亦中:《希望之春:当电影遭遇互联网》,《现代传播》2006 年第 4 期。王仕勇:《网络电影概念与特征分析》,《当代传播》2009 年第 4 期。

的视频网站,网络影像开始飞速发展。

说到国内第一部网络电影,目前存在很多争议,众多作品都在标榜自身的“第一”性质,比如《175度色盲》(2000)、《天使的翅膀》(2000),《我们没有隐私》(2007)、《混混》(2008)等,均使用“第一部”或“真正意义上的第一部”等称谓,一方面凸显创作者的创新性;另一方面也显示出网络电影概念的未完成性,关于互动性、片长时间等属性仍存在不同的看法。然而,纠缠于此并没有太大意义,更重要的应是数量和影响。如果从影响和话题效果来看,应该看到在原创故事片这一类型之外利用现成影像制作的简单视频,比如《大史记》系列(2002)和《一个馒头引发的血案》(2005)等,它们引起了网络电影的第一轮热潮。后来网络电影短片的许多典型风格都可以在这些早期视频中找到源头,比如搞笑、讽刺、颠覆经典等。胡戈是凭借网络视频制作而引发强烈关注的第一人,《一个馒头引发的血案》使用电视节目《中国法制报道》和陈凯歌电影《无极》的现成材料,将《无极》进行无情的分解,串联成一个可笑而无意义的故事。精英导演与大成本制作在这种再制作中被彻底颠覆。胡戈后来延续这一模式制作的《闪闪的红星》进一步将解构的对象指向红色电影经典,将革命小将潘冬子改头换面为参加选秀求名得利的选手,同样引发大量关注和争议。在胡戈这里,网络视频的制作模式是使用现成影像素材进行分解再组合,重新叙事,同时通过新的配音赋予另外的意义。制作成本低廉,技术简单,也就一两万元。而后,胡戈拍摄《鸟笼山剿匪记》不再使用现成素材,而是原创拍摄,花费20万元,片长48分钟,只是风格依然是搞笑和讽刺,颠覆的对象变为美伊战争。

从利用现成素材到拍摄原创故事片,网络电影逐渐专业化,制作水准越来越提升。如今,网络电影数量庞大,已经开始具有产业意义。以“2010土豆映像节”为例,参赛的原创视频已达到5585个,远远超出历届映像节的总视频征集数量①,均为以网络为首发媒介的数字短片。如今,在优酷网、土

① 《土豆映像节参赛作品井喷　宁浩当评委》,http://news.163.com/10/0309/12/61B5TCC300013G45.html。

豆网上,在原创作品类栏目中,每月都有大量的原创电影上传,包括剧情短片,也包括 MV、动画、动态视频等内容。

二、元年的爆发:"11 度青春"与"4 夜奇谭"

在 2010 年 10 月,中国网络电影随着两个系列作品的出现,而显出了风生水起的不凡气象。10 月 15 日,由三星集团和新浪网联合出品、香港导演彭浩翔监制的"4+1"计划中"4 夜奇谭"的第一部《指甲刀人魔》(周迅主演)在新浪网首播。两周后,一部名为《老男孩》的网络短片悄然上线,之后一夜走红。而大多数人并未意识到,这个短片已经不再是胡戈时代的单兵作战,而是隶属于优酷网和中影集团制作的"11 度青春"系列电影计划。

与 5 年前胡戈的草根"馒头"相比,中国网络电影进入了专业制作的层面,也开始产生巨大的产业意义。《老男孩》和《指甲刀人魔》成为今年网络事件中堪与微博并列的热门话题。事实上,今年各大网站都拉开了自制网剧的大幕:土豆网宣布成立自制剧部,第一部作品《欢迎爱光临》邀得郑元畅加盟,成本高达 600 万。酷 6 网则邀请数十家音乐公司与传统影视公司共同启动"Made in ku6"计划,开启《新生活大爆炸》等自制剧项目。人们开始发现,除了去电影院,在网上同样可以看到新片,而且是电影院看不到的新片,甚至不用花钱买电影票就能看到大牌明星的精彩演出。尹鸿称 2010 年为中国网络电影或网剧元年①,应该是一个恰当的判断。

"11 度青春"计划选择 11 位青年导演,拍摄 10 部网络短片和 1 部院线电影长片。"11 度青春"是专业制作的同主题系列短片电影,围绕"80 后的青春"这一统一主题,包括《拳击手的秘密》(张亚光导演)、《哎》(尹丽川导

① 《尹鸿称〈4 夜奇谭〉开启"中国网络电影的元年"》,http://www.tianjinwe.com/hotnews/zxxx/201012/t20101210_2802046.html。

演）、《夕花朝拾》（庄宇新导演）、《东奔西游》（李冯导演）、《泡芙小姐的金鱼缸》（皮三导演）、《江湖再见》（沈严导演）、《李雷和韩梅梅》（方刚亮导演）、《阿泽的夏天》（张跃东导演）、《L. I》（张亚东导演）、《老男孩》（肖央导演）。此计划邀请的导演种类丰富，有商业片导演（《寻找成龙》导演方刚亮），有国际影响力的独立导演（尹丽川），有成功的电视剧导演（《手机》导演沈严），有广告导演（肖央），还有来自动漫界的（皮三）、音乐界的（张亚东），几乎涵盖了目前主要的影像范畴。在系列短片之后，还会有同主题长篇电影登陆院线。

其中《老男孩》由其强烈的70、80后青春怀旧色彩而获得大量网络观众的喜欢。《老男孩》甫一上线，第一天得到了30万的点击，第二天上升到70万，此后每天保持着80万的增长速度①，仅仅两个月已超过了5000万的点击②。《老男孩》的走红，为网络电影带来了巨大的象征收益，因此也就具有标杆性的产业意义。《老男孩》让更多人认识到了网络电影的魅力，认识到电影可以以网络为首发媒介，网络本身也在生产影像。

"4+1"计划则是三星集团与新浪网联合出品，聘请香港鬼才电影导演彭浩翔做总监制，组成一个青年导演团体，拍摄了4部网络电影短片，分别是《指甲刀人魔》（导演：曾国祥/尹志文，主演：周迅），《假戏真做》（导演：陈正道，主演：黄立行），《谎言大作战》（导演：陈正道，主演：余文乐）和《爱在微博蔓延时》（导演：陈正道，主演：张静初）。同时还将会有一部电影长片问世。"4夜奇谭"以专业的制作、宣传和营销，取得了很好的效果，在12月10日举行的庆功会上，4部短片的点击量已达2.1亿。《指甲刀人魔》的故事与"4夜奇谭"的制作模式成为又一个网络热点话题。

"11度青春"与"4夜奇谭"这两个计划使中国网络电影在2010年结出硕果。从胡戈时代的草根业余制作到"4夜奇谭"的包含了大导演和明星的

① 《百度百科·老男孩》，http://baike.baidu.com/view/238595.htm。

② 《视频〈老男孩〉》，http://www.dzwww.com/2011/dzw/jmsp/201101/t20110126_6143920.htm。

专业制作,中国网络电影开始出现专业化、产业化的“正规军”。系列制作、专业导演、较大成本、广告投资,这些条件促成了网络电影的专业制作。不过两个计划相比较,仍有不小差别,“11 度青春”的运作更像是一部口碑良好的文艺片,它改变了青年导演的个人命运,唤起了文艺青年的集体共鸣,投资方和制片方更看重情感诉求,而非直接的商业利益;而“4 夜奇谭”更像是精良运作的商业大片,有大导演,有明星效应,从完美的幕后运作到最终各方赢利,创造出成功的营销模式。

“11 度青春”在风格与诉求上仍带有强烈的网络短片的草根性,讲述自身故事,强调自我表达,表现青春伤怀,同时带有喜剧色彩,语言调侃而最终表达悲伤。这些特点在《老男孩》身上得到了极致的表现。可以说,“11 度青春”是草根网络电影的一个高端总结。实际上,制作方在制作之初就是在有意打造契合网络电影传统的风格,符合网络观众的趣味。优酷网在主题、剧本方向上,对所邀请的导演给予了大量的建议和要求。优酷网在此前曾有接近 200 集的各类网剧制作经验,对受众进行过大量观察和调研,掌握了他们的观看习惯和审美特性。而这些经验最终影响了“11 度青春”的整体走向,这便是:青春、奋斗。① 后来大火的《老男孩》则将小人物的青春怀旧张扬得无以复加,作为压轴之作,它完美地,甚至是夸大地呈现了“11 度青春”的制作初衷。而这种主题和风格正是网络电影主要的制作群体和观看群体的所共同形成的稳定趣味。

《老男孩》为近年来不断增温的 70、80 后青春怀旧又加了一把柴。青春与奋斗,梦想与现实,爱情与兄弟情等要素,呼唤起电脑屏幕前的年轻观众的青春记忆与情感共鸣。曾经蜜罐的一代,在急剧变化的现实中走向社会,在房价与职场的重压下不断被剥夺,怀旧以简单的手段塑造一种稳定的共同体感受,支撑现实中原子般的个体。11 度计划中的其他影片也是这样的风格,《李雷与韩梅梅》、《阿泽的夏天》、《哎》都是在城市挣扎的小人物

① 《网剧元年新产业链形成　国产电影进入 web 2.0》,http://ent. 163. com/10/1206/14/6N7OR5D100032DGD. html。

的情感与奋斗，青春怀旧与励志故事的结合，确实击中了网络观影群体的最大公约数的情感结构。中国网络电影在这里作为一个节点，无论是从风格，还是从制作来说，都是很合适的。

三、网络电影生产与营销机制

说2010年是网剧元年，除了代表性作品的出现外，更重要的是一种相对成熟的制作模式的出现。在当前的情况下，网络影像基本是免费观看，如何实现投资与收益是能否实现网剧可持续性生产的最大问题。因此“11度青春”和“4夜奇谭”的成功，更大意义在于一种制作与营销模式的探索。

计划“11度青春”的优酷网将自己定位为制作方+宣传方+发行方，事实上，这就是一个网络版的电影院线，而不再仅是一个传播的平台。在有了初步的框架之后，“11度青春”寻求到了一个强大的合作者：中影集团。毋庸置疑，中影拥有强大的资源与影响力，也一向扶持青年导演和新媒体电影。作为联合出品方，中影为项目寻找导演、派出有经验的制片人员和策划人员，并在后期制作方面提供自己的资源。在投资赞助方面，雪佛兰科鲁兹是优酷网长期的商业合作伙伴，这一品牌一直主打一种“青年”、“奋斗”的精神，恰与“11度青春”计划吻合。不过，科鲁兹并未全额投资，只是以赞助商的形式出现，分担了部分制作与推广的费用。雪佛兰科鲁兹多次在短片中出现，产生良好的广告效益。在《泡芙小姐的金鱼缸》中，科鲁兹是都市时尚白领的座驾；在《老男孩》中，科鲁兹是全国选秀大赛的奖品……广告的植入没有特别突兀，显得比较融合，形成一种产品良性植入与品牌精神相融合的成功营销案例。这种营销模式有利于网络短片长远发展。可以说，联手打造“11度青春”的中影集团、优酷网和雪佛兰科鲁兹实现了多赢。

不过，显然，赞助的资金不足以支持“11度青春”的创作，这个计划同此前的众多网络电影一样，导演和创作者方面做了不少无偿奉献甚至自掏腰包。卢梵溪说：“这些导演中有人在商业上非常成功，收入很高，却愿意无偿来做这件有意义的事。我们的投入只是一些基本的硬件……"①《老男孩》导演肖央也说,由于电影时长最终严重超标,资金投入也严重超标,他自己承担了制作费用的三分之二左右。② 正如前所述,"11度青春"是此前网络电影无论制作还是风格的一个高端总结。

与此相比,"4夜奇谭"显然有更专业的制作和发行,其产业模式与经验也许更值得总结。如果说"11度青春"仍带有草根制作的影子,"4夜奇谭"则完全是高水准的非常专业的电影创作力量。过去的网络电影大量都是民间高手自己制作,以非专业性制作作为主体,虽然近年视频网站也在专门做一些网剧,但是总体来讲这些作品的专业水准并不突出。但"4夜奇谭"一下子以彭浩翔为创作核心,并集结了包括周迅在内的一批明星。影像制作上更为精良。这样的专业制作,大大提升了网络电影的艺术品质。随之而来的,是网络影像从自娱自乐变成了娱乐产品,此前主要是草根玩票自娱自乐拍摄数字短片,而"4夜奇谭"无论从类型、形态,还是制作方式,呈现给观众的都是一个完整的娱乐产品,经过消费而产生价值。

"4夜奇谭"分8集,以周播剧的方式连续两个月在新浪网等网站播出。自2010年10月15日第一集上线,首周末点击量即创下网络电影新高,达570万人次。一个月的点击量突破1亿次。截至12月9日,该系列短片点击量已达到2.1亿人次。其制作模式在朝一个成熟完善的产业链进行探索。该项目幕后的操盘手是一家品牌商(三星集团)、一家门户网站(新浪网)和一家制作公司(北京多声部影视文化有限公司)。"4+1"计划是基于三星手机广告片的概念而产生的,但是经过巧妙的故事编排,产品完全融入影片剧情,在不知不觉中完成了产品的送达。产品商以电影作为广告宣传手段屡见不鲜,常见的是在影片中植入广告,但这一点常受非议,而更重要的问题是周期:"一个电影,从立项、筹措、送审,到搭建班子,拍摄后期、送

① 《网剧元年新产业链形成　国产电影进入 web 2.0》,http://ent.163.com/10/1206/14/6N7OR5D100032DGD.html。

② 《百度百科·老男孩》,http://baike.baidu.com/view/238595.htm。

审、走院线播出来,最短也通常要10个月左右的时间,但那时大家看到的是过时的产品",而通过网络电影,就能基本和产品的周期同步。最终,"4夜奇谭"的版权为三星换得了一个亿的广告费用效果。[①] 同时,"4夜奇谭"的制作实现了"商业、媒体和制作者的前端整合",过去通过内容产品的营销,都是先有了电影剧本故事,然后去找广告投资,再找发行渠道,最后去向观众收费。但此次三星与新浪(同时连带优酷、土豆等6大视频网站)的出品合作,与制片方和编剧导演创作者,完成了一个在前端就开始进行的整合,就是说在项目的运行初期,在创作之初,投资方、发行方就与创作者进行了整合,这样的整合发生在前端、自上而下,因而就会更加顺畅融合。三星广告与新浪微博广告的植入在片中变得相对柔和,或者说是变得艺术化了。前端整合使得创作者可以将投资方广告更加艺术化地完成,而使其更好接受。[②] 院线电影的植入广告时常受到猛烈抨击。与之形成强烈反差的是,对于制作较为精良的网络电影来说,广告植入反而成为优势。由于网络电影的免费性质,观众的预期降低、宽容度提升,对此评价相对理性、积极,多将网络电影与品牌的结合视作艺术创作的有机环节。

而在具体创作方面,新浪邀请到了想要进军大陆的香港导演彭浩翔,由其组建了一个年轻而成熟的青年导演团队。已经在大银幕上取得成功的优秀导演愿意选择与网络媒体合作,为网络电影注入重要力量。同时演员方面,借用三星品牌代言人,即广告代言与拍摄短片打包签约,因此我们第一次在网络电影中看到了周迅、张静初、余文乐以及黄立行等明星,他们正是三星手机的代言人。

可以说,这是一个很成功的制作与营销案例。而在"4"之后还有一个"1"(一部电影长片)将会在传统院线放映,两条线同时进行,四部短片也为即将上映的长片奠定了基础,完成了前期宣传。"4夜奇谭"从制作模式上确实提供

① 《实录:网络电影营销峰会暨〈4夜奇谭〉成功庆典》,http://ent.sina.com.cn/m/c/2010-12-10/20103174085.shtml。

② 《实录:网络电影营销峰会暨〈4夜奇谭〉成功庆典》,http://ent.sina.com.cn/m/c/2010-12-10/20103174085.shtml。

了一个成熟的范例,各取所需、多方赢利。它的制作意味着中国真正出现了针对网络渠道制作的专业的高水准电影。“网络电影元年”意义就在于现在中国网络电影已经初步形成了新的产业链,2010年是它首次大规模呈现。

四、发展网络电影的意义

网络电影从诞生的第一天起,就是为热爱电影的人提供的发挥创造力的空间。网络使得视觉影像的传播达到最大的方便性和广泛性,同时配合各种门槛越来越低的数码设备,大量影像被采集、制作并上传到网上进行广泛传播。对于中国来说,网络上大量免费的电影资源(主要是欧美艺术电影),培育了第一代影迷,如今,经过十年的培育,网络已经从培育“影虫”的地方发展为培育青年导演的力量。网络为更多业余的热爱电影的草根们提供了施展才华的平台,因为网络直接实现传播,连接了制作者与观看者。土豆网主打的精神就是:“每一个人都是生活的导演”。

网络电影可以有效地挖掘和培育新人,这是许多学者的共识。电影制作从来都是高投入高风险的行业,而网络电影由于门槛低、成本低而更为安全。网络培育新鲜的力量,为中国电影提供持续发展的资源,否则仍然只是集中在张艺谋、冯小刚几位大导演那里,只有他们有票房号召力,这对产业发展来说是很危险的。“4夜奇谭”总监制彭浩翔组织起的是一个非常年轻、然而也是很有才华与实力的导演团队。而“11度青春”中的导演肖央和王太利,通过《老男孩》一夜走红。实际上,他们就是从网络上走出来的创作者,此前在网上已经小有名气。2007年,两人以“筷子兄弟”的名义发表音乐电影《男艺伎回忆录》,一周内点击量过千万。2008年,作品《你在哪里》再超互联网千万流量。这一年,他们获得了最具实力网络导演奖。如今,投资人主动找上门,肖央的第一部长篇电影已经完成了故事大纲,投资也已到位。① 作为一部在网

① 《网剧元年新产业链形成　国产电影进入 web 2.0》, http://ent.163.com/10/1206/14/6N7OR5D100032DGD.html。

络上一举蹿红的草根影片,《老男孩》在赢得口碑和眼球的同时,也展现了网络在挖掘新人时的"伯乐"作用。同时,现在电影市场的主流观众同时也是网民,所以新锐导演在网上电影的反响好坏也能成为电影公司未来发展的风向标。网络在电影产业中所起的催化剂作用将日益显著。

同时,目前对网剧的审查存在空白,这也给创作者提供了较大的空间和宽泛的自由度。不过,这一点显然是暂时的,同时与普通电影相比,它也并未给网剧带来深刻的不同,在类型、风格与形态上,网剧与传统影视仍是基本一致的。

网络在现在具有极大的传播影响力。"11 度青春"与"4 夜奇谭"的成功,使人们看到网络电影可以达到极高的点击量,这当然意味着巨大的效益。在目前,网络电影主要还是免费观看,因此,与广告元素结合进行创作,吸引品牌投资,是一种可持续可复制的制作模式。正如"11 度青春"和"4 夜奇谭"成功地在前端整合广告与故事创作,投资方获得回报,网站作为播出平台也能以巨大的点击量收获更多的广告收益,而创作者获得相应的报酬和更为重要的口碑与影响(象征资本)。可以想见,这样的模式将在一定的时间内为网络电影持续稳定发展提供基础。

而在原创的网络电影之外,普通电影的网络发行也越来越成为电影产业的新方向。在中国电影达到 100 亿票房的时候,我们仍需看到危机。年产 500 部电影,但真正能够进入院线放映的还不到三分之一,大量电影仅作为产品存在而无法在大荧幕上与观众见面。现在什么档期都显得十分拥挤,市场空间越来越小,很多电影拍了之后根本没有机会走向院线,因此需要新的通道。在这种情况下,网络媒介无疑提供了另一种播放途径,而且是达到最广泛传播的有力途径。我国目前一年所有电影的观影人次大概 3 亿人次,而"4 夜奇谭"的点击量就超过了 2 亿,这是一个非常良好的运作态势。"11 度青春"中《哎》的导演尹丽川在被邀请时曾担心播出效果,但被告知"观众一定会超过你之前所有电影的观众数,再加你所有诗集的读者数",事实也是如此,此短片点击量超过 500 万。她尤其对网络电影的传播效果感到好奇:"觉得找到了一种通过影像和人沟通的方式。在网络上播出,很快就能看到网友的反应。"①好的网络电影会产生强大的社会影响。因此,可以说网络电影在很大程度上弥补了大银幕的不足,在大银幕的市场之外,网络电影(同时还有电视电影和手机电影)等其他媒介开始占据越来越大的份额。

如今,电影放映渠道已经进入了"扩窗(windowing)"阶段,电影的播映商已经不仅仅局限于影院院线。由于付费有线电视、录像机、按次计费和网络视频点播等技术的发展,制片方通过许多新的放映渠道,调整他们的放映顺序,以使利润价值最大化。对于现在的电影发行,发行商主要是遵从了国内和国际影院院线——碟片市场——按次付费有线电视——电视电影频道———网络的发行层次。但不可否认的是,网络技术的发展和网络平台的宽广前景,其在发行链条中的位置在不断前移,弥补影院放映的不足。网络媒介在普通电影发行通道中的位置越来越重要。过去包括现在很大部分,普通电影在网络上的传播是盗版的和免费的。电影制作出来在院线播放完毕后,被随意上传到网络。如今各大视频网站已经自愿或不自愿地正视和接受正版问题,今后,购买正版将成为视频网站播放传统影视的唯一途径。②

普通电影网络发行的主要平台是各种视频网站。视频网站在2010年经历了激烈竞争的一年,同时内容上也不断发展创新。在普通影视播放之外,视频网站越来越重视自创内容,"全媒体战略"使得其越来越像电视台,连盈利模式也如出一辙——贴片广告、植入式广告、内容制作、大型活动等。同时,视频网站逐渐开始在电影业试水。由刘镇伟执导的《机器侠》于2010年8月20日登陆大银幕,作为影片主要出品方之一的乐视网首次"触电",深入参与了《机器侠》的策划、宣传、营销和发行,开启了国内视频网站进军电影业的先例。土豆网也与中影集团等机构签定协议,共同发起成立新媒

① 《网剧元年新产业链形成　国产电影进入web 2.0》,http://ent.163.com/10/1206/14/6N7OR5D100032DGD.html。

② 《2010:视频网站向正版高地发起冲锋》,http://business.sohu.com/20100224/n270408700.shtml。

体投资基金,投资以互联网平台为主的短剧。这是继“2009 土豆映像节”后土豆与中影的再次合作。基金的投资对象包括从“土豆映像节”中精选出来的制作团队或个人,以及从其他渠道挖掘出来的创作力量。土豆网将联合国内主要电视台、移动运营商、无线新媒体公司、品牌广告主,为这些短剧提供广阔的播放平台。

网络电影与各大视频网站在2010 年经历了深刻的变革和可喜的收获。商业运营逐渐走上正轨,网络电影已经形成了新的产业链。从为政府建言献策的角度考虑,网络电影无疑是文化产业的一个重要部分,值得国家和政府积极扶持。一方面是文化,网络电影常常带有普通人最真实的表达;另一方面是产业,视频经济已经相当可观。比如,由北京电影学院、中国电影评论学会、象山县人民政府主办的“九分钟原创电影大赛”即是一个政府支持网络电影的例子。象山县政府进行投资,要求入选团队将面积为 1175 平方公里的,总人口为 53. 2 万的沿海县城——象山作为指定的摄影棚,这是一种地方文化宣传的新颖形式。事实证明,入选的 9 分钟精品与象山的自然人文环境紧密融合,产生了很好的效果。

然而,随着网络电影产业的蓬勃发展,另一种隐忧也开始出现。当业余创作发展到专业制作,商业因素大规模进入,网络电影最初的民间性、草根性与狂欢精神和创造力,会不会逐渐丧失?网络电影背负了越来越多的商业负担,虽然产业循环良好,但是否会牵制内容的自由选择?这样的问题,实际上跟普通电影产业化所面临的问题是一样的。实际上,我们需要一个多元的电影文化,既有主流的商业运营的大片或网络电影,同时也需要中小成本的艺术电影或网络草根电影。一个多元的网络电影生态,才可以既实现行业的可持续发展乃至盈利,同时也保持风格特色,坚持自我表达与草根情怀。网络电影的辉煌未来才刚刚开始。

北京市网络出版产业发展问题与对策研究

Problems and Countermeasure of Beijing Online Publishing Industry

魏 巍*

Wei Wei

摘 要：北京市网络出版机构和网络出版产品占全国总量比重高，总产值连年增长，建立了“三基地、两园区”的发展模式并形成了产业集群，形成了独特的产业链和赢利方式。主要问题是统计数据不规范、产业结构不合理，传统出版社向网络出版转型动力机制不足，政府宏观管理政策问题，地方性法规落后。

关键词：网络出版 产业集群 发展状况 问题 对策

一、引 论

随着计算机信息技术和第二代互联网技术的开发应用和日益普及，网络出版产业在我国也获得了长足发展。按照新闻出版总署（以下简称总署）、信息产业部印发的《互联网出版管理暂行规定》第五条①，网络出版是指：“互联网信息服务提供者将自己创作或他人创作的作品经过选择和编辑加工，登载在互联网上或者通过互联网发送到用户端，供公众浏览、阅读、

* 魏巍，男，北京市社会科学院经济研究所副研究员。

① 新闻出版总署、信息产业部：《互联网出版管理暂行规定》，http://www.gapp.gov.cn/cms/html/21/397/200601/447354.html。

使用或者下载的在线传播行为。”

网络出版以海量存储、搜索便捷、传输快速、成本低廉、互动性强、环保低碳等新型出版特点，超过了传统出版业的发展水平。从传统出版向网络出版转型，这一产业升级的特点，马晓珺描述为：“从垄断出版到开放型出版，从大众出版到细分对象的分众出版，从纸介文本到超文本，从静态阅读到动态阅读，从特定渠道到开放渠道，从单向阅读到互动阅读，从固定内容到个性化定制内容，从可变成本大到可变成本几乎为零，网络出版的魅力越来越明显。”①这一描述准确、生动、简洁地揭示了网络出版迅速发展的原因。从传统出版业转型为网络出版产业，不仅是介质和出版流程的改变，而且是整个出版业的革命；它促进了“大出版业”的形成、持续稳定增长，推动传统出版业的生产方式发生质的和革命性的转变。

综合诸多专家学者和总署有关规定的划分方法，网络出版产业逐步发展和形成了网络学术出版、网络图书（电子书）、网络杂志、网络报纸、网络原创文学、网络音像、网络教育出版物、数据库出版物、网络动漫、网络游戏和手机出版物共11种网络出版行业。

随着网络游戏、手机出版和数字印刷等新型出版业态快速增长，且都与数字信息处理、生成技术和数字传播技术有关，特别是网络游戏与手机出版的业态发展得非常迅速，因此学界认为以数字出版来描述网络出版的新行业更为贴切。因此，有以数字出版替代网络出版的发展趋势。但是，数字出版从传播介质看与网络出版殊途同归，最终都脱离不开互联网而从事出版活动；从传播载体看，数字出版与以计算机为载体的网络出版息息相关。所以，笔者认为网络出版概念的外延进一步扩大数字出版的概念。从本质上说网络出版与数字出版是一致的。以产业发展的视角看，从数字出版需要网络作为支撑的技术条件说，数字出版就是网络出版。

北京是我国的首都和文化中心，出版产业发达。北京市的网络出版产业起步早、基础好、发展快，居全国领先水平，在出版业态转型升级方面发挥

① 马晓珺：《网络出版，成就了谁的蓝海？》，《出版广角》2008年第1期。

出了首都文化中心的主导优势。但是,优势是相对的,上海、广东和重庆等网络出版先进省市,在“十二五”开局之年,都把网络出版产业作为文化创意产业优先发展项目,列入了战略发展规划。北京市网络出版产业要保持产业领先和中心的地位,面临着更多的挑战。本文主要分析北京市网络出版产业的发展状况,存在的突出问题,并提出对策建议。

二、北京市网络出版产业发展状况

北京是全国的政治和文化中心,网络出版产业近10年来处在引领全国发展的主导地位。总产值连年增长,建立了“三基地、两园区”的发展模式并形成了产业集群,形成了独特的产业链和赢利模式。

(一)网络出版产业在全国居领先地位

1. 机构和产品占全国总量比例很高

截至2009年年底,北京地区网络出版单位55家,占全国的25%,涉足网络出版的经营机构4630家左右,占全国(22270家)的21%;全国10家游戏上市公司中有4家在北京。网络出版产品中,北京市在全国占有绝对优势的出版领域为互联网社会科学出版和科学技术出版,占到全国相应互联网出版产值的90%;互联网教育出版和文学出版产值占到全国的50%;互联网音像出版和艺术出版,占全国的比例也超过20%。电子出版物近5000种,占全国的69%。

2. 总产值增长速度快、规模占全国总量比重高

从“十五”到“十一五”的近10年期间,北京市网络出版产业产值年均增长在10%以上。2003年北京市互联网出版产业规模达到7.1亿元,占全国网络出版产值的28.7%;2004年产值达10.6亿元;2005年产值14.7亿元;2006总产值19.1亿元;2007年总产值65亿元;2008年164亿元,增长率达到152%,占到全国总产值的31%。从这些数据看,北京市网络出版产业发展速度强劲,规模很大,优势明显。

（二）网络出版产业业态丰富，有些行业和企业居全国领先地位

按照总署相关文件界定，网络出版包括互联网社会科学、科学技术、动漫游戏、教育、文学、音像和艺术出版等7类。这7类北京市全部涵盖，有些行业居全国领先地位。

从行业细分看，以2006年统计数据为例，互联网社会科学和科学技术出版规模分别为2.1亿元和3.4亿元，均占全国总量的90%；互联网教育出版和文学出版规模分别为4.9亿元和0.2亿元，分别占全国总量的63%和50%；互联网音像出版和艺术出版规模分别为2.1亿元和0.4亿元，分别占全国总量的41%和33%，互联网游戏和动漫出版规模分别为5.3亿元和0.7亿元，分别占全国总量的7%和28%。

北京拥有北大方正、中文在线等一大批出版技术先进、资金实力雄厚、管理规范的网络出版机构。如北大方正集团，正版中文电子书达到了50万种，数字报刊510种，位居全球第一；合作出版社超过500家，报社300家，使用方正数字报技术出版的数字报近700种；拥有牛津大学图书馆、德国国家图书馆等海外用户达到100家。

又如中文在线，坚持"先授权、后传播"，倡导网络数字出版、传播正版化，既有高等教育出版社、中国作家出版集团等签约出版机构提供内容源，亦有中国移动等战略合作伙伴提供技术支持，所以该公司在电子纸图书、中小学数字图书馆、无线阅读及手机出版等领域取得了一定地位和成绩。

（三）手机出版和网络游戏总产值居产业结构主导地位

2008年，网络出版总产值164亿元，从高到低排名：手机出版（71.74亿元）、网络游戏（45亿元）、网络音像（23.6亿元）、网络教育（15亿元）、数字期刊（5.2亿元）、电子书（3亿元）、数字报纸（5070万元）和网络原创文学（770万元）。

（四）建立了"三基地、两园区"的发展模式，形成了产业集群

1. 在石景山区建立北京数字娱乐产业示范基地

2005年，国家科技部正式批复同意北京组建"国家数字媒体技术产业化基地"；同时，国家新闻出版总署同意在北京建立"国家网络游戏动漫产

业发展基地”。石景山区的“北京数字娱乐产业示范基地”是以上两大国家级基地的重要组成部分。基地分为研发孵育、人才培养、体验娱乐、产品交易4个功能区，下辖网络游戏、移动游戏、动漫制作、人才培训、测试推广、娱乐体验、交易展示、产业信息等8大中心，并配套有服务和技术2个支撑体系。

2009年10月，文化部和北京市政府实施战略合作项目，在石景山区建设国家级中国动漫游戏城项目，搭建高端公共技术服务平台，培训动漫高级人才，吸收骨干动漫企业加入。该建设专项投资每年达1亿元。

目前，石景山区已建设“国家网络游戏动漫产业发展基地”、“国家数字媒体技术产业化基地”、“中国电子竞技运动发展中心”和“国家动画产业发展基地”。截至2010年9月底，全区网游动漫和数字媒体企业达到了700多家。

2. 在大兴区建立国家新媒体产业基地

2005年底，国家科技部正式批复，在北京市大兴区魏善庄镇建设国家新媒体产业基地。建设集数字影音、数字动漫、数字出版、数字游戏、数字体验等新媒体产业于一体的文化创意产业集聚区。基地规划总面积344公顷，是国家火炬计划批复的全国唯一的以新媒体产业为主的专业集聚区。基地规划建设“一区、三园、三中心”的产业发展格局。“一区”（核心区）将建设成为综合性新媒体产业基地；“三园”（星光影视园、北普陀影视园和大森林影视园），建设影视节目拍摄与制作、后期节目编辑、网络卫星传输于一体的创意文化平台；“三中心”是依托相关院校建设的软件制作中心、动漫创作及人才培训中心和艺术人才培训中心。“一区、三园、三中心”优势互补，形成较为完整的产业发展链条。

大兴区新媒体产业基地是北京市首批认定的文化创意产业集聚区之一。已经入住北京星光影视集团公司、金日新事业科技有限公司、北京大学微电子与软件学院、北京印刷学院、北京实用技术高级技校、北京卡酷动画卫星频道有限公司等多家企事业单位。2010年，国家新媒体产业基地全年实现技工贸总收入131.2亿元，比2009年同期增长45.9%，工业总产值

31.1 亿元，同比增长 16.8%。

3. 在丰台区建立文化产业总部基地和国家数字出版基地

2009 年，丰台区和中国出版集团公司建立文化产业总部基地（占地 574.56 亩）。基地将联合国内其他出版集团，形成中国出版业对外交流的“航空母舰”。基地建成后，将集出版发行、动漫画设计、影视制作、教育培训、传统技艺改造、工业设计等相关多媒体文化产业于一体，具备研发、投资、孵化、制作、培训、交易等各种功能，是我国首个多功能、创新型、国际化的文化产业总部基地，将成为国际出版传媒企业驻华业务代表总部、国内文化出版集团驻京事业发展总部、其他文化出版机构运营管理总部以及文化出版产业在京合作交流的重要平台，并将成为中国出版集团和地方出版集团协作走向世界的平台。

2010 年 11 月，中关村科技园区丰台园管委会与新闻出版总署签署协议，决定在丰台科技园区建立国家数字出版基地。基地建设项目包括版权交易、出版发行、印刷制作、物流展览等领域，并以综合配套服务设施为纽带，涵盖出版产业链上各环节与业态。项目通过整合传统出版物平台发展数字出版物，集中传统出版力量，为北京乃至全国数字出版企业和数字出版辐射企业提供集中发展的场所。丰台园管委会与总署在建设基地的同时，加强在数字出版公共服务平台建设、人才培养、国际交流等领域的交流与合作。入驻国家数字出版基地的企业在产业政策配套、税收优惠、人才引进等方面享受丰台科技园区的优惠政策。

4. 在西城区建立中国北京出版创意产业园区

2010 年 5 月，总署和北京市人民政府建立紧密型战略合作关系，在京正式签署《关于共同推进首都新闻出版业发展战略合作框架协议》。同时，中国北京出版创意产业园区揭牌成立。有 6 家数字网络出版企业和 26 家以传统出版为主的民营文化企业签订了入住园区协议。产业园区将为入驻企业在出版体制改革、出版资源配置、新媒体发展等方面给予重点扶持，在资金、税收、人才等方面给予政策保障，并提供优质服务；努力打造成集原创策划、出版发行、网络与数字出版、版权交易、出版设计等链条为一体的出版体制改革试验区与示范区。

5. 在东城区建立国际版权交易园区

2009年，东城区建立“北京东方雍和国际版权交易中心”，设在雍和园内（笔者称之为国际版权交易园）。仅一年时间，国际版权交易中心在动漫、影视、图书、音乐等领域的挂牌项目已达近1000个，实现交易额超过2亿元。雍和园区积极引进版权类重点企业：卡拉OK版权运营中心、中华版权代理总公司等20多家重点版权贸易和版权服务类企业入驻，园区初步形成了版权类企业的重要集聚地。

北京市依靠首都文化中心和科技资源丰厚的优势，在总署、科技部和文化部三部委的大力支持下，大力建设“三基地、两园区”，形成了网络出版和传统出版业相互融合的产业集群，奠定了全国网络出版中心的地位。北京市网络出版产业“三基地、两园区”的建设，体现了三个优势：一是形成了网络出版产业集聚的优势，即传统出版业向网络出版产业的转型升级过程也是产业集聚和优势发挥的过程；二是形成了人才集聚的优势，产业的集聚必然需要海内外的创业人才、专业知识人才集聚到基地和园区来完成产业升级的改造和创新工作；三是形成了品牌集聚的优势；优势产业集聚，造就了一批有竞争力的市场主体和有竞争力的产品，形成了网络出版的产业独特的价值链和产业链，带动了区域经济的发展。

6. 构成独特的产业链形式与多元化的赢利模式

北京市网络出版产业形成了独特的新型产业链形式：“作者—内容提供商（出版社）—数字技术提供商（数字发行平台）—运营商（中国移动、中国电信的支付系统）—终端商（计算机、手机、电子阅读器、电视）”。形成了多元化的赢利模式：在线销售、广告收入、版权收入、付费下载，以及增值服务、合作分成、在线检索和会员费用等模式。

2010年5月由北京出版集团公司牵头，40余家国内出版单位、民营出版商、技术服务商等共同作为发起单位，成立了数字出版联盟。联盟包括内容与版权、技术两个分联盟，是开放的、非营利性的行业联盟组织，旨在广泛联合产业链上下游企业共同开拓和创新数字出版产业发展的有效赢利模式,保护成员单位及著作权人在数字版权方面的合法权益,促进国内数字出版内容的生产、销售以及版权交易等。联盟搭建了数字出版转型服务平台,除主要完成出版流程数字化和资源管理数字化外,将与联盟成员单位之间在协议分成的基础上共享产品销售渠道、丰富产品种类,开展版权交易,联合打击盗版行为,探索数字出版内容的新型表现形式和版权交易的新模式,维护出版单位及著作权人的合法权益。

三、北京市网络出版产业发展中的主要问题与分析

(一)政府统计管理工作不规范

笔者在研究北京市网络出版产业工作时,深感政府的网络出版统计工作不完善、不规范:一是没有网络出版的统计规范数据、统计公报;二是出自政府不同部门的数据相互矛盾,没有可比性,需要多渠道、多种途径相互印证才能查到一部分数据。造成网络出版统计工作不规范和缺失的原因是多方面的。

1. 国家统计局发布的《国民经济行业分类》(GB/T4754—2002)中,第88大类"新闻出版业"中,只有"电子出版物出版(国民经济行业代码8825)"

2008年4月15日开始实施的《电子出版物出版管理规定》(总署第34号令),所指的"电子出版物出版"为:"只读光盘(CD-ROM、DVD-ROM等)、一次写入光盘(CD-R、DVD-R等)、可擦写光盘(CD-RW、DVD-RW等)、软磁盘、硬磁盘、集成电路卡等。"而现在网络出版赋予了电子出版物以新的含义,总署的文件已经滞后于形势发展的需要。

2. 国家统计局关于印发《文化及相关产业统计分类》的通知(国统字[2004]24)中,将文化产业划分为核心层、外围层、相关文化产业层

出版发行和版权服务归于核心层;其中,"电子出版物出版(国民经济行业代码8825)"中依然没有网络出版行业项目。有所改进的是将《国民经济行业分类》60类"电信和其他信息传输服务业"中的"互联网信息服务业

(国民经济行业代码6020)”,划入了文化产业外围层中的“(五)网络文化服务业”,在其中列入了“互联网出版服务业”的项目。而我们比对总署的《互联网出版管理暂行规定》中的“互联网”出版的定义,是没有将网络出版的新业态纳入其中的。

3. 2008年总署按照国务院机构改革方案要求,新设立了“科技与数字出版司”

其下设置了:(1)“数字出版(综合)处”,负责“参与起草互联网(含网络游戏,下同)出版、手机出版和数字出版管理的法规、规章;拟订互联网出版、手机出版和数字出版的政策及重要管理措施,并监督实施。”(2)“网络出版管理处”,“负责互联网出版、手机出版活动的监管工作,落实准入退出机制。”总署2008年才正式成立网络出版管理部门,规范统计工作需要有一个过程;并且数字出版处管政策制定,网络出版管理处管政策落实;部门业务相互交叉。这样就产生了网络出版统计规则的制定,两个部门都可以管也都可以不管的扯皮问题。

有鉴于此,2010年3月,总署印发了《关于进一步加强和改进新闻出版统计工作的意见》(以下简称《意见》)指出:完善统计指标体系。开展对包括网络出版、手机出版在内的数字出版产业以及动漫游戏出版、网络发行、包装装潢印刷、非公有文化机构等项目的统计工作。《意见》专门对完善网络出版的指标体系提出了要求和部署。这无疑有利于促进网络出版业统计工作正规化和产业健康持续发展。

总之,网络出版产业形势发展得太快,很多新业态有一个发展过程,网络出版的正式统计工作走上正轨还需要一个过程。

(二)网络出版产业结构不合理

从2008年的统计数据可以看出,手机出版产值占总产值的43.74%,网络游戏产值占总产值的27.44%,两者相加占总产值的71.18%。就手机出版而言,其中包括音像、游戏、报纸、文学、动漫、图书、杂志等内容,网络游戏也占了一定的比重。

手机出版和网络游戏出版之所以得以迅速发展,除了产业链清晰、收益高、回收现金流速度快以外,还与政府扶持有关。北京市有关方面近年来出台了一系列政策发展网络游戏出版业,例如:近年来先后出台了《北京市关于支持中国动漫游戏城发展的实施办法(试行)》、《北京市关于支持网络游戏产业发展的实施办法(试行)》和《北京市关于支持影视动画产业发展的实施办法(试行)》。这是北京市网络游戏得以发展的重要原因。可是,我们看到了可观的经济效益,却忽视了其负面的社会效益。

早在2005年6月,总署在广泛征求意见的基础上,就制定了《网络游戏防沉迷系统开发标准》和《网络游戏防沉迷系统实名认证方案》;自2007年7月16日起,国家8部委要求所有网络游戏必须增加防沉迷系统,否则不许运营,强制实施。但是,这一措施执行得并不理想。一方面系统很容易被破解,防止未成年人的措施如同穿皇帝的新衣;另一方面禁止未成年人去网吧上网的一系列政策法规无法全面有效地执行,屡见不鲜的未成年人群体依然到网吧玩网络游戏。

(三)全市网络出版产业没有形成完整、科学的布局

北京市各区根据自己区的实际情况发展网络出版产业,从局部看是合理的。比如,石景山区在首钢搬迁后决定发展动漫产业以使全区的经济有新的生长点,这是合理的。但是,从全局看,从经济效益和社会效益协调发展看,就有商榷的地方。如果没有全市一盘棋的大局观,各区各自为战,就有可能发生重复建设、产业趋同的现象。而我们现在缺失网络出版全局统一布局发展筹划的方案、计划和规划。

从本质上说,我们没有一个协调发展的产业政策。北京市网络出版产业的真实状况是发展速度很快、态势良好,但是发展思路并不明确。网络出版产业在北京市有十几年的发展史,在"十二"规划的关键时期,我们应该做好网络出版产业的整体发展战略规划。

(四)传统出版社向网络出版转型动力不足

网络出版产业已经超过了传统图书产业。2010年7月,总署发布了《2009年新闻出版产业分析报告》,数据显示:网络出版的总产出达到了800亿元,营业收入为796.3亿元;传统图书总产出为480亿元,营业收入

为465.4亿元;网络出版的总体经济规模从总产出和总营业收入上都远远超过了传统图书的发展水平。网络出版已经对传统出版形成了巨大的挑战,说明新的经济增长方式有着巨大的后发优势和发展潜力。

北京市网络出版发展势头强劲,但是,传统出版社,特别是中小型出版社和专业出版社向网络出版转型存在着巨大的阻力和障碍,动力不足。

(五)地方性法规立法滞后

1. 已出台的法规滞后

目前,北京市地方法规与网络出版有关的有《北京市图书报刊电子出版物管理条例》(1997年颁布);《北京市音像制品管理条例》(1997年颁布)。这两个法规与已修改的上位法不一致,也落后于网络出版新形势发展的要求。例如:《北京市图书报刊电子出版物管理条例》第十五条规定"出版单位未经批准不得设立分支机构"和第二十二条规定"个人申请从事图书、报刊零售和出租业务的,应当有本市常住户口",已经被上位法废止。

2. 没有出台新的地方性法律规范

网络出版新业态出现后,多元化的出版主体出现,包括技术服务商、运营商、文化传媒公司都可以作为网络出版主体出现。我们没有制定一个约束其行为的法律规范,没有建立市场进入和退出的长效机制。

产生这种情况的原因有两个:一是国家《出版管理条例》、《互联网出版管理暂行规定》已经落后,我们还没有参照系;二是网络出版涉及多个领域、多个部门,涉及知识产权管理等多个难解的课题。但是,我们不能因为有诸多的难题,就停止探索的步伐。

四、北京市发展网络出版产业的对策建议

(一)加强和规范网络出版产业的统计管理工作

在国家没有出台网络出版的统计规范前,建议北京市统计局、市新闻出版局,会商发改委、市互联网管理办公室等部门,参照国家统计局关于印发《文化及相关产业统计分类》的通知(国统字[2004]24),把网络出版产业态

纳入国民经济行业代码和统计工作中，科学准确细分下属的小类别（各个出版业态），尽快统一行业统计标准，建设统计台账和平台，这样才能总揽全局把握全行业的发展规模、趋势和发展状况。

（二）制定“十二五”北京市网络出版产业发展战略规划

制定产业政策和发展战略，确定调整和优化网络出版产业结构，突出发展社会效益好的出版业态。在整个网络出版产业态中，有些是有重大的社会效益和可观的经济效益的，如数据库出版和数字图书馆建设、网络学术期刊和电子书等网络出版产业态，对于这些既有经济效益又有社会效益的网络出版产业态，我们应制定鼓励发展的政策。而对于有负面社会效益的网络游戏出版业，我们应该采取“不鼓励、不提倡、不禁止、不限制”的产业政策。只有这样才能促进网络出版产业可持续健康发展下去。

制定网络出版区域发展规划。树立全市一盘棋的整体思想。争取在中央有关单位的支持下，加强宏观调控，做好区域统一产业规划，优化产业布局，明确各区域的产业发展重点，发展目标，制定相关配套措施与政策，避免恶性竞争的局面出现。

（三）开展立法调研工作，为地方性法规出台做积极准备

国务院2004年发布的《全面推进依法行政实施纲要》规定：“涉及全国或者地区经济、社会发展的重大决策性事项以及专业性较强的决策事项，应当事先进行必要性和可行性论证”。按照《实施纲要》的规定，与网络出版有关的法规修订应通过行政听证会的形式来修改，就网络出版的产业发展战略、网络出版的市场进入和市场退出等重大问题的修订，要经过一个由“非民主化—民主自决化”、“经验化—科学化”、“简单化—系统化”、“非理性化—理性效益化”的修改过程。地方性法规既要促进产业发展，又要发挥有效监督机制，使得网络出版企业遵守法律、守法经营。

（四）出台深化和细化支持传统出版社转型的政策措施

2010年1月，总署印发的《关于进一步推动新闻出版产业发展的指导意见》（新出政发[2010]1号）指出：“当前，我国新闻出版产业仍处于发展的初级阶段，基础较差，规模较小，实力较弱。突出表现在：传统业态向新兴

业态转型迟缓，企业创新能力不足。”说明政府对我国传统出版企业的问题有着清醒的认识。政府支持传统出版社实现增长方式转变，发展网络出版新业态应该依靠三项重要内容：一是政策，二是科技，三是资金投入支持。

《指导意见》在政策支持上：(1)版权方面，“依据新闻出版产业发展需要，综合配置图书、报纸、期刊、音像制品、电子出版、网络出版及手机出版等出版资源，解决因出版权分割所带来的制约产业发展的问题。”(2)市场体系建设上，加快建立和发展中小新闻出版企业信用担保机制，允许投资人以知识产权等无形资产评估作价出资组建新闻出版企业，为产业发展争取良好的融资环境。

《指导意见》在科技支持上：支持出版企业积极采用数字、网络等高新技术和现代生产方式，改造传统的创作、生产和传播方式。加快从主要依赖传统纸介质出版产品向多种介质出版产品共存的现代出版产业转变。这一项产业政策很重要，中小传统出版社特别需要北京市在这方面给予更多的、更细致的、更实在的和切实可行的技术支持，把国家的产业政策落在实处。

《指导意见》在资金投入保障支持上：(1)实施以企业为主体的科技创新体系建设；(2)实施国家重大出版工程、国家知识资源数据库、国家数字复合出版系统、数字版权保护技术研发工程等。这两项资金投入只有大型出版集团才能享有和被惠及到。在资金投入保障上如何向传统中小出版社倾斜和支持，这一个重要的方面在文件中并没有提及。北京市中小传统出版社如果按照《指导意见》去做，采纳国家的政策建议，没有资金支持很难实施。因此，北京市应拿出支持中小出版社发展的细化方案来，给予切实的支持。

(五)传统出版社在整合自身资源上作文章

1. 发掘和发挥自身优势

从长远看，新技术发展到一定程度总要饱和，总还是要回到“内容为王”的主题上来。传统出版社要利用自己在内容资源上占有的优势，更加强化自己的优势，将潜在的优势转化为实在的价值。

传统出版社整合、深化和完善内容资源，让内容资源增值。第一，抓作者队伍建设。在我国的网络传播权法规没有颁布前,按照最高人民法院出台的《最高人民法院关于审理涉及计算机网络著作权纠纷案件适用法律若干问题的解释》第二条第一款规定,与作者签订"网络传播权"协议。第二,对有签协定的作品开展多种深层次的加工,按照数字技术提供商和运营商的要求,将深加工的作品提供给他们,以增加内容资源的附加价值。这样,传统出版社就可以在网络出版的产业链条中增加自己的份额。第三,建立具有自己出版特色的数据资源库,开发网络出版产品的数据资源。

2. 传统出版社实行差异化发展战略

迈克尔·波特认为,差异化发展战略是:要有一个独特的价值诉求;要有一个不同的、为客户精心设计的价值链;要做清晰的取舍,并且确定哪些事不去做;在价值链上的各项活动,必须是相互匹配并彼此促进的;战略要有连续性。这种差异化发展战略对于传统出版社而言,就是自己在寻找网络出版的发展路径时,不能走大型出版集团所走的网络产业发展道路,而应选择适合自己的发展路子,寻找自己的产业链条。对于传统的、专业的、中小型出版社来说,自己的独特诉求就是把自己的专业资源的潜质充分发挥出来,这一资源优势其他大型出版集团不能取代,其他中小型出版社也不能模仿。比如:发展按需出版的网络出版业态,充分利用网络出版不需要纸张以及没有印刷、装订、晾干、运输等中间环节的成本优势,不用发行商提取发行费用;对于有专业需求的客户,采取按需印刷的方式;对于学术专著的出版要求,也可以采用按需出版和印刷的方式。这样使网络出版物的制作成本和流通成本比传统纸质图书更加低廉。将这一出版方式持之以恒地开展下去,传统出版社就能创出自己的品牌和优势产品。

3. 加强出版社网站建设

传统出版社要特别重视网站的基础设施建设,加大资金、人员和技术支持的投入力度。采取各种措施,尽快实现企业内部资源的整合、内部信息管理的电子化,提高和完善出版社信息化建设水平。一是把网站建设为一个多功能的网络出版平台,切实利用网站和互联网平台,以图文、音频、视频等形式,把出版社的内容资源进行全方位、立体式、深层次开发利用。二是把网站建设为一个高效运转的电子商务平台。电子商务活动不仅局限于在网上发布和收集信息,随着国家政策的完善,安全技术的深入开发和运用,还要开发电子交易、物流、支付等功能。

欧洲视野下北京博物馆的数字化发展

The Development of Digitized Museums in Beijing, Referring Museums in Europe

刘惠芬[*]

Liu Huifen

摘　要：博物馆的规模和质量是衡量一个国家、一个地区现代文明发展的主要标志。随着信息时代的发展，博物馆最主要的观念转变之一是以人为本。未来的博物馆更多的是一种体验，为其服务的公众提供一个交流的空间。本文在借鉴欧洲先进的博物馆案例的基础上，梳理北京博物馆的现状，探讨博物馆文化传播的重要性，以及建构以人为本的数字化博物馆的几方面策略。实用的博物馆网站、电子商务系统的运用、多媒体导览等数字化手段，将是北京博物馆数字化、网络化整体发展的重要路径。

关键词：数字化　博物馆　受众　电子商务　多媒体导览

一、引　言

国际博物馆协会在30多年间多次修订博物馆的定界，至1989年形成了目前的“经典”概念：“博物馆是非营利的、为社会及其发展服务、向公众

---

* 刘惠芬，女，清华大学新闻与传播学院副教授。本文由教育部人文社会科学研究“互动视频节目形态与商业模式研究（批准号:08JA860008）”项目资助。

开放的永久性机构,它为研究、教育和欣赏的目的,收集、保存、研究、传播和展示人类及其环境的物证。"①"博物馆"概念的不断修订,正是当代博物馆日益多元化这一现实的反映和适应,也准确地揭示了博物馆在现代文化生活中的地位及其与社会的关系:博物馆是一个先进文化的形态,保护与传承多元文化是博物馆的终极使命,而且导引着社会精神文明建设。因此,博物馆的规模和质量是衡量一个国家、一个地区现代文明发展的主要标志。第二次世界大战以后,世界博物馆学的研究重心由原来的注重"藏品"逐步转变为注重"藏品利用者",也就是受众或观众。1984 年美国博物馆界名著 *Museums for a New Century* 中对博物馆的教育意义有如下描述:"若典藏品是博物馆的心脏,教育则是博物馆的灵魂"。

我国传统博物馆在长期发展的过程中有一整套的搜集藏品、研究藏品和博物馆事业管理的做法和经验,但在传播理念上却有许多值得反思的地方,有研究者将之概括为"四重视四轻视"②:一是重视传播过程的组织,精心设计和实施展览,但轻视传播效果的调研,展出后不问观众的反馈;二是重视领导、专家的评价,轻视普通公众的感受;三是重视媒体造势,轻视"润物细无声"的传播途径,缺乏各种看似细微,实则有效的多种宣传载体;四是互动不够,把观众置于被动接受的位置。博物馆的网络化发展,既是互联网和网络文化发展的重要组成部分,也是博物馆提升传播效果、增强互动、便利受众的新发展路径。本文将从网络传播的角度出发,在欧洲有借鉴意义的博物馆案例的视野下,侧重北京地区博物馆的数字化传播渠道,展开对新世纪博物馆受众的分析。

二、北京的博物馆发展规模

北京是中国的首都和政治文化中心。改革开放以来,北京的博物馆充分利用首都的地缘优势,借奥运的契机,在国家投资建设大型骨干博物馆的

---

① 段勇:《博物馆的起点与归宿》,http://longquanzs.org/articledetail.php? id=3002。

② 于萍:《试论博物馆传播理念的更新》,《中国博物馆》2003 年第 4 期。

同时，充分利用北京地上古建筑多，流散文物多，各行业、企业总部在京多的优势，飞速地建立起了各类博物馆。根据刘超英的统计①，截至2008年11月，北京地区的博物馆数量已达到148座，约占全国博物馆总数的6%。而科技馆的比例，约占全国总数的14%，如图1所示。

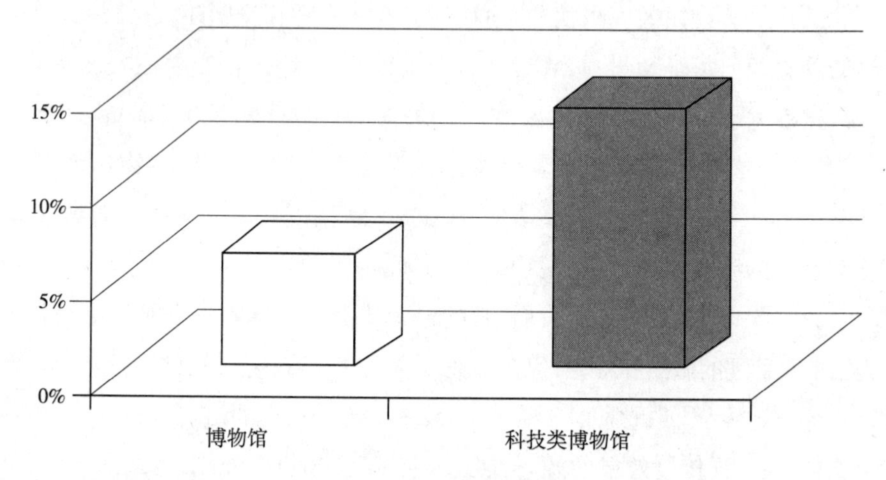

图1　2008年北京地区的博物馆和科技类博物馆占全国总数的比例

2010年5月，北京地区共有注册登记博物馆152座，2010年12月，北京市文物局官方网站文博网②上可查询（开放）的博物馆共141座。1978年以来的三十年余间，北京地区开放的博物馆增长如图2所示。

20世纪90年代以来，博物馆以平均每年注册3至4座的速度不断发展，2007年注册已达8座。将北京地区放在全国的大背景下，1978—2008这三十年间，北京地区的博物馆增长率为90%；高于全国科技博物馆的增长率80%，如图3所示。北京地区博物馆的发展速度、绝对数和万人拥有比例都是全国最高的。与博物馆发展数量相匹配，博物馆的门类迅速增加，已涵盖了历史、自然、军事、科技、天文、航天、文化、艺术、宗教、民俗、建筑、

① 刘超英：《辉煌的历程，华彩的乐章——北京博物馆事业30年》，http://www.bjww.gov.cn/2009/4-23/1240475793125.html。

② 北京地区博物馆查询，北京文博网 http://www.bjww.gov.cn/wbsj/bwgzn.htm。

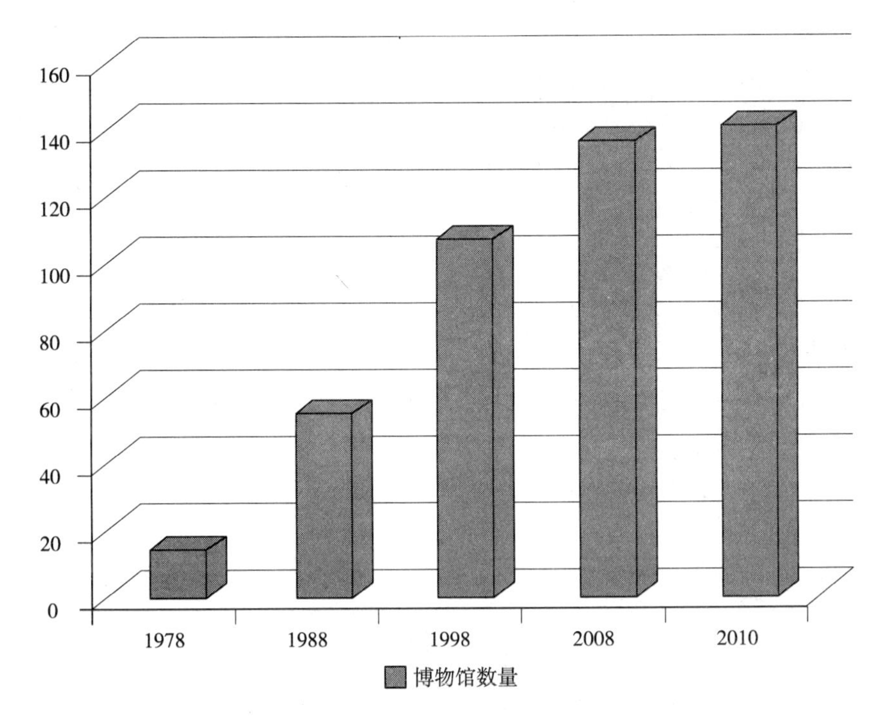

图2　1978 年以来北京地区开放的博物馆数量增长图

通讯、机车、铁路、名人纪念馆等数十个门类。公民个人举办的博物馆从零起步,发展到现在对外开放的 20 家,数量及门类均居全国前列。

如果仅从规模上看,目前北京地区的博物馆数量和门类居全国前列,在国际大都市中仅次于博物馆大国英国的伦敦。三十年来,我国的博物馆事业遇上了前所未有的大好发展时期,而且北京地区发展博物馆事业的另一个优势是具有较大的社会需求量。除了北京的常住人口 1600 万,北京的境内旅游者年平均量在 8000 万人次,其中有相当一部分游客对北京的博物馆感兴趣。如北京科技馆就与多家旅行社签订合同,成为旅行社组织游客的必到场馆。北京作为国际化大都市每年也要接待 230 多万人次境外旅游者。仅 2010 年 11 月,北京市接待入境过夜旅游者 41.3 万人次,比去年同期增长 7.1%①。

① 北京旅游资料,http://www.bjta.gov.cn/lyzl/tjzl/rjlyzqk/300764.htm,北京旅游信息网。

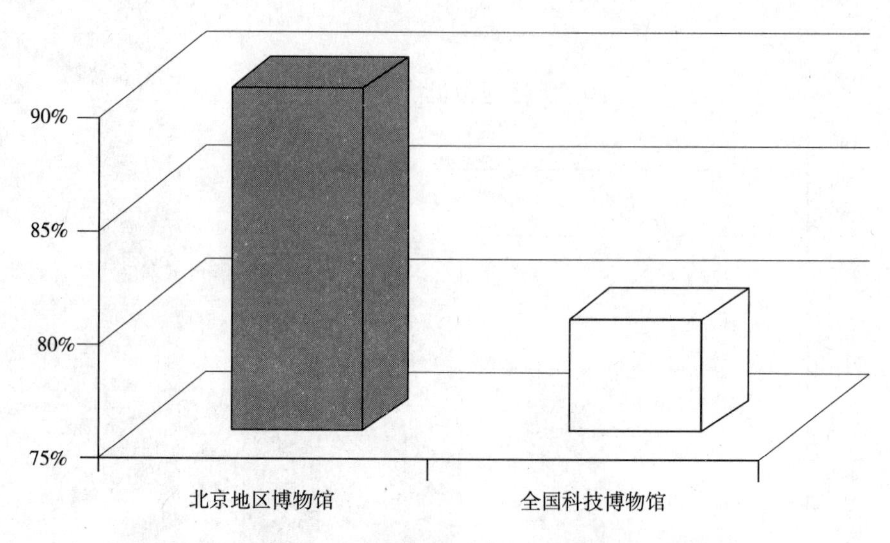

图3　三十年(1978—2008)间博物馆增长率的比较

可以说,国外旅游者到北京都是"文化旅游",因而也对博物馆有着强烈的需求。

中国现代博物馆事业的发展历程,也是国际化道路上不断探索的历程。博物馆界在"走出去"(在国外举办各类文物展览)、"请进来"(举办国际著名博物馆藏品展)、加强国际合作和培养博物馆人才等方面都作出了卓有成效的努力。北京作为中国的首都和国际化的大都市,在博物馆数量发展达到一定规模后,其质量的提高,已成为目前迫切需要解决的问题。

三、博物馆文化的传播

优秀的博物馆体现了一个地区或国家的真善美之精华,同时,博物馆本身又是一种大众传媒,传播着求实、审美和道德精神。美国博物馆协会2004年左右进行过一次调查,在博物馆、图书和电视新闻这三类传媒中,受访者认为博物馆的可信度最高,为87%;其次为图书,可信度67%;最低的是电视新闻,可信度为50%。美国人认为,从教育孩子的角度看,在各种机构中博物馆是最值得信赖的。[①]

欧洲历来注重博物馆的发展与研究。以荷兰为例，荷兰人口约1600万（约为北京常住人口数量），国土面积不足4万2千平方公里，遍及全国各地的各类博物馆则有1000多所[②]。根据荷兰电台的报道，虽然由于近年的全球经济危机，荷兰的许多热门文化场所都“关门修缮”，但博物馆依然是好年景。2009年，荷兰的55所最重要的博物馆的年参观量又回升到1100万次，其中位于阿姆斯特丹市的梵高（Van Gogh，画家）博物馆的参观量位居首位，达145万次；艺术与历史博物馆（Amsterdam's Rijksmuseum）由于建筑维修只开放了少部分展馆，但游客数仍然达到了87万次。虽然国外游客减少，但更多的荷兰人掏钱参观博物馆。[③]

阿姆斯特丹市是荷兰最大的城市和文化中心，人口75万，博物馆有50多所，每年的外国游客达350万。用google搜索，以“Amsterdam museum”（阿姆斯特丹博物馆），或者以“Amsterdam tourist information”（阿姆斯特丹旅游信息）为关键词，找到的第一个相关网站就是官方的阿姆斯特丹信息网（Amsterdam. info），该网站有十几种不同语言的版本，其中“博物馆”（Museums）是与“城市数据（Basic facts）”、“城市亮点（Attactioins）”、“旅馆（Hotels）”、“交通（Transportation）”、“娱乐（Entertainment）”、“购物（Shopping）”等并列并位于“城市亮点”之后的主要栏目，而且博物馆被该网站推介为最具魅力的旅游目标。点击“博物馆”的链接，可以看到阿姆斯特丹近50座博物馆的简介及其网站链接。同样，在阿姆斯特丹旅游信息网（www. iamsterdam. com）上，“place to go”栏目下罗列了500多个可参观的场所，用关键词“museum”可搜索出其中53座博物馆的信息。

荷兰的城市和乡镇发展均衡。每个城市都有一个以“VVV”为标志的游客中心，每个游客中心的网站上，该城市的博物馆也是其主要推介的内容。

---

① Janet Marstine, *New Museum Theory and Practice*, Blackwell Publishing, 2006, p.4.

② 荷兰博物馆查询 http://www. holland. com/global/search/results. jsp? q=museums。

③ http://vorige. nrc. nl/international/article2450092. ece/Good_year_for_Dutch_museums.

如仅11万人口的莱顿市是一个大学城，该市拥有15所博物馆，其中5所属于国家级博物馆，大的如医学与自然科学馆；小的如风车博物馆，就在市中心的一个风车内。莱顿的游客信息网上，City Tour（城市旅游）栏目中博物馆也是其重点推介的内容，汇集了该市所有的博物馆简介信息及其网址链接。①

针对普通市民和后代，荷兰的基本历史、文化和科技应如何普及和传承？2005年，荷兰发展计划委员会就此问题进行了研究，并选定了50个主题或称之为“窗口”：从公元前3000年开始，历史上的重要人物、发明和重要事件，由此展示荷兰如何发展到目前的状况。50个“窗口”的选定也体现了荷兰的工作方式：不是由那个核心权威或单一的学术机构来筛选；也不是通过简单的公众投票决定。委员会组织了一批专家，让他们充分商讨了一年，而且专门开发了一个网站，公开商讨和选择过程，任何公民都可以参与意见。最后，这50个“窗口”的内容结集成一个100来页的小书《荷兰概览》②，每个主题2页，包含2—3张图片，一段文字，以及参考资料。参考资料包括“可走访的地方”和“网站”。“可走访的地方”主要就是遍及全国的有关博物馆，每个主题下都有几至十几个。每个主题下的参考“网站”也类似，有几至十几个。每个荷兰孩子在学校阶段都会借此“窗口”了解自己的历史与文化，博物馆也是中小学的经常性上课场所。2008年推出英文版小册子，借此，任何人都能对荷兰文化历史有一个快速的基本了解。

这个案例至少可以说明两点：一是荷兰的博物馆的数量和质量的均衡发展，荷兰的国粹主题，都可以通过其窗口延伸到后面丰富的博物馆和网站信息中；二是荷兰博物馆采用了最先进的大众传媒方式：网络式的、动态更新的、互动的传播过程。

联合国教科文组织下属的国际博物馆协会于1977年确定5月18日为国际博物馆日，并从1992年开始，每年确定一个主题，号召全世界的博物馆

---

① http://www.vvvleiden.nl/en/museums.html.

② Frits van Oostrom, *The Netherlands in a Nutshell: Highlights from Dutch History and Culture*, Amsterdan Univ. Press, 2008.

围绕当年的主题进行博物馆文化宣传。这个活动本身也说明了全球博物馆文化发展的不平衡。中国自1983年加入国际博物馆协会以来,北京市已经连续十多年开展5·18国际博物馆日宣传活动,活动的内容上比较广泛,形式上逐年创新,逐渐形成了自己的独特品牌。5·18国际博物馆日不仅成为北京地区博物馆界每年关注的重要节日,同时也成为广大市民关注的节日。2010年国际博协确定的博物馆日主题为"2010 Museums for social harmony——博物馆致力于社会和谐"。结合北京的城市特点,由国家文物局牵头主办的2010北京5·18博物馆日,提出以"博物馆:促人文建设 创世界城市"为活动口号,以凸显北京的文化底蕴,反映北京城市发展特色,吸引公众走进博物馆。活动期间,有42座博物馆对公众免费或半价开放①。

以"北京博物馆"为关键词,用google搜索,第一页搜索结果上找不到一个北京的博物馆总体介绍的权威网站;以"北京旅游信息"为关键词,可查到官方网站(www.bjta.gov.cn)。与阿姆斯特丹信息网相比,北京旅游信息网虽然有8种不同的语言,但一级栏目并非针对普通公众,而是政务信息:旅游局概况、新闻中心、政务公开、政策法规,等等。点击该网站上的"旅游文化版",其首页及一级栏目(帝都北京、盛世北京、艺术北京、风俗北京、文化北京、创意北京)及其内容中,几乎找不到博物馆的任何信息。比较阿姆斯特丹和北京两所大都市的信息网站,可明显看出北京旅游信息网华丽有余,而实用不足,北京的博物馆整体并没有被当做城市精华来推介。

四、建构以人为本的数字化博物馆

十九世纪中叶,欧洲博物馆发展到结构化和组织化的"现代化"阶段。随着信息社会的发展,博物馆界正逐步从原来的"现代化",朝"超现代化"方向发展,其中最主要的观念转变之一是由用户或观众来决定其意义。未

① 《北京地区博物馆2010年5·18国际博物馆日展览和活动举办情况》,北京文博网,http://www.bjww.gov.cn/zhuanti/bwg/zlhd.html,2010.5。

来的博物馆更多的是一种体验，为其服务的公众提供一个交流的空间。数字技术的应用，将驱使博物馆在如下几个方面发生变革①，如表1所示。

这些新的变革方向，实际上从一个侧面揭示了信息社会数字化网络化的特征，以及博物馆紧跟社会变革的发展要求。而且，在这些变革的方向中，核心一点就是从以前的专家主导转变成以用户或观众为中心。近十多年来，全球领先的博物馆都将目标受众的研究作为其发展的主要策略之一。与发达国家相比，我国的博物馆发展滞后许多，但我国的信息化技术的发展则几乎与发达国家同步。网络正在并已经改变了我们的生活方式，因此关键的问题不是技术的可能性，而是政策以及文化的影响，以及我们如何利用数字技术的观念。信息技术的应用，与一个国家或地区的社会化环境、观念和基础设施等都相关联。

表1　信息时代博物馆的变革方向

原有的概念	新的变革
以物（藏品）为中心	以人（公众）为中心
一套分类体系	由观众决定的多重意义
挑选出的展品	直接服务公众的藏品
以建筑聚合的组织	以知识聚合的组织和观念
集中化	去中心化
集权化：藏品的专业化控制	民主化：创造性地利用其资源的可能

按照博物馆的定义，拥有藏品并对公众开放是博物馆的基本要素，数字化环境的建构，并非要脱离参观和体验博物馆的现场感，而应该是为观众走进或走近博物馆提供前期和后续的信息。从这个意思上说，博物馆数字化主要包含两个方面：一是利用信息技术管理和保护藏品，二是更有效地为观众提供服务。

① Suzanne Keene, Fragments of the World: Uses of Museum Collections, Elsevier Butterworth-Heinemann, 2005, pp. 139 – 140.

从观众的角度出发,参观一个博物馆的基本过程应该是:

1. 了解有关信息,如交通、开放时间、展览信息与门票等。

2. 良好的游览和参观体验,如藏品展示、导览、休息及其他服务。

3. 藏品信息的进一步查询和利用,如书店、图书馆、网站信息等。

因此,从服务观众的角度出发,一个博物馆的数字化至少应该从两个方面入手:一是建构一个有效的网站,使之成为博物馆的数字窗口;二是提供数字化导览,使观众获得良好的参观体验。

(一)网站:博物馆的数字窗口建设

法国的卢浮宫是国际最著名的博物馆,也是欧洲古典艺术的中心。卢浮宫网站是全球范围内最早上网的博物馆之一,1995 年建立网站并注册域名“louvre. fr”。从时间上看,卢浮宫的网站建设与互联网发展同步。早期的网站主要是静态页面,随着互联网技术的发展和应用的普及,卢浮宫的网站在内容、互动性和界面设计上不断更新,建站十年后,网站完全重新设计,利用虚拟全景技术,观者可以如身临其境般地“虚拟旅游”(virtual tour),用鼠标控制上下左右浏览各个场馆。

卢浮宫网站对目标受众的分析非常明确:第一类是准备实地参观博物馆者,他们需要大致了解最近动态和信息;第二类是网上访问者,他们不必实地参观,也能了解和欣赏馆藏;第三类是学生和有关专业人士,需要较深入地了解馆藏及相关研究;第四类是年轻人和普通网民,这是网站特别关注的潜在观众,网站不断改进,就是为了鼓励和吸引这些潜在观众走近卢浮宫。

参观者或受众是卢浮宫文化发展规划的核心,而互联网成为博物馆发展的基本工具。针对这些不同的受众,网站提供了解卢浮宫的历史,观赏其中的馆藏,并掌握这家博物馆的最新动态的窗口。建站约十年后,2002—2004 年间访问网站的点击率约 600 万,几乎与实地参观博物馆的人数相当。与此同时,卢浮宫在网站上也发布其研究和管理信息,公布每年的观众调查数据①,如 2009 年的实地总访问量为 843. 5 万,外国游客

① About the Louvre: Audience Development, http://www. louvre. fr/llv/musee/publics. jsp.

占总数的64%，而其中中国游客虽然仅占3%，如图4所示，但是网站已开通法、英、日、中四种版本，由此可见卢浮宫对中国观众这个大市场的重视。

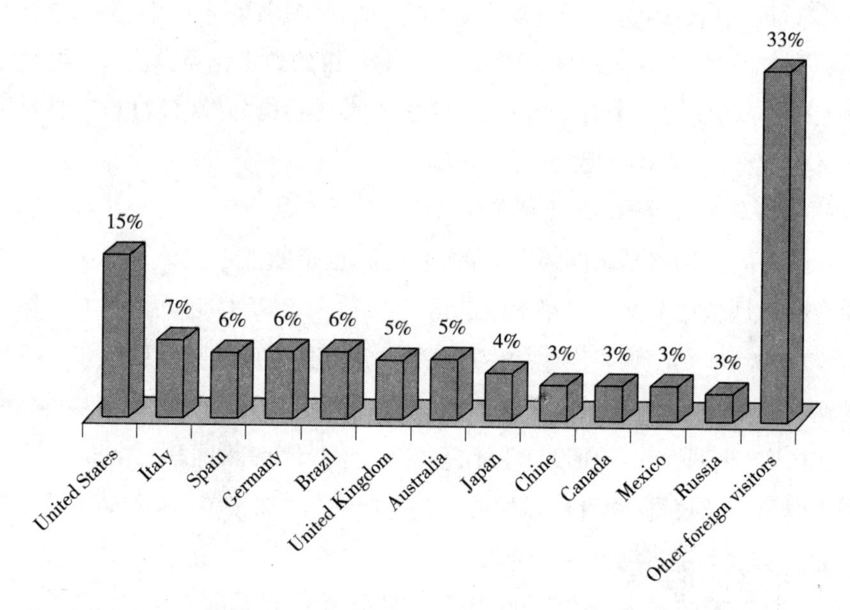

图4 2009年卢浮宫外国游客的分布

20世纪90年代初，我国数字博物（科技）馆开始起步，经过多年努力也已取得丰硕成果。2009年9月，北京市文物局和北京市科学技术协会主办了“辉煌的成就 华彩的乐章——北京博物馆60年”成就展暨数字博物馆建设成果展巡展，并推出北京数字博物馆网站（www. beijingmuseum. gov. cn），以反映北京地区数字博物馆建设的现状及新进展，并提供一个资源共享、服务公众的平台。与此同时，北京的主要博物馆也都逐步开发和完善了自己的网站。

故宫博物院是世界上占地最大、最著名的博物馆之一，每年的游客由2005年的800万增加到2010年1000多万人次。故宫博物院2001年7月开通网站（www. dpm. org. cn），根据“故宫博物院年鉴”提供的数据，2008年故宫网站日平均点击数61万次，经过不断改版优化，内容也逐渐丰富。根据故宫2008年的大规模调查数据①,故宫观众中,华语观众与其他外国观众的人数之比大致为5∶1,与卢浮宫的数据相比,显然我们的观众目前还是以庞大的国内观众为主。

北京市文物局的官方网站“北京文博”(www.bjww.gov.cn)的“在线服务”栏目提供北京地区博物馆查询。在该网站上,北京现有的141座博物馆信息中,有博物馆网址链接并至少能打开其首页的博物馆只有49座,仅占北京地区博物馆总数的35%。近年来重组的中国国家博物馆,虽然由于始于2007年的扩建工程而暂时闭馆,但新版网站已于2010年5月上线测试。显然,北京博物馆的总体数字化水平迫切需要提高。根据CNNIC的调查数据,信息搜索或搜索引擎占中国网民网络应用的76%。因此,拥有网站并提供最基本的信息,使公众通过网络搜索能便捷地链接到博物馆权威信息,应该是新世纪对北京博物馆的基本要求之一。

(二)博物馆网上订票系统

2009年4月,《北京青年报》刊登了全市33家提供免费参观的博物馆名单②,其中包括2006年5月开放的首都博物馆新馆。这是一座设施先进的现代化综合性博物馆,以其宏大的建筑、丰富的展览、先进的技术、完善的功能,成为与北京“历史文化名城”、“文化中心”和“国际化大都市”地位相称的大型现代化博物馆,并跻身于“国内一流,国际先进”的行列。首都博物馆是国家4A级旅游景区,2010年正以项目的方式创建成国家5A级旅游景区。2009年3月起,首博采取限额预约,领票参观的开放方式,在首博网站上可以随时预订免费参观券③,如表2所示,每天4000人的预约参观容量,即使是周末,预约量也不到四分之一。这组数据说明,首博在网站开发与票务管理上,走在了北京博物馆的前列,与此同时,首博的观众开发还有很大的空间。

---

① 段勇:《故宫观众调查的发现与认识——〈故宫博物院观众结构调查〉透视》,http://ticba.baidu.com/f? kz-824851274。

② 《北京免费开放博物馆将扩大范围》,《北京青年报》2009年4月13日。

③ http://www.capitalmuseum.org.cn/fw/bespeak.htm.

表2　首博的网上预约情况（2011 年 1 月 6 日晚查询）

序号	预订参观日期	星期	预约状态	预约
1	2011 年 1 月 7 日	星期五	已经预约 639 人，可预约 3361 人	预约
2	2011 年 1 月 8 日	星期六	已经预约 1004 人，可预约 2996 人	预约
3	2011 年 1 月 9 日	星期日	已经预约 561 人，可预约 3439 人	预约
4	2011 年 1 月 10 日	星期一	闭馆	不能预约

而据《人民日报》的报道，在 2010 年国庆黄金周期间，故宫每天的人流都过了 10 万①。每天超过 10 万的人流，会对这座无价之宝的古老宫殿造成多大的压力，而对个体而言，博物馆体验的效果更可想而知了。如果运用现代的网络订票系统，完全能解决故宫面临的这个问题。

如阿尔汉布拉宫②（Alhambra Palace，阿拉伯语意为“红堡”）是西班牙的著名故宫，为中世纪摩尔人在西班牙建立的格拉纳达王国的王宫，是摩尔人留存在西班牙所有古迹中的精华，有“宫殿之城”和“世界奇迹”之称，也是 Unesco 最早认定的世界文化遗产之一。阿尔汉布拉宫所在的南部城市 Granada，也因该宫殿的旅游而闻名。因每日来访的人数太多，阿尔汉布拉宫每日访问量限制为 7000 人次，分上午、下午、晚上三场。Alhambra 与银行联合，推出网上订票系统③，可网上实时查询、订购和支付门票，任何人都可以提前 4 个月用信用卡网上订票，参观当日或之前在宫门专用的取票机上打印出自己的门票。如图 5 所示为 2011 年 1 月 6 日查询到的 8 日上午的预定情况，半小时一场，好时段的门票基本售完。虽然日场票价为不菲的 18 欧，当日临时去宫门买票，一般很难保证。门票上有入场时间，主要宫殿

① 杨雪梅：《北京故宫博物院成立 85 年，每年参观者超千万人次》，http://travel.people.com.cn/GB/12913545.html。

② http://www.alhambradegranada.org/en/.

③ http://www.servicaixa.com/nav/landings/en/mucho _ mas/entradas _ alhambra/index.html? utm _ campaign = Alhambra&utm _ source = alhambra _ tickets&utm _ medium = varios&CODIUSU = P055AL07.

内严格按半小时间隔入场，入场时扫描，即便超过5分钟，也不得再入场。通过这种网络订票系统，不仅保护了古迹，保持良好的参观环境，同时也是博物馆信息公开、公平的体现。

根据CNNIC的统计数据，2010年我国网民的互联网应用表现出商务化程度迅速提高，网上支付、网络购物和网上银行半年用户增长率均在30%左右，远远超过其他类网络应用。故宫的游客中，年轻人越来越多，海外游客也越来越多，因此目前的票务管理方式，迫切需要改善。

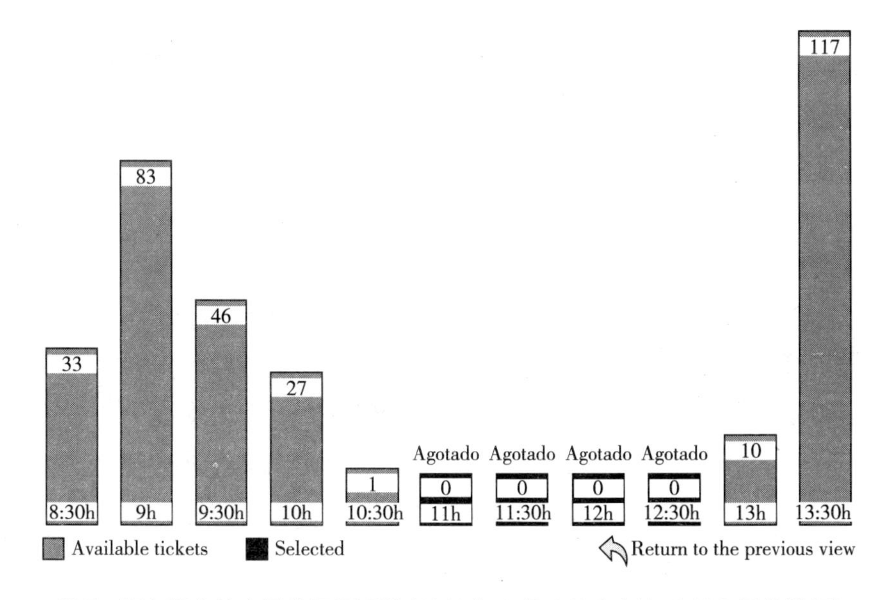

图5　阿尔汉布拉宫网络订票系统（2011年1月6日晚查询，1月8日的数据）

（三）多媒体导览助理

语音导览器是博物馆数字化过程中，对观众最直接最有效的传播手段之一。北京的博物馆中，不少已采用了这种个性化导览的方式，如故宫、中国国家博物馆、首都博物馆等。欧洲的主要博物馆目前已将语音导览进一步细化和优化，以用户为中心，采用不同的语种，面向不同的观众，并由单一的解说，发展为多媒体、超链接、互动的个性化博物馆导览助理。

卢浮宫多媒体导览器，其设计目标就是“适合你的卢浮宫”，面向三类不同的观众：成人版，少儿版和盲人版。成人版有法、英、西、德、意、日、韩等7种语言选择；盲人版有法、英两种语言选择，专门针对触摸式展厅的导览；最新推出的少儿版，也包括7种语言①。

卢浮宫导览器完全是一台掌上个人游览助理，具有彩色屏幕显示、笔触式选择和互动，结构如一个超链接、多层次的多媒体小系统，包括多种游览线路设计与导航。用户可根据自己的参观时间，主题或深入程度，实时选择不同的线路，以及导览的内容。如经典藏品线路；博物馆地图导航的线路；或者随时根据藏品标注的号码，查找到对应的导览内容。对于不同的导览主题，观众可以通过导览器的语音、图像、背景音乐等了解和欣赏藏品，并可以通过链接，了解更深层次的信息。

又如荷兰的人体博物馆（www. corpus-experience. nl），博物馆建筑本身就是一个巨大的人体，导览器引导观众从这个人体的腿部出发，行至大脑，并同时以科普的方式展示人体的秘密。语音导览器是由光控触发讲解，观众只需佩戴好导览器，步入某一场馆后，导览器将自动启动进行讲解，而且导览语言生动诙谐，与博物馆的内容非常切合。

2010年巴黎大王宫国家展览馆举办法国印象派画家克洛德·莫奈（Claude MONET）回顾展，这是间隔30年后，又一次印象派画大师莫奈作品的回顾展。展览为期4个月（2010年9月22日至2011年1月24日），收集了流散在全球各地60多个博物馆的莫奈作品176幅展览的语音导览器包括法语的少儿版和5种语言（法、英、德、意、西语）的成人版，供观众租用。大王宫国家展览馆专门为这次展览设计开发了一个网站（www. monet2010. com/en）包括法、英、西、中4种语言的版本，网站提供票务和有关信息（tickets & practical informations）、新闻（News & WebTV）、画廊欣赏（Gallery）和互动体验（Journey）等四大板块，如图9所示。票务栏目中可以购买与展览有关的物品，更重要的是可提前购票，而无需当场排队等候。网上购票支付之后，票据可打印或下载到手机上。同时，网站上也提供语音导

① http://monguide. louvre. fr/index. php? p=accueil&lang=en.

览文件的付费下载,可下载到观众自己的 iPhone 或 iPod 上,随身携带导览。

Monet2010 网站采用 flash 设计,界面艺术性和实用性兼容,特别是作品的互动体验栏目,充分利用了网民现有的电脑条件,通过用户控制的鼠标、声音和摄像头进行互动,将静态的绘画作品演绎成动态的唯美的多媒体长卷。展厅里也有电脑,供观众通过触摸屏的方式互动体验,效果非常好。网站浏览之后,系统还会邀请用户参与网站效果的调查(自愿参加)。可以说,Monet2010 网站运用了目前最成熟的互联网技术和电子商务,打破了时间与空间的种种限制,搭建了高效传播展览信息的新平台,目的就是吸引观众走进展览馆。

五、结　语

数字化博物馆是一个综合了博物馆学、计算机学、信息管理与传播、文案策划及视觉艺术等多种学科的新领域。以人为本是信息时代博物馆发展的方向,而受众的研究是数字化博物馆的基础。从受众的角度出发,运用已经成熟的网络多媒体技术,开发实用的博物馆网站,提供多媒体导览,并结合电子商务的管理,是博物馆数字化的基础。

根据前文,将荷兰的博物馆与北京的相比,可以得到如表 3 所示的一组大致数据。将故宫博物院与卢浮宫的年参观量比较,如表 3 所示。北京的常住人口与荷兰相当,博物馆的人均拥有率(博物馆总数与人口总数之比)北京为 1 比 11.3 万,也即 11 万人拥有一座博物馆;荷兰为 1 比 1.6 万,与阿姆斯特丹市的数据近似,是北京的 7 倍。

表 3　博物馆的人均拥有率比较

	北京市	荷兰	阿姆斯特丹市
人口(万)	1600	1600	75
博物馆数量(座)	141	1000	50
博物馆万人拥有率	11.3 : 1	1.6 : 1	1.5 : 1

表4　故宫与卢浮宫的年参观量及外国游客量的比较

	年参观量(万人次)	外国游客比例
故宫	1000(2010年)	25%
卢浮宫	8435(2009年)	64%

北京不乏先进的博物馆,但与欧洲国家相比,总体数量以及数字化质量还有相当的距离。博物馆是从国外引进的文化,而我国的博物馆在近30年左右的时间中才真正发展和逐步普及起来。现代社会的时尚消费观念、快节奏的生活以及质量不高的博物馆,又进一步导致了观众的流失。与欧洲的博物馆相比,我们的管理体制不同,观众素养和背景不同,在服务水平和利用水平上也存在着差距。博物馆及相关文化设施的数字化、网络化发展,是提升博物馆发展水平和服务公众水平,丰富和繁荣网络文化具有战略意义的重要新途径和新方式。

首都网络文化问题与现象聚焦

Problems and Hotspots of Capital Cyber Culture

2010年首都网络参政发展报告

Citizens' Cyber Political Activities of Beijing in 2010

魏星河*

Wei Xinghe

摘 要：首都北京的网络参政呈现出公民热情高、形式多样、建言献策质量高等多个特点，为促进政府与公民良性互动起到了推动作用。保护公民网络参政热情，使之持续不断为建设世界城市给力、为全国社会、经济、政治发展作出表率，还需要公民与政府继续紧密合作，网络问政与网络参政齐头并进。

关键字：网络参政　政府　公民　互动　善治

网络参政是公民运用互联网对社会公共事务进行表达、履行公民权利的具体形式，是与社会发展同行的个体实践。随着互联网的日益普及，网络已经成为人们不可缺少的生活方式，网络参政、问政更成为我国公民行使知情权、参与权、表达权和监督权的重要渠道。互联网为公民与政府之间的良性互动提供了现代科技平台，为公民参政建言献策开辟了新的话语领域，对政府善治提出了更高更新的要求。网络参政助力于建设世界城市、助力于首都北京的综合发展、助力于中国社会主义民主政治，是现代科技与中国现代化事业相结合的必然，是政府与公民良性互动的必然。建设"世界城市"是首都北京提出的又一新发展目标，在建设世界城市的过程中，运用互联

* 魏星河，女，中共江西省委党校（江西行政学院）公共管理学部教授。

网,将公民的智慧与力量通过网络凝聚起来,是北京发展面临的新契机;同时,通过互联网,做一个积极的网民,为把自己的家园建设成为世界城市而贡献智慧与能力,也是新历史发展条件下每个北京公民需要思量的问题。

一、网络参政为公民建言献策开辟了新天地

所谓网络参政,指公民运用互联网技术和手段,通过博客(微博)、电子邮件、公共论坛等即时网络传播方式,对公共事务或公共决策进行话语表达或利益维护的网上行为;也是互联网时代政府与公民互动的新形式。它可能是个体行为,也可能是集群参与,它可能在互联网上即时消散,也可能将信息传遍全球各地。它可能使一些人胆战心惊,也可能让一些人为之欢呼雀跃。互联网所具有的隐蔽性、开放性、即时性、互动性等特征,决定了网络参政是对传统公民参政方式的有力补充,是公民借助互联网实现利益需求的一种新表现,它不是虚拟行为,而是一种实在的政治参与。互联网的不断发展,为我国政治文明建设起到了推动作用,为我国公民政治参与提供了新形式,为公民与政府良性互动提供了新平台。公民与国家的良性互动,不仅能更好地释放出公民参与社会物质财富创造的主动性与热情,也使政府的回应性、适应性得到更好提升,治理理念及方式得到极大改善。"善治"政府离不开公民参与,公民参与是政府善治的充分必要条件。首都北京以其政治中心、全国文化中心、互联网高度发展的城市等中心地位和区位优势,在网络参与方面呈现良好态势。

(一)首都的高互联网普及率为网络参政发展提供了坚实基础

到2010年底,我国互联网普及率为34.3%,而北京的网民数已达1218万,互联网普及率是69.4%,远远高于世界30%的互联网普及率,比普及率列全国第二的上海市高出近5个百分点,比名列第三的广东省高出14.1%,比普及率最低的贵州省、江西省分别高出49.6%和48%。[①] 庞大

① 根据中国互联网络信息中心《第27次中国互联网络发展状况统计报告》整理。

的网民群体，是北京网络参政发展的基础之一。越来越多的北京网络公民对网络参政认识到："我为国家大事建言献策是义务"、"把想说的话说出来"、"使自己活得更有尊严"等，显示出首都网民强烈的参政议政意愿。①

（二）首都网民的高度政治参与热情为网络参政发展提供了有力驱动

2011年1月，北京"两会"召开。北京最著名的论坛之一"京华论坛"由网民自动发起"假如我是'两会'代表……"这个给力的互动话题。开篇辞这样写道："'两会'并不是一个形式，一个过场，它关系到每一个人的民生。相信大家对本次'两会'也是充满了期待。在你的身边，有哪些亟需解决的问题？对我们生活的城市，你又有哪些意见建议？假如你是'两会'代表，在会上你会提出怎样的提案？这听起来似乎不可思议，但却并不只是假设。现在机会来了，快将您的问题、建议和提案在此回贴，千龙网的记者会将富有建设性的意见、建议带上'两会'，为您的问题找到答案。"众多网民纷纷跟贴发贴，具体议题如表1：

表1　2011年1月北京市"两会"期间网民提交的主要议题及数量②

问题分类	问题	点击	问题分类	问题	点击
城市发展规划	111	90609	经济发展	8	665
节能减排	16	810	人才建设	15	14972
住房保障	92	59386	就业促进	11	1007
交通出行	147	34481	教育发展	23	18015
医疗卫生	26	1516	社会保障	56	3320
绿色生活	34	10621	新农村	14	1462
信息化建设	11	746	精神文明建设	21	958

可以看到，北京网民关注的热点问题，诸如城市发展、节能降耗、住房保障、交通出行、医疗卫生、绿色生活、信息化建设、精神文明等十多个方面，与

① 李超、张静：《两民间万言书拟建言房屋征收条例》，《新京报》2010年12月29日。
② 引自 http://zhengwu.beijing.gov.cn/zwzt/zx2011/default.htm。

北京"两会"代表提出的多数议案内容相同。在2011年1月北京市召开"两会"期间,已有585位网民发言,有214619位网民查看,已有67条发言被回复。这一方面说明京城"两会"代表与公民联系比较紧密,将普通百姓的意愿代表出来;另一方面表明,生活在北京的网民对公共议题的关心比较集中,其参政表达方式日益进步与提升。

（三）首都公民运用网络参政的方式引领全国

强国E政广场及"E提案"最早被北京网民所用就是最好的脚注。所谓"强国E政广场"及"E提案"即是2009年3月,全国"两会"召开期间,由"人民网·强国论坛"和《新京报》推出的、网民利用互联网对国家大事提出的建议、意见,通过版主或全国人大代表、全国政协委员带到全国"两会"上的提案。强国E政广场及"E提案"登上历史舞台,预示着普通民众对国家大事的建议,可以通过互联网和"E提案"电子通道便捷地递交到相关部门。强国E政广场和"E提案"推出后,迅速在网上"燎原",以不可阻挡的趋势进入参政议政的行列。[①] 随之,平面媒体也纷纷看出了这个新生事物的巨大潜力,立即对它刮目相看。"E提案"登上历史舞台之后,注定了要引发巨大的反响,它所代表的民意是不容忽视的,平面媒体也承认它"在促进中国的政治文明和社会进步方面,有望发挥更多的作用"。"E提案"不同于网络贴文,提案人需要在网上实名注册,"E提案"的格式和"两会"上的正式提案大致相当:编号、案由(提案主题)、提案类别、主办(上报部门)、协办、提案人、政治面貌……这意味着,任何一个提交自己提案的公民,需要写出代表自己最高认知水平的提案,否则,注水的提案不但可能通不过版主的审核,即便不受限制推出来,在互联网上晒提案,遭到网民的冷嘲热讽,那种滋味也不会舒服。不写则已,要写就得捍卫自己的人格和尊严。如此看来,通过撰写"E提案",可以提高公民的参政议政能力。这种能力,从抽象的权利变成货真价实的个人能力,需要一个实际练习的机会。强国论坛和《新京报》推出的"E提案"征集活动,刚好提供了这样一个舞台。"E提案"

---

① 刘海明:《喜见"E提案"登上历史舞台》,《中国商报》2009年3月6日。

确实是一个伟大的创举，是我国民主进程中的一块里程碑，是网民的公民意识日益自觉、表达方式日益理性的见证，其未来拥有巨大的发展潜力。

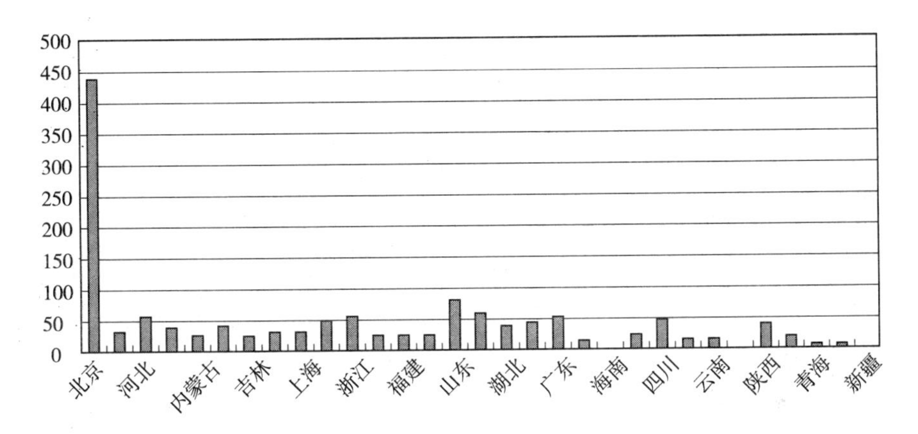

图1 2010全国两会期间"人民网—网民议事厅(地方厅)"各省市议题数量①

2010年全国"两会"期间，人民网的"E"两会中的北京议事厅网民议题最多，有446个，其次是山东厅84个，排列第三的河南厅62个，大多数地方厅的议题都在50到15个之间，议题不足10个的有5个省市之多。"E"两会中北京议事厅的发展现状再次表明，网络参政只不过是公民现实利益诉求的一个新方式，它的生命力在于能够为公民向政府表达开辟一条直接通道：延伸公共决策信息收集渠道与范围；为政府有效决策机构拓宽民意基础，减少政策执行阻力。

网民在议事厅提出的议案许多都是经过认真思考与研究的，得到人大代表和政协委员们的肯定。尽管作为网络参政的新形式，网民议事厅的知晓度还有待提高，但"首都网民的政治参与热情和政治敏感性明显高于其他地区"的基本判断还是有事实依据的。北京议事厅议题讨论涉及的范围，大量地与国计民生相关，如素质教育、法制建设、环境保护、再就业工程等社会建设问题成为网民热切关注的领域。

① http://2010lianghui.people.com.cn/GB/index.html.

二、互联网为政府广纳民意提供了良好话语空间

广泛听取民意、尽可能将民意纳入公共政策是善治的基本要求。在社会利益分化日趋明显、社会矛盾加剧之时，网络参政的兴起对政府回应力、整合能力提出了新要求。美国行政学者戈文·斯塔林对政府回应力作出了经典定义："回应意味着政府对民众对于政策变革的接纳和对民众要求作出的反应，并采取积极措施解决问题。"国内学界通常理解的政府回应力是指政府在行政管理中，对公众的需求和所提出的问题作出积极敏感的反应和回复的能力。在现代民主社会里，公共管理者如何将分散的公众利益聚合、促进社会融合，首先需要进行的就是容许公众有表达利益的可能，互联网的广泛应用为政府广纳民意提供了良好的渠道。

（一）政府广开言路，公民踊跃参与

运用互联网听取民意，已成为"E 时代"政府决策的重要环节之一。为科学合理地编制"十二五"住房保障事业发展规划，2010 年 8 月 30 日至 9 月 30 日期间，北京市住房和城乡建设委员会开展了北京市"十二五"住房保障事业发展规划公众建言活动。活动得到了社会的广泛关注，市民就住房保障的体制、规划、建设、审核、分配、管理等多方面提出了宝贵的意见和建议。建言的内容主要集中在希望进一步加大保障房的建设规模、保障房周边配套设施能更加完善、各部门联合加强资格审查联动、加强保障房后期管理、加快旧城修缮工作等方面。建言期间，共接听记录市民电话、收集整理电子邮件近千件。其中：关于保障性住房分配的建议 365 件次，占建言总数的 41%；关于保障性住房申请标准和资格审核的建议 268 件次，占建言总数的 30%；关于保障性住房建设的建议 187 件次，占建言总数的 21%；关于保障性住房后期管理的建议 35 件次，占建言总数的 4%；关于棚户区改造、危改及其他建议 36 件次，占建言总数的 4%。

北京市"建言'十二五'共话新蓝图"公众参与活动启动后，受到媒体和社会公众的广泛关注。在一个多月的时间内，共计 1076 位市民通过网站留

言板、电子邮箱、短信平台、热线电话等渠道提出731条建议,涉及人口、交通、环境、区域发展等城市经济和社会发展多个方面。本次建言活动历时3个月,分两个阶段:第一阶段到6月底,以规划知识普及和广泛征集建议为主。第二阶段从7月初到8月底,围绕"如何使城市更加具有创造力、更加和谐、更加绿色、更加高效"等4个主题进行专题征集活动,同时选出优秀建言人,召开公众建言会。[①] 又如,2010年12月,北京政府网进行为期一周的《北京市关于进一步推进首都交通科学发展加大力度缓解交通拥堵工作的意见(征求意见稿)》。征求意见期间,网上共收到意见建议2929件,信函和传真425件,其中提出建设性意见的占94.2%;对同时征求意见的《北京市非居住区停车价格调整方案(征求意见稿)》提出意见建议1022件,表示赞同和提出具体意见建议的占63%。[②] 2010年1月,北京市"两会"期间,40多个人大和政府部门首次采用网络视频方式接受代表和委员们的询问、咨询,共有代表、委员4358人次进行网上询问、咨询,提出的745个问题,有714个得到当场解决或基本解决。

所有这些,显现出政府与公民的良性互动在E时代得到了进一步体现,"E政"为现代科学决策、民主决策增添了时代气息及与时俱进的价值内涵。

(二)政府及时回应,公民参与热情得以持续

电子政务在我国兴起已有20多年的历史,但之所以能够在近10年里得到快速发展,最主要的原因是互联网的快速普及,没有广大网民参与,电子政府只能成为一种"现代化摆设"。政府对电子政务的高度重视,引来了网民积极参与。这种互联网上的沟通、合作、经济、便捷、及时,对政府的回应性提出了新要求:及时、准确、客观地表明态度。政府对网民行动的及时回应就是对网民行为的一种表态。如果将网民意见搁置一旁,就可能使网

① 姜葳:《建言十二五首日获731民意》,《北京晨报》2010年5月26日。
② 《市民对缓解交通拥堵综合措施热情支持积极建言》,《北京日报》2010年12月21日。

民产生负面联想，不利于今后“E政”发展。对互动性与实效性的高度重视，具有充分的示范意义。从2005年5月开始，北京纪委、监察局就利用互联网向全市网民征求意见建议，到2010年5月，共收到网民建议意见170104件，回复160354件，回复率为90%。就北京市整体状况而言，截至2010年10月底，北京市通过政府网站，主动公开信息458925条，发布政策解读类专题126个，内容涉及社会保障、劳动就业、教育求学、医疗卫生、公共安全、住房保障、交通出行等诸多方面，向社会公开征集公众意见的政府决策项目共474件，参与人次超过123100人，累计访问和使用量达到1亿人次。

同时，北京市还积极探索多媒介、多渠道的“E政”平台和网络参政形式。在媒介形态上，突破较为普遍和单一的留言板、论坛等形式，实践和探索微博、视频互动、在线交流、手机网络、播客等新型电子文化对网络政务的介入。例如，2010年8月1日，“平安北京”官方博客、微博与播客，在新浪、搜狐、网易、酷6四大网站同步正式开通，截至12月13日，总点击量超过1275万次，网民评论留言6万余条，共发布各类资讯2800余篇，原创视频点击量近800万次，新浪微博粉丝已达28万人，运行4个月来解决网友反映的实际问题104件，通过多种媒介平台很好地提升了官、民的互动以及电子参政的实效。为了进一步增强对网民反馈的及时性和互动的有效性，北京市委还于2011年1月首次设置了新闻发言人，并讨论通过了《关于在全市建立网络发言制度的意见》，要求凡设立新闻发言人的单位均要建立网络发言制度，体现了对网上参政议政群体和需求的重视。

北京市委、市政府和相关部门对政务网站建设的重视激发了市民网络参政的热情，也使自己获得了第三方的肯定。由中国软件评测中心撰写的《2010政府网站绩效评估报告》于2010年12月发布，在这份涉及全国范围约800个政府网站的“成绩单”上，北京市政府网站名列省级政府网站绩效榜首，大兴区、东城区、西城区分别居于区县政府网站绩效排名的第一、四、六位。2010年省级政府网站绩效排行榜前十名如下：

1. 北京市★★★★★

2. 广东省★★★★★

3. 上海市★★★★★

4. 陕西省★★★★

5. 四川省★★★★

6. 福建省★★★★

7. 湖南省★★★

8. 浙江省★★★

9. 海南省★★★

10. 江苏省★★

公开、平等、便捷是电子政务的最大特点,而名列前茅的三家政府网站最鲜明的做法就是公开了公民办事可以找到的咨询电话或是部门,真正做到以民为本。网上办公—网络政治,政府与公民都可利用之,是非零和博弈的理性选择。引导网络参政朝着正确方向发展,政府网站的建设非常重要,政府的回应力非常重要;鼓励公民通过网络有序参政,政府对公民的及时回应不可或缺。

三、促进政府与公民良性网络互动是举力建设“世界城市”之必需

首都北京要推进“世界城市”建设,需要公民与政府紧密合作,共促共进。政府与公民良性互动,是善治的基础,是双方的责任与义务。利用好互联网,实现政府与公民良性互动,促进彼此合作意义非凡。对政府而言,如下方面值得注意和强调:

(一)善待公民网络参政

“网络时代需要网络思维”。应善待公民的网络参政,团结网络参政群体中可以团结的力量。

善待公民网络参政,需要正确对待网络民意。“知屋漏者在宇下,知政失者在草野”。广大网民处于社会的各个阶层,对社会的发展体验最深刻,

意见最直接、最坦率,通过网络征求意见,能更直接、更广泛地了解社会各个层面议论的重点问题。有些网民的意见建议虽不一定可行,有些甚至不一定正确,但都是对党和政府的信任、支持、鼓励和鞭策。① 关注网络、重视网络、充分利用好网络,是现代执政方式的重要组成部分,是互联网条件下我党发扬民主、推动社会民主的一种崭新方式。学会用网民能够接受的语言和方式开展网络交流,是现代执政者必备的素质之一。

善待公民网络参政,应该从了解民情、集中民智、推进公共决策的高度来认识互联网中的政府与网民互动。网民的言论既是个人意愿的表露,也是不同利益群体诉求的表达。网络民意,是民主决策、科学决策不可或缺的一部分。

善待公民网络参政,并非是执政者对网络民意不加判断与甄别全部吸纳,而是需要执政者能够对互联网上的信息保有极高的敏感性与鉴别力,保有快捷的反映及适度的处理能力。当公民网络参政已成不可阻挡之势时,执政者只有善待网络民意才可巩固和扩大民意基础,反之则可能加剧政府与公民对立,扩大社会异质性。

(二)选择符合互联网特性的回应策略

在互联网环境下,政府不仅要在思想上高度重视公民网络参政,用诚意善待公民的网络参政行为,还要讲究监管方式,从公民网络参政的特点出发,探寻行之有效的应对策略。

团结网络"意见领袖"。网络社会是一个需要规范和引导的公共领域。基于网络舆论的复杂性,抓住网络参政主体中的关键,团结网络"意见领袖"就是对策之一。尽量依靠他们的力量将互联网言论由无序、狂热导向理性,减少网民与政府的对抗。观察每一次公民网络参政的议程设置,我们看到网络议程的形成和发展,往往有"意见领袖"在主导,甚至还有"网络推手"、"网络水军"的身影。他们的出现和推动,很容易将某一条针对政府的

---

① 《三省省委书记谈网络问政:可助公众有序政治参与》,《人民日报》2010 年 8 月 9 日。

网络言论、网络话题捧起，并吸引广大网民的关注和参与，继而汇聚成言论洪流。因此，在互联网言论初起和发展阶段，能否团结、有效利用好意见领袖就成了掌控互联网言论发展方向的关键。

高度重视来自“网络推手”的力量。一个“网络推手”往往团结了数以千计的“网络水军”，在网络上一呼百应，号召力大。目前，以善于网络炒作著称的“网络推手”主要活跃在商业和社会领域，有时也涉及政治、反腐败等领域。随着公民网络参政的不断发展，“网络推手”由商业转向政治，将会给公民网络参政带来更多不可控的挑战。因此，对“网络推手”的管理和引导应尽快纳入政府改善治理的视线范围。

发挥主流媒体引导网络舆情的作用。从公共治理的角度看，政府疲于应付公民网络参政热的被动格局，不利于公共治理的改善和政府执政能力的提高，总是处于被动之中。对公民网络参政热，政府可以变被动应对为主动出击，通过“网络问政”来疏导。“政府上网并不是一种政治秀，它是要解决问题的，而且应该通过一种成本较低、速度较快、效果较好的解决渠道。只有真正解决实际的问题，才能达到政府上网的目的。”①重视网络民意固然重要，但尊重网络民意更加重要。因为依法行政，需要注重行政程序，不能政随口出。尊重网络民意就可能将一时不能处理的问题留待今后解决。

“网络问政”只有问出效果、问出人民群众满意度的提高、问出党群干群关系的和谐，才能保持网络问政的生命力。在“网络问政”中，政府最应该做的，就是让“网络问政”制度化、常态化，将“网络问政”纳入政府日常工作机制之中，真正用成文的规章制度来保证“网络问政”的健康运行。截至目前，全国已有山西、安徽、河南等15个省市下发文件，明确要求各级党委、政府建立回复办理网络留言的固定工作机制。这仅仅是初步行动，还需要不断完善行政程序保证之。“网络问政”并不能完全解决公民网络参政所引发的问题，也掩盖不了政府现行体制的弊端。但是在实际工作中，政府必

---

① 汪冬莲:《网络问政如何走得更远》,《人民日报》2010年8月24日。

须拓宽视野，更新思维，以有效引导公民网络参政，理性、有序参与，以求达到善治目的。

（三）完善畅通制度内的民意诉求和表达机制

面对公民网络参政洪流，需要加大互联网言论分流力度。中国的互联网言论密集度、活跃度之高，堪称世界互联网发展史上的奇观。这种畸态已引起了党和政府的高度重视，但如何采取有力措施来分流互联网言论，引领互联网舆情，却还需要更多的探索。在现有制度表达渠道还不够完全通畅的条件下，公民网络参政热潮难以在短期内平息，采用切实可行的网络言论分流势在必行。

互联网言论的畸态繁荣迫切需要用传统媒体来分流。在传统媒体与互联网环境共生的现实舆论格局中，允许传统媒体与互联网在言论空间上展开竞争，通过有序的言论竞争，尽可能地缩小传统媒体与互联网在言论空间上的落差，传统媒体才有竞争力可言，才可能在意见市场上有地位，才可能起到分流作用；否则，互联网言论那种畸形的繁荣也就无从遏制，互联网言论失控的可能性就会越来越大，广场效应的负面效应也就越来越大。[①] 适度分流互联网言论，是将互联网置于可控范围内的需要，是社会系统多元发展的需要，是保证互联网言论健康发展的需要。

为公民提供一整套顺畅的、能够进行利益表达或诉求的机制，是党和政府引领公民有序网络参政的理性选择。只有在国家制度内畅通民意诉求和表达机制，建立社情民意反映制度，让公民有反映问题的渠道、有说理的地方，才能把“逼”上互联网的群众再“引”回网下。这就是说，化解上访难题，不应该单纯强调发挥信访机关的作用，而是各级政府和各政府职能部门各司其职，将矛盾解决在源头。不要把可以在“网下”解决的问题“逼”得公民求助于互联网。领导干部既要“上网访民意”，更要善于“下网解民忧”，采取措施把网络中发现的问题转入现实工作渠道加以研究解决，使网络参政走向理性与常态。

---

① 韩咏红：《解析网民介入公共事务发展前景》，《南风窗》2009 年第 20 期。

网络参政走向常态，需要进一步改变当下网民对政府网站不满意的现状。2010年12月，《2010年中国政府网站绩效评估报告》出炉，一项有45万名公众参与投票的网上调查显示，仅有15.8%的用户对政府网站表示“满意”，表示“很不满意”的占了78.5%。如图2所示：

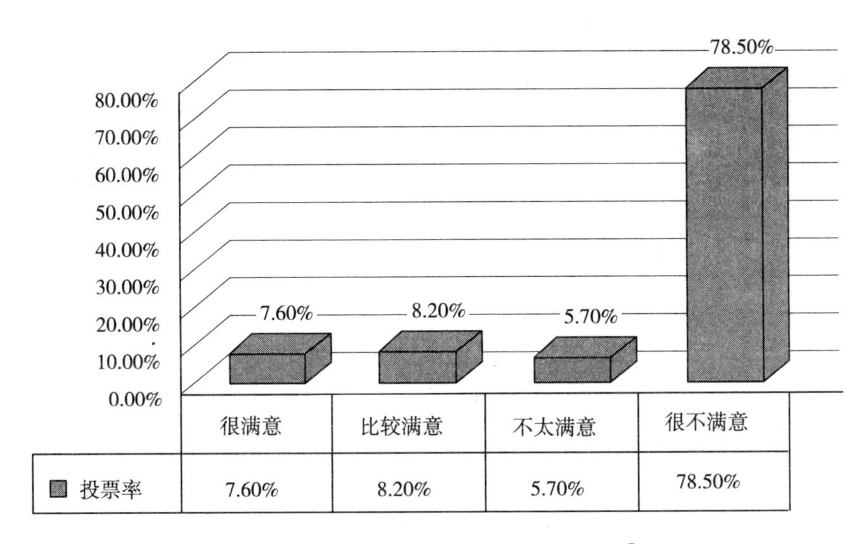

	很满意	比较满意	不太满意	很不满意
投票率	7.60%	8.20%	5.70%	78.50%

图2　中国政府网站用户满意度调查①

满意度这么低的主要原因有：一些政府网站形同摆设，缺乏对民意的有效征集和反馈，内容长时间不更新，网友留言无人回应，在线办公、服务网页无法访问等现象屡有出现。2010年6月，《中国青年报》社会调查中心通过民意中国网和新浪网进行的一项调查显示（1252人参与），当前政府网站的建设主要还存在着以下方面的问题（见图3）：

为改善这种现状，要加强政府工作人员的公民意识、平等对待网民需求的行政道德、及时回应网络信息的责任意识，强化为网民服务就是为纳税人服务的观念，将善治理念渗透于整个公共管理之中。

① http://2010wzpg.cstc.org.cn/fbh2010/pgbg/pgzbg/1908.shtml.

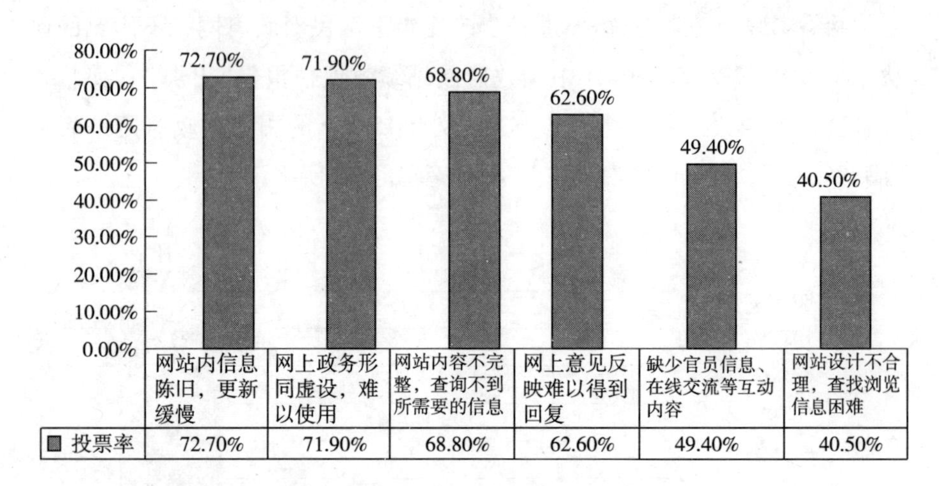

图3　当前政府网站存在的主要问题①

四、加强公民网络参政素养，维护良好网络参政环境

对公民而言，党和政府对网络参政的积极鼓励和支持态度，为公民网络参政提供了良好环境，珍惜这一平台，用好这一平台，每个网民都有责任。互联网是公域，需要每个网民来维护其秩序，每个网民都应当遵守基本的公共道德。在互联网上，没有政府的监管纵然不行，同样，没有广大网民的自觉与自律，善治也达不到。为了维护良好的网络参政问政环境，市民应从以下方面强化和提升网络参政素养：

（一）了解国情，依法参与

了解中国所处特殊的历史发展阶段，了解国情是每个公民的基本义务。中国的国情，决定了中国与世界其他国家有着诸多的异质性。这种异质性不仅是政府治理的客观环境，也是我们每个公民生存的环境。脱离实际谈公民权利保障、谈公共权力制约不利于我国社会转型，也不利于我国社会发展。“学习世界经验但需要与中国国情相结合”，是中国社会近代以来的经

① 《民调显示网友对县级政府网站满意度最低》，《中国青年报》2010年6月29日。

验教训之总结。每一个公民应当理性地看到:纵然我国的法律体系还处于完善之中,我国的网络监管及公民参政法律还在不断出现,但促进中国互联网的健康发展、维护公民基本权利正是政府积极努力的方向。与大多数网民认为网络反腐不可或缺一样,大多数网民也认为随便闯入公民私域,动辄网络暴力同样不是现代公民负责任的行为。依法参与,要求网民对自己的行为负责,不要去充当网络水军;维护网络的洁净从自己做起。如果每个公民都能够对自己的行为负责,这样的社会就会有希望;如果每个网民都能从我做起,那我们的网络社会也就健康、有序了。

(二)理解宽容,理性参与

政府善待网民,同样也需要网民有宽宏之心,有与政府合作之愿。做个好公民,尽公民之责,是互联网时代对网民的基本要求。网络参政既是公民权利也需要公民履责。利益分化阶段,每个公民的所有利益肯定不能够得到满足,普惠性公共政策一定会有公民享受不到。当利益得不到满足时,不断地表达、争取是必须;但这应当是合法、理性的行为,不应采取过激方式。公民网络参政的目的在于利益表达与维护,但利益的主观性与利益的现实性矛盾始终存在很长的历史阶段之中。参与利益表达并不一定意味着个人利益立马就可唾手可得,也许还需要经过漫长的等待时间。因此,我们每个公民应当理解、接受利益博弈这一客观现实。

(三)掌握技巧,提高参政效果

参政技能直接影响参政效果。利益表达与利益维护,不仅是依法的行为,也应当是一种技术含量较高的行为过程。因为,寻找维护公民利益的法律依据、采用何种方法能够进入公共议程、怎样才能达到目的等,对我们每个公民来说都是一次政治社会化过程。公民网络参政看似不是政治家的专业活动,但其中的技巧与技能还需要每个公民不断地学习、体会。要使自己发贴达到预期目的,选择什么网站、在哪个版块发表、如何使自己的贴子置于顶层、如何吸引过客等,其中之道理还是有许多讲究的。……网络参政是新事物,必须学习新知。在现代社会中,政府要得到所有公民拥戴几乎不可能;同样,对每个公民来说,做一个合格的公民,也不是件容易的事情。也正是从这个意义上说,“加强公民意识教育”不仅仅是指观念上的,还有参政技巧方面的训练与操作。

五、结 语

“互联网既为政治民主的发展提供了空前的动力和机遇,也使民主的发展面临着很大的挑战”①。我们在看到互联网为首都北京发展带来的许多正向效益之时,也必须警惕互联网可能对我们现有政治秩序的冲击与破坏。如果当一个社会长期处于“电子荒野”之上,亿万网民的亿万种声音长期得不到有效疏导,则可能会使国家现有政治体系面临太多的风险与挑战。就事物发展本身而言,当某一事件发展到极至时,趋于平静或是寻找新的替代形式也是事物发展之客观规律。但这一过程到底有多长,代价有多大,则取决于政治领导者的艺术与水平。

网络参政给力于首都建设世界城市,还需要破解许多问题:网络参政作为我国现实政治与科学技术相结合的产物,是不以人的意志为转移的客观现象还是一种偶然呢?网络参政在我国的“参与爆炸”,是我国社会快速转型特有的现象还是一般政治发展中的普遍规律呢?首都北京网民所具有的素质带给其他地区网民的启示有哪些?首都北京网络参政在全国网络参政中领引作用如何体现?等等。对于这些问题的解答,直接关系到网络参政在今后我国政治发展中的地位与作用,直接关系到监管者对网络参政的基本态度及监管手段的选择,直接关系到我国网络参与发展的基本态势。这些均需要进一步探究。

一个成熟的社会是一个理性社会,所有的矛盾都可以通过法治或是民主协商的渠道解决。法治与民主是社会公共治理的两个轮子,缺一不可。法治需要民主的不断扩大而使之有足够的权威与力量,民主一定要有法治保障才能名符其实。网络参政不是目的,仅仅是手段,目的是为了促进我国

---

① 唐守廉主编:《互联网及其治理》,北京邮电大学出版社2008年版,第13页。

政治文明的健康发展，为了有效保障公民的各项权利，为了使公共利益实现最大化。对待网络参政既不能因其现有的不完善而将之禁锢，也不能因其有足够的民意基础而任之无序发展。善待之，引导之，优化之，是时代的需要，是客观事物发展之需要。以实事求是的态度办事，坚持以人为本的行政观念，以科学发展观为指导，网络参政完全可以在我国社会进步中发挥越来越大的作用。

青少年网络使用中的色情传播问题——以北京和长沙为对象的实证分析

Online Pornographic Communication of Teenage: Taking Beijing and Changsha for Positive Analysis

李永健　夏　夜*

Li Yongjian, Xia Ye

摘　要：网络媒体在给社会带来新的文明和进步的同时，其负面影响也越发引起人们的关注。本文选取北京和长沙的样本，分析在网络媒介中的色情传播问题及其社会心理因素。结合“第三者效果”理论视角对网络色情传播问题进行的实证分析显示，社会距离对于青少年网络色情传播中的第三者效果影响显著，这是一种特殊的社会认知偏差。

关键词：网络媒介　青少年　色情传播　第三者效果

媒介的发展是一把“双刃剑”，它在带给人们更多、更快、更便捷的信息时也带来了一些负面影响，比如社会及业界关注的网络媒介中色情传播的问题。随着互联网技术的兴起，凭借着数字格式色情内容的可复制性及各种方便通信工具的便宜性和隐秘性，网络色情开始以 BIG5 和 HZ 代码登陆中国。不久，又借搜索引擎的东风，海量的“性”及“X”关键字淹没了雅虎

* 李永健，男，博士，中国青年政治学院新闻传播系副教授。夏夜，女，中国青年政治学院新闻传播系研究生。

和谷歌等搜索引擎。接下来，个人网页以及各种各样的博客极大地拓宽了人们对网络色情的外延的认识。打着各类旗号的互动空间譬如网易上的换妻俱乐部、搜狐的激情公社，以性为取向的“热辣”社会新闻，网络下载的性爱手机短信，等等，见证了中国网络色情的汹涌泛滥。供用户跨越年龄、群体和地域界限的广泛接触性及获取性，用户身份的隐匿性，信息根据个人偏好的定制性，“虚拟性爱”的安全性等因素，被认为是促成网络色情迅速发展的重要原因。本文主要针对网络色情对青少年的影响这一热点问题，在简要回顾2010年发展状况的基础上，展开实证与理论的分析。

为了了解青少年的网络使用中接触网络色情的情况，我们在北京和长沙进行了实地的抽样调查和分析研究。问卷调查的样本包括北京8中、42中及长沙1中、6中的高中生和他们的家长。调查过程中，我们要求受访学生将另一份类似的问卷带给家长，并要求填答问卷的家长必须是与受访学生常年居住在一起的。除非当家长已经填答完毕，并主动询问，学生被要求不能告诉他们的家长他们回答过一份类似的问卷。学生问卷共发放402份，收回394份（98%）；其中，女性占55.33%（$n=218$），男性占44.67%（$n=176$），平均年龄16岁。家长问卷收回332份（83%）。60份家长问卷被剔除，因为受访者要求他们的家长不参与调查，或者他们的家长居住在异地，不能参与调查或者问卷存在大幅缺失。收回的家长问卷中，女性占58.13%（$n=193$），男性占41.87%（$n=139$），平均年龄41.6岁。所有394份学生问卷和332份家长问卷都用于本研究中的分析。

一、网络媒介接触行为调查结果及分析

（一）网络使用情况

本研究采用两个问题来询问受访者测量网络使用：首先是每周上网频率，即：从来没有；一月一到两次；一月三到四次；一周两三次；一周四到五次；几乎每天都上。然后询问受访者平均每次上网的时间：0—2小时；2—4小时；4—6小时；6小时以上。计算网络使用指数（见图1）的方法，是把受

访者“平均每周上网次数”乘以“平均每次上网的时间”。值得注意的是，在调查中有25.67%（$n=86$）的家长认为他们的孩子不上网，这与学生实际网络使用情况的差异可能会影响家长对网络使用的其他方面的认知及对网络色情影响的判断。

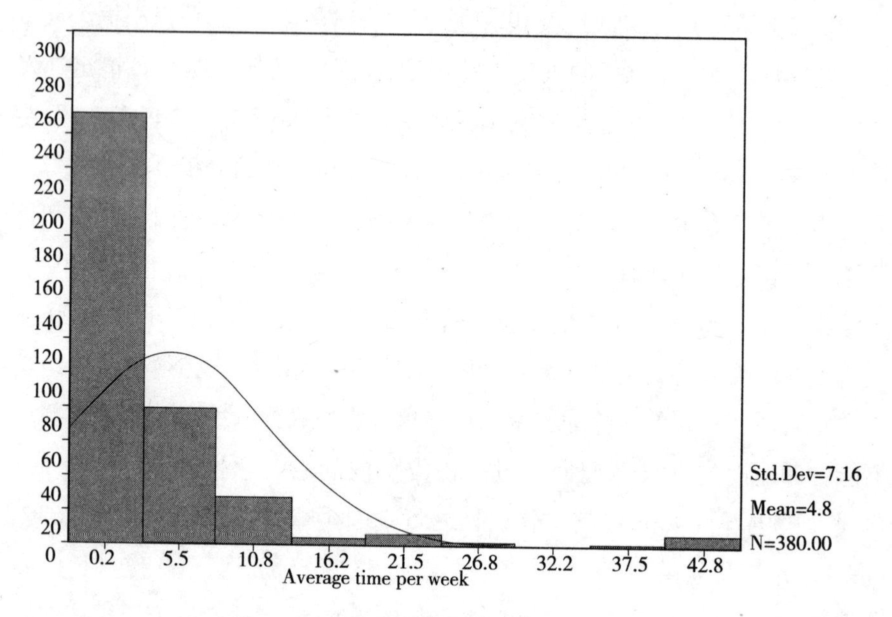

图1　青少年每周平均使用网络的时间

1. 网络使用的目的

受访者被要求从（1）查资料；（2）看新闻；（3）聊天、留言、收发E-mail；（4）打游戏；（5）购物；（6）听歌、看电影；（7）其他中选出三项以下他们经常的上网活动。69.62%的人选择聊天、留言、收发E-mail；54.94%选择听歌、看电影；52.91%选择查资料；40%选择打游戏；25.57%选择看新闻；5.32%选择购物。有些人选择其他，包括上BBS、学习、阅读文章、下载等。

2. 网络色情接触频率

本研究中，我们请青少年受访者回答是否无意间接触到一些黄色信息，例如弹出的黄色网页窗口、成人笑话、黄色游戏、色情图片、黄色网站之类的。回答方式是从1（“从未”）到5（“经常”）的5个刻度中，选择出跟自己

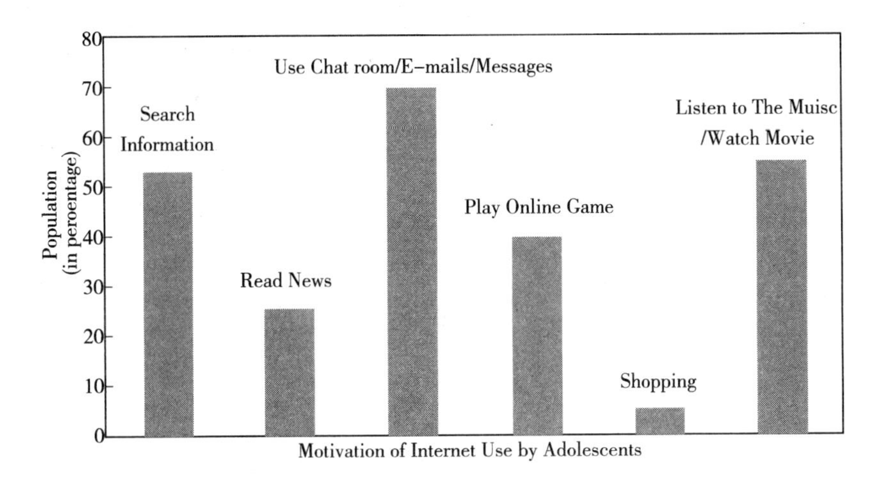

图 2　青少年使用网络的目的

情况最相符的数值。数值的大小表示接触频率的高低;数值越大,说明接触的频越高。而本次的调查中我们发现总体得分的平均值是 2.23。属于比较少的。(Mean = 2.23,SD = 1.144)

3. 接触网络色情后的反应

本研究测量接触网络色情后的反应的方法,是询问受访者遇到黄色信息后的处理办法:包括主动关闭或跳过网页;为好奇就看了看;点击进入;觉得有趣就搜索类似的信息。回答表示没有接触过网络色情的受访者跳过此题。80.55% 表示主动关闭或跳过网页;14.68% 为好奇就看了看;最后 2.05% 点击进入并有 2.73% 觉得有趣就搜索类似的信息。

4. 参与传播网络色情状况

受访者被询问他们有没有向朋友或亲属提供过网络黄色信息的链接(13.18% 表示有;86.82% 表示没有);有没有将互联网上成人笑话的短信发给朋友或亲属过(12.84% 表示有;87.16% 表示没有);有没有跟朋友或亲属讲过在网上看到的成人笑话,或类似的黄色信息(27.61% 表示有;72.39% 表示没有);有没有给网友或其他不认识的人提供过网络黄色信息,比如 BBS 上转载文章、图像,或者提供链接,将文章放在自己的 FTP

上等(9.8%表示有;91.92%表示没有);有没有向别人推荐过网上的黄色游戏(4.39%表示有;95.61%表示没有)。同时,各类变量互相之间的相关度较高,其信度($\alpha=0.69$)足以合成为一个参与传播网络色情的综合指数。从该指数我们可以得出,被调查的学生对象几乎很少参与传播网络色情。

二、从“第三者效果”角度看网络色情传播

塔威森在1983年提出了媒介传播的“第三者效果”(the third-person effect),其核心在于强调,接受到劝服传播信息的受众会认为,该信息对其他受众的影响会大于对自己的影响。① 正如它的名称所昭示的,第三人效果关注的是媒介讯息对“我”和“你”之外的“他人”(others)也即是第三人的效果。这种效果最有可能发生在对有害的媒介信息所产生的效果上。第三者效果理论包括两个基本假说:

①知觉假说:人们感到媒介内容(否定性质的)对他人的影响大于对自己的影响;

②行为假说:作为第三者知觉的后果,人们可能采取某些相应行动,以免他人受媒介内容影响后的行为影响到本人的权益或福利;人们可能支持对媒介内容有所限制,以防止媒介内容对他人的不良影响。

现在很多学者做的有关第三者效果的实证性研究一般都是围绕着这两方面的内容进行。已有的关于第三者效果的研究表明,一般来说,第三者效果仅出现在媒介信息具有否定性质的情况下。若受这类媒介内容影响,将是易受骗的或轻信的(如被广告影响),其后果是不合社会期望的;而当可能的影响结果符合社会期望时,则第三者效果减弱甚至转为第一者效果,即认为媒介内容对自己的影响大于对他人的影响。因此在第三者效果的定义

① Davison, J. D., “The Third-Person Effect in Communication”, *The Public Opinion Quarterly*, 1983;47(1).

中,媒介内容应限定为否定性内容。

我们可以通过第三者效果来认识网络媒介中的色情对青少年学生的影响。第三者效果是一种社会认知偏差,“人们日益认识到信息的特性、社会距离、个性特征、文化差异等诸多因素都会影响到第三者效果的产生。”①该研究的主要研究对象是传统媒介环境,但网络媒介环境下的第三人效果也逐渐被深入研究。目前国内进行的有关第三者效果的研究,调查对象大都是大学生或者成人,而在本研究中的主要调查对象是中学生、未成年人,这有利于我们从更宽泛的意义上认识“第三者效果”理论视角下的网络色情传播。

(一)研究方法与研究设计

1. 研究变量

(1)第三者效果(对自己/负面影响的认知)。冈泽采用“对异性的态度、性态度、性行为、性知识、道德观念等题项以测量网络色情对受访者自己及他人影响的认知。”②我们把以上的指标分解成七个具体指标:对异性的兴趣、性知识、性态度、拥抱行为、接吻行为、婚前性行为、道德水平。在测量的问卷中采用7分制的问题(-3为最低分,3为最高分)对以上7项进行测量:如果分数在最低端(-3),则表示在这七个方面的变化属于最保守的一端;如果分数在最高端(+3),则表示在这七个方面的变化属于相对比较开放的一端。如果取值为零,就代表和以前相比没有变化。因此在在这里数值的大小代表变化的程度。

(2)社会距离。为了考察社会距离变量在第二者效果中的作用,问卷中除了类似“你认为网络色情信息对你的影响大还是对你的同班同学影响大”这样衡量社会水平距离的问题以外,还有“男生是否更容易受网络黄色信息的影响”、“男女生受网络黄色信息影响的可能性是否一样大”这样的

① 土止祥:《农民上负面报道的第三人效果研究》,《青年研究》2007年第6期。

② Gunther, A. C. (1995). “Overrating the X-rating: The third-person perception and support for censorship of pornography”. *Journal of Communication*, 1995:45(1).

问题,类似的还有针对家庭经济收入和家长教育程度的,这些属性是从不同方面反映社会垂直距离的。

2. 研究假设

假设1a:学生认为他们自己比他们的同学和其他学校的学生受网络色情的影响小。

假设1b:家长认为他们的孩子比孩子的同学和其他学校的学生受网络色情的影响小。

假设2a:学生认为他们的同学比其他学校的同学受网络色情的影响小。

假设2b:家长认为他们孩子的同学比其他学校的同学受网络色情的影响小。

假设3a:女生认为男生更容易受到网络色情的影响。

假设3b:女生家长认为男生更容易受到网络色情的影响。

假设4a:家庭收入较低的学生认为家庭收入较高的学生更容易受到网络色情的影响。

假设4b:家庭收入较低的家长认为家庭收入较高的学生更容易受到网络色情的影响。

假设5a:父母受教育程度高的学生认为父母受教育程度低的学生更容易受到网络色情的影响。

假设5b:教育程度高的家长认为父母受教育程度低的学生更容易受到网络色情的影响。

(二)数据分析——关于第三者效果的假设检验

1. 假设检验的方法

本文的数据分析由SPSS15.0执行(见表1)。

表1　家长—孩子对网络色情对自己(自己的孩子)同学(孩子的同学)以及其他学校学生影响的描述统计

	青少年样本　N=391					
	自己		同学		其他学校的学生	
	M	SD	M	SD	M	SD
对异性的兴趣	0.27	1.28	1.19	1.19	1.39	1.20
错误的性知识	-0.22	1.33	0.41	1.45	0.61	1.53
性态度	0.28	1.33	1.06	1.27	1.28	1.27
对同龄人牵手、拥抱的行为(异性)	0.63	1.45	1.31	1.27	1.49	1.23
对同龄人接吻的行为(异性)	0.24	1.61	0.14	1.32	1.4	1.3
对婚前性行为	-0.12	1.72	0.71	1.42	0.91	1.44
道德水平	-0.2	1.45	-0.64	1.36	-0.86	1.51
综合负面影响	0.19	1.34	0.93	1.30	1.15	1.36
	家长样本　N=332					
	自己的孩子		孩子的同学		其他学校的学生	
	M	SD	M	SD	M	SD
对异性的兴趣	0.29	1.26	1.11	1.23	1.29	1.29
错误的性知识	0.56	1.33	0.92	1.3	1.1	1.47
性态度	0.28	1.28	1.00	1.27	1.37	1.19
对同龄人牵手、拥抱的行为(异性)	0.74	1.38	1.1	1.22	1.4	1.34
对同龄人接吻的行为(异性)	0.50	1.55	0.94	1.3	1.38	1.29
对婚前性行为	0.21	1.54	0.70	1.48	0.99	1.44
道德水平	-0.18	1.48	-0.64	1.5	-0.88	1.64
综合负面影响	0.52	1.32	0.92	1.35	1.20	1.48

说明:M:均值;SD:标准差。均值数值越大,说明受网络色情的影响越大。

2. 假设的检验

(1)假设1a和1b的检验。受访者倾向于认为网络色情对自己或自己的孩子不论是在性态度，还是对同龄异性牵手、拥抱乃至婚前性行为等方面对自己的影响显著小于对同学的影响($t=4.25, p<0.0001, df=394$)，并且还比其他学校的学生小($t=24.31, p<0.0001, df=393$)。在家长样本里也有类似的发现，被调查者认为网络色情对自己孩子的影响显著小于对孩子同学的影响($t=10.50, p<0.0001, df=331$)。同样地，还比其他学校的学生小($t=17.84, p<0.0001, df=335$)。

但在同龄人接吻行为影响方面，青少年样本出现了奇异数据，学生认为网络色情中接吻行为的影响对自己的影响大于对同学的影响，而小于对其他学校学生的影响(M 值分别为 0.24、0.14、1.4)；在道德水平影响方面，学生认为对自己的影响很小，而对同学以及其他学校的学生影响大(M 值分别为-2.0、-0.64、-0.86，负值代表影响小)。从数据来看虽然出现了奇异点，但从小到大的趋势并没有改变，因此从总体看并没有影响第三者效果的体现。之所以出现这种情况，可能是由于问卷中的问题，在这两个指标上的区分度上不够清晰导致的。因为在七个指标中只有这两个指标出现此问题，而且还是位于问卷的末尾。因此也有可能是由于被调查者的疲惫效应导致的。在道德水平影响方面，家长样本里出现了奇异数据(M 值分别为-0.18、-0.64、-0.88，负值代表影响小)，但是这组数据和学生的有所区别，青少年样本体现的是第三者效果，而在家长样本里体现的则是第一者效果。这种差异可能是由于对道德水平问题的理解差异导致的，学生更多地从负面理解，而家长则更多地从正面理解。

从总体上看，网络色情对他人和自己或自己孩子的负面影响的认知差别得以证实，因此假设 1a 及 1b 成立。

(2)假设 2a 和 2b 的检验。学生受访者认为网络色情对同学的影响显著小于对其他学校的学生($t=21.06, p<.0001, df=390$)。家长同样也认为网络色情对自己孩子的同学的负面影响小于对其他学校的学生($t=22.54, p<.0001, df=334$)。因此，假设 2a 及 2b 的也得到证据支持。

对于社会距离进一步检验的数据参看表 2。具体检验的方法：独立样本 t 检验性别、单因素方差分析(ANOVA)检验教育程度、家庭收入在影响估计上的差异。

表 2 性别、经济收入、教育程度对负面影响的描述性统计

	青少年样本						家长样本					
	M	SD	M	SD	M	SD	M	SD	M	SD	M	SD
	男性受访者		女性受访者				男生家长		女生家长			
性别	0.52	0.57	0.72	0.46			0.26	0.51	0.24	0.50		
	家庭低收入		中等家庭		高收入家庭		家庭低收入		中等家庭		高收入家庭	
家庭收入	-0.34	0.35	0.11	0.40	0.27	0.55	-0.14	0.35	0.09	0.48	0.06	0.42
	低学历		中等学历		高学历		低学历		中等学历		高学历	
教育程度	0.17	0.41	0.23	0.53	0.38	0.55	0.17	0.41	0.17	0.47	0.30	0.55

说明：M：均值；SD：标准差。均值数值越大，说明受网络色情的影响越大。

(3)假设 3a 及 3b 的检验。学生受访者在关于性别的问题上，表现出了我群保护倾向($t=3.94, p<0.001, N=335$)。但是，家长样本在性别这一点上却没有呈现我群保护倾向($t=-0.35$, ns, $N=328$)，也就是说，男生的家长和女生的家长看待男生还是女生谁更容易受到网络色情影响方面，没有显著差异。因此 3a 得到证实，3b 没有得到证据支持。

(4)假设 4a 及 4b 的检验。成绩好的学生受访者认为富裕家庭的孩子比贫困家庭的孩子更容易受到网络色情的负面影响，[$F(390)=5.96, p<0.001$]，假设 4a 在有限制条件下得到了支持。假设 4b 获得支持，[$F(332)=3.66, p<0.05$]。

(5)假设 5a 及 5b 的检验。在关于家长学历与孩子受网络色情影响方面，学生样本没有表现出我群保护倾向，他们认为家长学历的高低与孩子对网络色情的抵御力大小没有必然关系，[$F(395)=1.61$, ns]。然而，与学生样本完全不同的是学历越低的家长受访者，却并不认为家长的受教育程度低，其孩子就更容易受到网络色情的负面影响，因此拒绝备择假设，接受原假设[$F(317)=3.38, p<0.05$]。由此，假设 5a 未得到支持，假设 5b 被证实。

（三）结论

通过本次对网络色情传播效果的实证调查，可以发现社会距离的第三者效果作用明显。受访者基本上都认为别人比自己或者自己孩子受网络色情的负面影响大，受访者觉得他们自己（自己的孩子）几乎不受网络色情影响或只受一点点影响，他们同学（孩子的同学）受到的影响大一些，并且认为其他学校的学生对于网络色情的抵御能力更差。

垂直距离方面，性别、经济收入、教育程度也是影响网络色情第三者效果的因素，但它的影响要受到很多其他因素的制约。我们采用一般线性回归分析的方法检验性别、经济收入、教育程度变量在预测第三者效果方面表现是否显著，结果显示，除了网络色情接触程度变量（$b=1.02$，$p<0.05$），其他变量都不能预测第三者效果大小。比如说被调查者并不认为家庭经济收入高的相比家庭收入低的更容易受到网络色情的影响。而只有那些学习成绩好的被调查者有这样的感觉［$F(390)=5.96$，$p<0.001$］。再比如在教育程度方面，家长教育程度高的学生相比家长教育程度低的学生在网络色情传播的影响方面，并没有出现第三者效果［$F(395)=1.61$，ns］；反而在家长身上，在教育程度方面体现出第三者效果［$F(317)=3.38$，$p<0.05$］。这说明家长的学历在学生看来，它的认同感并不强，而家长在这方面认同感很强，所以体现出第三者效果。同样在性别方面，学生在这方面表现出第三者效果（$t=3.94$，$p<0.001$，$N=335$），而家长却没有（$t=-0.35$，ns，$N=328$）。这说明学生和家长在性别的认同感方面存在差异，学生很注重性别差异，而家长由于年龄等方面的原因，对这方面的认同感减弱。

三、总结及建议

新媒体在加速信息交流、促进知识更新、给社会带来新的文明和进步的同时，其负面影响也应引起人们越发审慎的关注，比如网络色情对青少年的影响问题。然而对于这种影响，我们需要实证性的具体分析，避免概而化之的简单化结论。正如有学者提出的："因为我们生活在一个不断变化的时代，我们不能假设人们对媒介的反应或所受到的影响是不变的；媒介效果的变化源于科技的日新月异，也就是说媒介因为新传播科技的出现而急速变化；效果的变化也源于变化的社会和文化改变了人们；前三个命题都暗示了媒介的效果和影响力也会随时改变，因为未来将有和现代人不同的人们对新传播科技中的内容产生新的反应。”

本文主要讨论了“第三者效果”的理论下网络色情传播中的社会心理因素。通过这一实证研究案例，我们发现社会距离对于网络色情传播的第三者效果影响显著，这是一种特殊的社会认知偏差。从第三者效果来解释对网络色情的批判，并不是要掩盖问题，而是要给大家一个新的角度来认识现阶段我们对网络色情的批判，我们要认识到人的社会认知是有缺陷的，而且这种认知偏差不但受社会交往的地域、亲近、疏远等因素影响，还会由于人的各种社会属性所导致的社会垂直距离而放大。这种认知误差会影响到人们对各种问题的判断，也包括对媒介娱乐化的判断。

信息传播手段在进步，人们也在不断地进化和完善自己，不能以静止的观点来看待任何科学技术和传播媒介的进步给社会带来的影响。我们应该正确地认识网络媒介在色情传播方面的负面影响，更多地从社会层面理性地认识媒介在促进青少年儿童身心健康方面的作用。一味的禁止和限制不能成为抑制网络色情等负面效应的唯一措施，正确的引导才是治标又治本的有效方式。面对网络色情传播中的特殊社会心理特征及其效果，要大力普及青少年以网络媒介为核心的媒介素养知识，培养青少年正确的媒介认知、媒介态度和媒介行为，积极培养他们的媒介批判意识和能力。

2010年“网络水军”现象分析与管理对策

An Analysis on the Phenomenon and Administration of Online “Water Army” in 2010

徐 翔*

Xu Xiang

摘 要：“网络水军”通过对网络舆论的炒作、操纵，对正常的网络文化秩序与社会舆论机制带来了冲击。北京是国内“网络水军”集聚的中心城市，助推着“网络黑社会”、网络诽谤与网络攻击、网络“黑公关”、低俗化的网络炒作等不良现象的滥觞。加强对网络水军的监管与引导，是首都北京净化网络文化环境、整顿网络秩序的迫切现实问题。在对网络水军的监管和治理过程中，也需要注意避免误伤网络民意、公民维权渠道和网络公共领域等负面政策的后果。

关键词：网络水军 舆论 网络推手 网络公关 民意

随着互联网的发达和网络社会的崛起，网络民意和网络舆论正在对我国社会、文化、政治、经济各个方面产生着越来越重要的影响。然而，良性的网络民意也可能被各种经济或政治势力操纵、制造乃至伪造，对正常的网络秩序与社会舆论带来负面冲击。近几年来，“网络水军”、“网络推手”、“网络黑社会”等负面网络传播现象的兴起和迅速发展，带来对正常网络民意和良性网络秩序的冲击，成为政府需要加强管理和引导的重要方面。网络

* 徐翔，男，博士，北京市社会科学院文化研究所助理研究员，首都网络文化研究中心副主任。

水军的日益泛滥，引起了中央和首都各级政府管理部门的高度重视。

2010年12月30日，中央相关部门对网络水军问题进行了官方的公开回应，表示网络水军影响了正常的社会和网络秩序，需要加强对它的管治。首都北京是我国互联网高度发达的城市，也是网络水军滥觞的重镇，加强对首都网络水军发展现状、传播机制、社会影响、现实问题、管治路径等方面的探讨，具有重要的现实意义。

一、内涵和发展概况

所谓“网络水军”，指的是受雇、听命于网络公关公司、“网络推手”或其他组织的人数众多的网络人员，他们以发贴、回贴、转贴为主要手段，进行网络造势、集体炒作、网上投票等，以达到宣传、推广或攻击某些人或产品、机构的目的。从2005年左右起，“网络水军”的产业化运作链逐步产生并壮大。网络水军是一种制造网络民意、生成网络舆论气候的机制，其发展与网络公关、网络营销、“网络推手”、“网络打手”、“网络黑社会”等网络传播现象，既有区别也有紧密的联系。

（一）首都网络公关业发展对网络水军的有力推动

网络公关业和网络公关公司是网络水军的主要雇主，网络水军是部分网络公关行为所借助的重要途径。网络水军在网络公关产业链中处于基层和低端的地位，受具有一定规模的网络公关公司的雇佣和组织。网络水军的发展，与网络公关近年来的迅猛崛起所提供的市场业务需求不无关联。2008年，中国公共关系市场年营业额超过140亿元人民币，其中网络公关业务所占比例高达6.3%，约8.8亿元。2009年，国内公关市场营业规模约为168亿元，增长率达到20%左右，网络公关的发展也相当迅猛。2010年初，中国国际公共关系协会（CIPRA）以北京公关公司为主要问卷对象进行的调查统计显示，2009年网络公关业务继续保持长足的进步，在共40家的2009年度TOP公司和2009年度潜力公司中，90%的公司开展网络公关业务，9家公司网络公关业务营业规模超过1000万元。截至2010年，全国正规的网络公关公司有1000多家，从业人数约50多万人，与之关联的网络水军数量更是无法计数。

其中，首都北京的网络公关行业发展水平在全国处于领先地位。京、沪、穗、蓉四城市仍是公关公司的主要集中地，而北京又是最主要的集中地，公司达到约80%之多，其余的散布在上海、广州、成都、南京等地。据统计，到2010年，北京的网络公关公司有700多家，其中规模较大的拥有员工近百人，而小的网络公关公司则仅有几个人。在北京，由于全国的网络公关公司的集中分布、一批知名网络公关公司的兴起、网络公关业务和市场的迅猛壮大，网络水军在首都北京拥有更大的市场规模、更广泛的业务范围和更成熟的产业链，使首都北京成为亟需引导和治理网络水军的重镇。

（二）网络营销变革对网络水军的诉求

网络水军在近几年来的发展中，成为网络营销的重要手段之一。我国当前网络营销产业链中，位于顶层的是少数传统的广告公司和公关公司；中间两层分别是从网络推手成长起来的较为规范的网络营销公司，以及新入行的工作室或未正式注册的小作坊等；底端的是广大的发贴公司和大量网络水军，“大大小小的企业有数千家”。图1体现着网络水军在立体化网络营销产业链中的地位和作用。

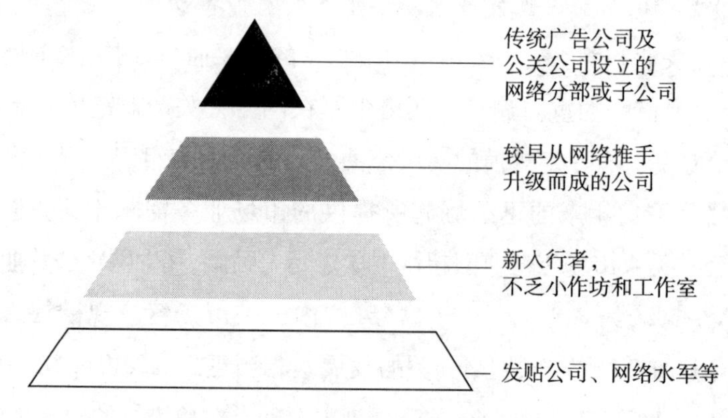

图1　网络营销业金字塔状图①

① 《全国至少数千家网络推手公司　“网誉”市场这样形成》，《人民日报》2010年6月9日。

这种网络水军的营销运作机制是：通过网上发贴，引发争议，炒作和设置媒介议程，并引发传统媒体的跟进和报道，在得到广泛"注意力"价值的情况下进行广告造势或隐形广告宣传。2009年，中国的网络营销增长约20%。随着我国网络营销行业进入快速发展的黄金时期，网络水军在商业营销中的运用也越来越广泛而多元。根据2010年初中国国际公共关系协会以北京为主要对象区域进行的抽样调查统计显示，公关行业共40家的2009年度TOP公司和2009年度潜力公司在网络公关和网络营销业务上，77.5%的公司提供线上产品推广服务，67.5%的公司提供线上事件营销服务，65%的公司提供口碑营销服务，60%的公司提供品牌、企业、产品的网络危机处理服务。广泛的网络营销服务为网络水军提供了大量而有利的作用平台，不少大型企业甚至世界五百强企业在网络营销中都认可对网络水军的使用，"王老吉亿元捐款"等案例也凸显了草根化的网络水军营销的巨大商业效果。随着网络营销"从1.0到2.0的变革"，网络营销也从Web1.0时代以信息发布方式为主转向Web2.0时代以信息互动为主，网络水军所强调的草根网民的参与和互动在这种营销中的地位和作用得到强化。根据艾瑞咨询集团的调查，口碑营销、事件营销等在2010年中国投放价值最高的网络营销方式中位居前列①，体现了对去中心化、草根化的网民参与和互动营销的重要诉求。

（三）首都网络推手融合网络水军对网络舆情产生重要影响

首都网络水军也与网络推手的兴起和发展密切相关。网络推手又称为网络推客、网络炒家等，它们利用网络民意和网络的开放性、匿名性，有计划、有组织、规模化地策划议题、影响社会舆论，以达到对企业、品牌、事件、个人等特定对象的宣传和炒作。例如某网络推手公司对自己所标榜的："可针对客户量身定制，按照客户需求策划网络热门事件、话题，然后指挥、协调发贴员在各大网站论坛海量发贴、顶贴，同时积极渗透到QQ群、博客，广泛营造声势进行爆炒。"目前，这些推手项目策划报价从数万元到一二十

① 艾瑞咨询集团：《2010年中国网络广告发展趋势调查报告》，第14页。

万元甚至更高。“奥巴马女郎”等诸多网络红人、网络新闻、网络事件背后都有网络推手的活动身影。

网络推手进行的网上的炒作和宣传，离不开网络水军的大规模造势和舆论气候营造。2009年底，北京的网络推手公司已有100多家，其中许多是几个人合伙的小公司。这些网络推手通过对网络水军的雇佣和组织、操纵，对网络舆情、网络民意产生着很大的影响。北京的1024互动营销顾问有限公司、陈墨网络营销顾问有限公司等网络推手机构经过近几年的发展，已逐渐形成规模化的影响力。有研究者指出，“国内知名论坛几乎都在网络舆论操纵者掌控之中，论坛总访问人数中，70%以上都是‘推手’或‘打手’，每天各大论坛中的贴子至少一半以上都被人操纵。他们的客户至少有几万家，其中甚至不乏世界五百强企业。”①2010年11月，北京市公安局的相关负责人表示，当前国内一些大的网络论坛，有50%以上的贴子是人为炒作推出来的。所谓“热门贴”、“精华贴”等，很少是网民自发点击、回贴形成的，背后几乎都有“网络炒家”在积极推动。2010年，《中国青年报》社会调查中心实施的专题调查显示，高达44.1%的人表示身边有人参与有报酬的网络炒作。

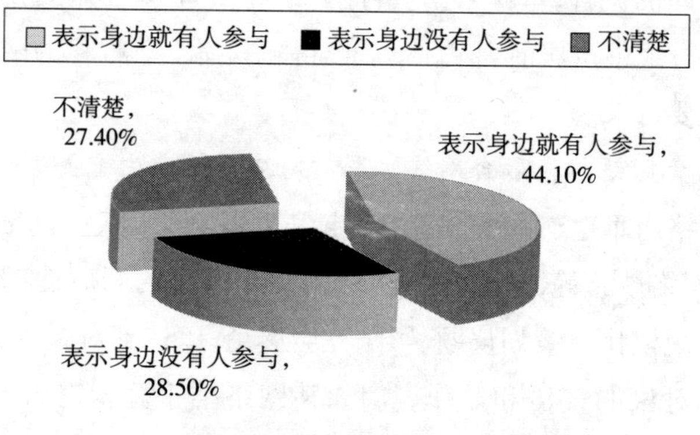

图2　对身边是否有人参与网络炒作的认知②

① 丁乙乙、周元英：《谁在操纵网络舆论?》，《IT时代周刊》2010年第1期。

② 《90.3%网友担心过多炒作引发网络信任危机》，《中国青年报》2010年4月1日。

可见受商业逻辑操控的网络炒作已经对网情民意产生了较为广泛的影响。网络炒作和网络伪民意的制造，离不开大量网络水军的参与和运作。首都的"网络水军"与"网络推手"的发展一起，成为对网络民意真实性的重要威胁。

(四)首都网络水军向"网络黑社会"的异化程度加深

网络水军进一步的负面利用和负面发展，体现为"网络打手"、"网络黑社会"的联结和利益纽带关系。所谓"网络打手"，常常通过扭曲、夸大甚或捏造事实进行抹黑、恶意贬损或"反向营销"，由大量网络水军在论坛、网络社区、SNS等空间发贴、回贴、转贴、顶贴、评论，并吸引传统媒体的跟进和转载、关注，从而制造对某种产品、组织、个人的形象、声誉的负面攻击和不利影响，以牟取不当利益。2010年底，《解放日报》开展了一项"你所知道的网络推手种种"的调查，其中包括北京在内的抽样共820份。调查显示，网络水军种种违背社会正常秩序和规范、道德伦理的行为已引起了网民较普遍的认知，在社会引起日益强烈的反响。与"炒作红人、视频"、"恶性商业竞争"、"个人竞争、恩怨"等相关的业务，成为网络水军除了"商业推广"之外的最主要行业形象。对水军负面形象的认知比率，如图3所示：

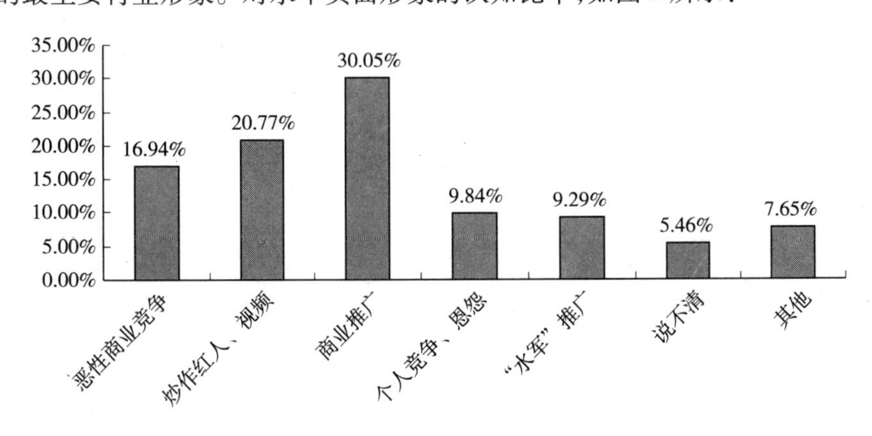

图3 "水军"的业务以什么类型为主？(单选)①

① 《可以让你一夜蹿红 亦可让你坠入冰窖 网络推广 亦要有法可依》，《解放日报》2010年11月25日。

南京大学杜骏飞教授曾指出作为“网络灰帮”的网络推手、网络水军区别于作为“网络黑帮”的网络打手、删贴公司之处。2010 年,中央电视台、人民日报社、新华社以《揭秘网络“推广”》、《“网络打手”这样出手》、《全国至少数千家网络推手公司“网誉”市场这样形成》、《警惕“网络水军”绑架网络民意》等为主题,对网络黑势力、网络删贴等现象进行了揭露。可以说,网络黑社会是网络水军进一步异化和缺乏规范的体现。2010 年,北京博思智奇公关顾问有限公司根据蒙牛公司的要求,通过造谣中伤对伊利旗下产品进行有计划的舆论攻击,成为当年度的重要焦点公共事件,凸显了对网络打手和网络黑社会的治理亟需加强。

二、传播机制与效果

美国学者马克·波斯特曾指出,网络时代不同于电视、广播等的“第一媒介时代”,具有“第二媒介时代”的互动性、参与性、去中心化等特征。网络水军的兴起和运作,离不开对网络的草根参与性、匿名性、平等性、互动性等特质的顺应和利用。它不是像在“第一媒介时代”那样关注于“谁在说”,而是在普通网民广泛享有的话语权利下,关注于怎么说和谁在参与说。新媒介时代的网络“水军”传播,具有独特的传播学机制、属性和效果。

(一)“注意力经济”是网络水军运作的基本环境

互联网时代是一个信息迅速复制、链接和信息爆炸的时代。诺贝尔奖获得者赫伯特·西蒙曾指出:“随着信息的发展,有价值的不是信息,而是注意力。”这生动地说明了注意力经济(the economy of attention)的基本逻辑。1994 年,美国学者 Richard A. Lawbam 提出注意力经济的相关观点。1997 年,美国学者迈克尔·戈德海伯正式提出“注意力经济”的概念,他指出:当今社会是信息极为丰富甚至泛滥的社会,互联网的出现尤其加快了这一进程,相对于过剩的信息,人们的注意力成为相当稀缺的资源。注意力经济的逻辑要求把大众的注意力而不是传统意义上的货币资本或物质产品、信息本身作为最重要的资源，最大限度地吸引消费者或受众的注意力。由于视觉冲击往往成为吸引大众注意力的重要手段，注意力经济也被称为“眼球经济”。正是这种注意力经济的现实性，使得互联网中的营销、社会互动、公关行为、利益实现等，也必须以广大网民的关注作为最应优先获得的稀缺资源。网络水军的产生和运作，无不以注意力经济的内在要求为基本法则，通过种种具有新奇性或敏感性、冲击性的文本或视觉对象、人物、事件等，吸引公众的关注，并把这种公众的注意力转化为对利益的牟取。2010年以来，网络水军所参与炒作的对象，例如“凤姐”、“兽兽”、“芙蓉姐姐”、“小胖”等，都在各种营销和宣传、文娱场合中频频现身并获得较为丰厚的利益收入，体现了自身所蕴含的注意力经济价值。

（二）Web2.0的网络传播是网络水军运作的必要前提

Web2.0是相对Web1.0的新的互联网应用，前者与后者相比较，更注重广大网民用户的参与性、交互性、主动发布性。BLOG、SNS、IM、P2P、RSS、WIKI等，都是Web2.0的主要技术应用。网络水军的传播活动，离不开网贴、博文、SNS、即时通信、维基百科等媒介技术手段的大规模应用，也离不开平民化、草根化的广大网民的参与和互动。互联网信息之所以能对网民受众产生切实有效的影响，与Web2.0时代的草根化、互动化、个体化的传播方式有紧密关联。例如，万瑞数据于2008年底的一份《网络广告受众分析报告》中，对各类型网络广告的效果调查显示，网民最为信任的几种除了网页广告外，首当其冲的便是“论坛网友口碑”，得到55.1%的网民的信任，IM、E-mail、博客形式的广告宣传也对受众具有较好效果，分别得到14.8%、14.5%、14.0%的网民的信任。这些Web2.0的网络传播形态对网络口碑营销和互动化、平民化的网络民意传播提出较高诉求。

通过各种Web2.0方式的网络传播形态对网络民意的有效顺应和利用，网络水军有可能以一小部分的发贴和评论而带动庞大数量、规模的网民跟进，体现出杠杆作用。这也与“第二媒介时代”互联网信息传播中的“冲

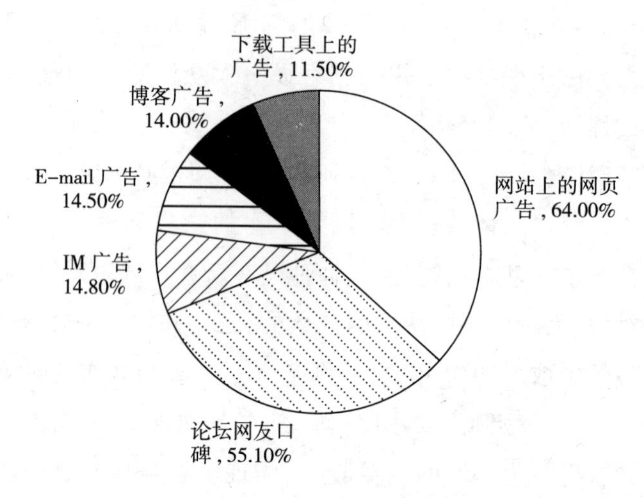

图 4　网民信任的网络广告类型

资料来源：万瑞数据

浪定律”不无关系：“用户访问一定数目网页的概率随着网页数目的增加而显著减小，因而在一次冲浪过程中得到关注的信息量是有限的。鉴于此，典型的用户很少访问搜索引擎列出的第一页之外的网页，从而一个排在后面网页上的链接不可能被很多人看到。这种行为倾向于强化前面那些条目的地位，进一步增加它们的流行度，反过来相当于抑制了新的内容，因为它们还没被人们所知。这样，就容易使得一些条目被锁定在前面，其他的不容易排到前面来，尽管后面那些常常可能更加有价值。”①在网民充分参与和互动的 Web2.0 文化形态中，草根的充分参与并不一定意味着互联网信息传播的充分理性，而是可能给水军通过杠杆作用、冲浪定律等影响舆论留下可乘之隙。例如在“贾君鹏”的案例中，网络推手只组织了其中一小部分的贴子，而其余的大部分贴子则是在形成热点议程、吸引网民关注之后，由广大普通网民的自觉跟进，从而以杠杆性的机制达到对网络民意的牵引和利用。经过网络水军的启动，已得到大量关注的网络热点容易体现出强者恒强的

① ［美］伯纳多·A. 胡伯曼：《万维网的定律——透视网络信息生态中的模式与机制》，李晓明译，北京大学出版社 2009 版，第 108 页。

"马太效应",在网络中获得更为广泛和大量的传播。网络的草根化和去中心的参与性、主动性是网络水军活动必须遵循的基本法则,也是它必须加以有效利用的必要基础。

(三)主流、知名传统媒体的跟进是网络水军运作成功的关键环节

网络水军在论坛、博客中的炒作和议题设置,尽管媒介渠道多元、受众覆盖范围较广,但其影响力毕竟是有限的,和传统主流媒体、核心门户网站等的受众覆盖能力更不可同日而语。网络推手运作的成功,必须要形成重要门户网站、知名主流媒介的大量跟进、采访和评论、转载等,才能使宣传对象产生充分的社会舆论影响力。2010年12月,浙江省温州市的钱云会非正常死亡案发生后,当地的"乐清上班族论坛"、703804网站等都曾及时发贴报道相关事宜,但影响力有限,直到第二天拥有数亿用户的腾讯QQ"弹出窗口"对其进行转载报道后,才使该新闻事件迅速蔓延、升温并"爆棚"为全国性的舆论焦点。同样,钱云会生前在天涯社区发出的贴子,之前一直无人跟贴,直到经由腾讯等核心网站、重要媒体的报道后,才吸引了广大网民的关注和跟贴、回贴,在24小时内得到回复2.3万,访问数超过100万,其天涯微博的"粉丝"也从0骤升到1万多。某个议程和主题是否得到主流重要媒体的传播,其能得到的关注度和产生的影响力是差别很大的。主流和重要媒体对某些热点议题的跟进,往往成为放大网络水军炒作、使其成功产生显著效果的关键助推因素。

(四)社会文化心理是网络水军顺应和利用的必要基础

当前有一种较为盛行的意见,认为网络水军的活动对网络秩序和社会公意造成了很大影响,甚至担心民意受到推手势力的操纵和炒作而趋于失真、去公平化。但是,这只是面对新媒介、新传播形态经常会出现的短期不适应与效果夸大。实际上,网络水军的活动必须顺应社会文化心理,也受到网民的媒介素养、知识背景方面的制约,而不是可以任意地对社会舆论和社会心理进行操控。正如北京大学胡泳指出的:"所谓的网络推手,最大限度只是构筑此事的一个原点而已……不管是推手还是水军,最终还是要借助于网民的力量、通过网民的普遍参与才能实现。如果不能调动广大网民的

积极参与,结果很可能是无效的。”①曾策划炒作过“天仙妹妹”、“别针换别墅”、“封杀王老吉”等案例的资深推手“立二拆四”指出,网络推手的炒作必须符合网民的情欲、情感和情绪才容易引起关注。也正因如此,以贫富差距问题、贪腐问题、社会公平、环境、教育问题等作为敏感点和切入点的网络炒作更容易取得社会反响,否则这种炒作并不能任意地对社会舆情及其热点议程产生有效影响。人民网舆情监测室发布的《2009 年网络文化热点排行榜(1—10 月)》前 12 位中,只有“贾君鹏”事件出自网络推手的操作;《2010 年中国互联网舆情分析报告》②发布的 2010 年度二十大热点事件中,只有“凤姐”事件有以牟利为目的的网络推手的参与。即使炒作成功,并不能说明其源于水军的功效;事实上,在首都上千家网络公关公司、推手公司、网络营销公司的狂轰滥炸下,只有极少部分符合社会文化心理需求的新闻事件和网络红人得以在舆情中凸显,而绝大多数炒作都归于迅速湮灭。

(五)受众媒介素养是网络水军传播效果的重要制约因素

面对日益泛滥的水军炒作和舆论操控活动,网民逐渐强化的媒介素养也对其效果产生着较强的制约。在网络推手和水军兴起之初,由于网络受众对这种行为缺乏足够认知,被水军误导的可能性相对较大;但随着相关知识背景、媒介素养的提升,受众对水军活动的免疫力会逐步增强。2010 年 3 月底,《中国青年报》社会调查中心通过民意中国网和搜狐网实施的专题调查(2359 人参与)发现,对于时下走红网络的事件或人物,网友已不再盲目相信,只有 2.1% 的人相信它们“都是真实的”,而高达 42.4% 的受访者认为它们只有小部分是真实的,9.1% 的人认为它们几乎没有一件是真实的。

另一项相关网络调查也显示,50.94% 的网友认为人为操控网络舆论是

① 胡泳:《不要神化网络推手》,http://pkunews.pku.edu.cn/zdlm/2010-06/18/content_177981.htm。

② 汝信、陆学艺、李培林:《社会蓝皮书:2011 年中国社会形势分析与预测》,社会科学文献出版社 2011 年版。

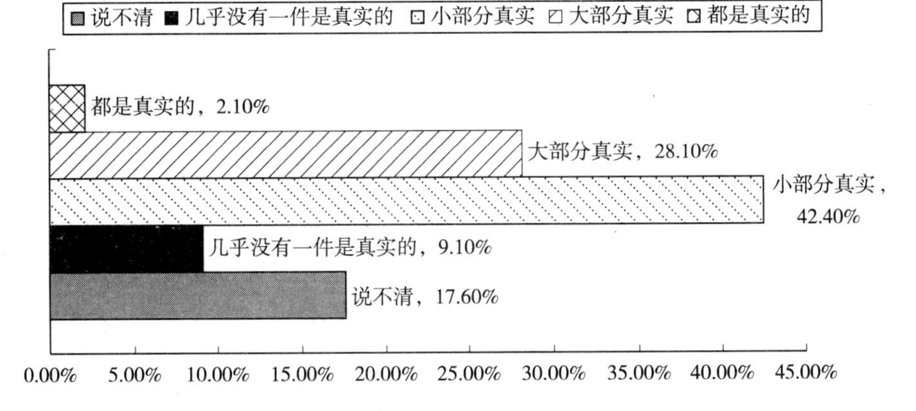

图5　对网络热炒的事件或人物的认知①

“危言耸听”，20.75%的被调查者表示“网友没有那么笨”。② 在《现代快报》于2010年11月进行的一项关于网络水军的调查中，有约46%的网友称没有受到过水军的误导，只有25%的受访者称自己受过水军的误导。③青年和大学生是北京网民的主力军，2011年1月发布的一份关于首都大学生网民的调研（有效问卷1274份）显示：首都大学生和青年对待互联网信息真实性的态度相当审慎，46.5%的人认为这些信息“鱼龙混杂，各占一半”，18.1%的认为“大多数不可信”；31.4%的大学生认为“网络信息可信度不高，难辨真伪”；对于网络论坛中恶意、不健康的网络信息，高达65%的人指出“不予理睬就好”，16.1%的人更进一步“建议版主及时删除”，体现了对网络恶意信息的抵制意识。而对和网络水军、网络推手可能存在密切关系的网络爆料热点事件，北京的受访者也体现出了足够的自觉辨别和抵制，50.8%的态度是“冷眼旁观，先辨真伪”，16.4%的人表示“不相信，现在炒作太多”（详见下图）。④

① 《90.3%网友担心过多炒作引发网络信任危机》，《中国青年报》2010年4月1日。

② 《网络水军：神话还是谎言》，《北京晚报》2010年1月6日。

③ 《遇难题求助“网络水军”造势？不！》，《现代快报》2010年11月17日。

④ 《象牙塔里的网络生活——2010年大学生网络文化调查报告》，《光明日报》2011年1月18日。

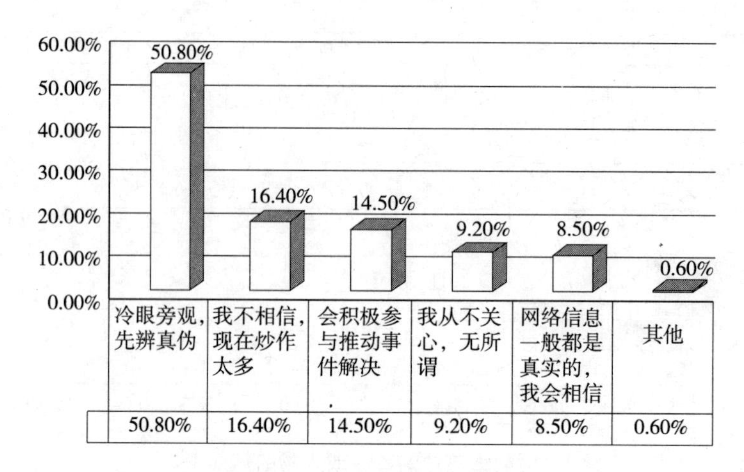

图6　对网络热点事件的态度

三、社会文化影响

2010年，首都网络水军在各方势力操控和博弈下继续保持着频繁的活动，促发和生成了一系列网络文化现象、网络文化事件，带来社会文化的一些新动态，主要表现出伪民意的生成与传播、网络诽谤与网络攻击、低俗化的网络炒作、“权力水军”的运作等方面的现象与特质。

（一）网络炒作和网络营销的低俗化

网络推手奉行“注意力经济”的原则，为了博位和吸引眼球，往往以娱乐化的网络红人、出格的“审丑偶像”和丑闻事件进行炒作，吸引公众关注，引导舆论议题的设置。这种娱乐化的网络炒作降低了网络文化的道德底线，推动了网络低俗之风的增长和“审丑文化”的兴盛。2010年，继前几年风行的“芙蓉姐姐”之后，“兽兽”、“苏紫紫”、“韩真真整容”等一系列新的网络红人和热点新闻事件陆续登场，他们或以“雷人”的言论，或以色情、隐私等低俗内容，来进行炒作并从中获取到特定的利益。“艳照门”风波不仅未给模特“兽兽”的事业带来冲击，反而使其身价大涨。水军的负面倾向也使网络营销体现出低俗化和恶性化的发展趋向，虚假信息、低俗炒作等营销方式在网上因缺乏有限监管而兴盛不绝。网络购物中的虚假宣传往往通过水军假冒消费者的口吻,用夸大和捏造的信息吸引消费者购买商品,侵犯消费者权益。一些知名的企业和品牌也采用水军的虚假信息,游走于法律规章的“擦边球”地带进行营销。

此类恶俗、娱乐化的网络炒作已经引起了广大受众的注意和反感。2010年底,以上海、北京等多地为抽样对象的一项调查显示,“言辞激烈夸张”、“故事荒诞离奇”、“故意成为众矢之的”、“视频出位低俗”等已成为大众广泛认可的娱乐事件网上炒作的特征。

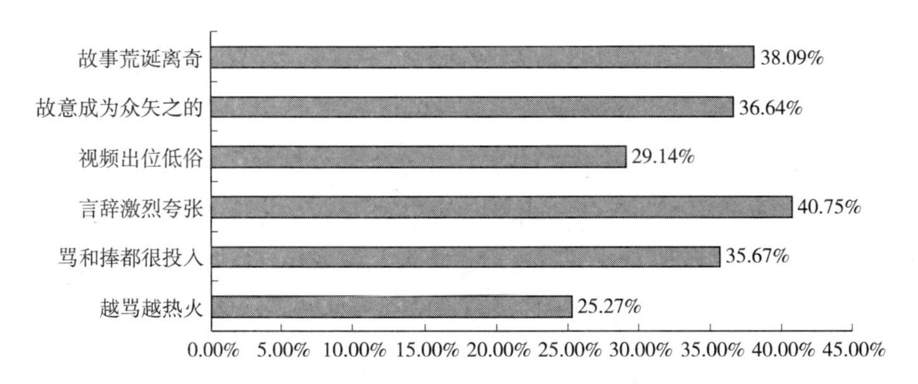

图7 娱乐事件网上炒作的主要特征(复选)①

2010年10月在某些大学中的一次抽样调查显示,人们对网络红人的印象主要集中于凤姐等负面形象,在对网络红人的评价中,20%的人写下“无聊”一词,12%的评价是低俗庸俗,28%的人认为网络红人是在网民娱乐化助推下,娱乐大众的“网络宠物、小丑”,21%的人对其评价是为了某种利益的炒作行为。② 水军利益链条下的网络炒作和网络营销正引起日益显著的低俗化、娱乐化甚至恶性化的负面文化后果。网络推手在这些炒作中或是一开始就直接策划操作,或是在网络已经形成初步热点后进行介入并

① 《可以让你一夜蹿红　亦可让你坠入冰窖　网络推广　亦要有法可依》,《解放日报》2010年11月25日。

② 《77%大学生认为网络红人是炒作》,《辽宁日报(数字报)》2010年11月8日。

牟取利益,助长了网络低俗文化、负面后果和“审丑”态势的泛滥。

（二）网络诽谤与网络攻击

一些企业、个人出于商业原因或其他利益驱动,借助网络水军的力量对某些企业、组织、个人或品牌、产品、事件进行攻击,部分攻击甚至是捏造事实的谣言、诽谤和恶意中伤。2010年,“蒙牛诽谤门”成为年度网络焦点事件,突出地体现了网络水军所带来的秩序混乱。2010年7月14日,北京博思智奇公关顾问有限公司受托于蒙牛公司,制定并开始实施对伊利旗下乳业品牌的网络攻击方案。据统计,方案设计Wiki问答400组,论坛发贴800篇,贴子维护8000次,通过花费费用使开心网转贴和投票在70万人次以上、新闻推广5篇、新闻发布80篇、草根名博5篇、网络撰写20篇等,执行预算达28万元。整个网络攻击历时一个月,其中点击率最高的一个贴子点击数达20多万次。2009年3月和8月,新东方两次遭遇网络密集发贴的谣言攻击,48小时之内,谣言贴迅速扩散到数千个论坛。2010年7月,又爆出《霸王致癌》的不实报道并在当天被国内各大网站纷纷转载,对霸王品牌的商誉造成严重损伤。2010年底,中新网的一项网络调查中,近68%参与者表示反对企业聘用网络推手公司恶意影响舆论,为争夺市场份额以致践踏消费者利益。水军的网络攻击,体现出规模大、覆盖广、手段丰富、策划缜密等特点,成为亟需规范和管理的领域。

（三）“伪民意”传播

由于网络舆论场中大量网络水军的点击、议题参与和意见表达,会形成一种人为生成的舆论气候,误导网络受众对公共议程和公共意见的“准统计”感官。传统媒体和主体媒体对网络水军介入的高点击率和高关注度的网贴的盲目跟进和转载、评论,以及“沉默螺旋”等传播学机制,会进一步放大这种被构造的“民意”。各种利益主体通过对伪民意的制造和包装,达到宣传炒作、牟取经济利益等目的。伪民意的重要特征之一是广大受众的表层接受,这种接受并不一定意味着深层的认同,例如近年来诸多网络红人的产生包含着伪民意的典型表现。2007年对上海市青年的一份调查表明,“网络红人”们大多仅具有高认知度但缺乏美誉度,能吸引一定的注意力但缺乏影响力，有 71.8% 调查对象都表示不希望自己通过这样的方式来走红。[①] 这意味着网络红人等炒作对象和炒作结果，虽然体现为高社会认知度和参与度的“民意”，但实际上缺乏对民众意见和需求、观念的真正表达和反映。北京众品互动炒作的《春晚最火“吊带装”》、“奥巴马女郎”等事件，都体现了利用伪民意热点炒作对商业利益的牟取。此类网络炒作使得公共的文化领域和媒介空间被一些虚假的民意泡沫、民意表皮所占据，削减和扭曲了真正民意的表达空间。

(四)“权力水军”的运作

网络水军为权力的滥用也提供了新的媒介途径，助长了与行政性、垄断性权力紧密结合的“权力水军”的兴起。其中具有代表性的案例有：央视感动中国 2010 年度人物评选活动中遭遇网络水军密集刷票，某些政府部门和公共单位组织所属人员为特定候选人大量集中投票，导致社会公意民情被权力机构利用网络的匿名性、平等性等特质所篡改，进而对网络社会的公正性和平等性构成重大威胁。又如，2011 年 2 月，央企中石化下发《关于举办优秀网络博文评比的通知》，要求各下属单位组织网络宣传员，以石化以外网民的身份，在各大论坛、博客发表文章，论述成品油涨价的合理性，“给成品油价格上调营造良好的舆论环境”。中石化相关负责人称，这是为了“在网络社会里更好地用网言网语与网民沟通”。此类权力水军的兴起，不受依据商业逻辑的网络推手公司、网络炒作公司的支配，而是直接与强制性的权力挂钩，体现了网络水军在资本力量控制之外的又一层面的内涵。这是一种不可避免的结合，体现了网络的真实民意和网络的公正平等在现实中的重重异化路径。

(五)公民话语和维权渠道

2010 年度，有意的网络炒作与网络推手策划逐渐成为公民进行维权、社会监督、民意表达的“非正式”渠道。人民网舆情监测室对 2009 年 77 件影响力较大的社会热点事件的分析表明，由网络爆料而引发公众关注的约

① 王鲁美：《防范“网络红人”现象的负面影响》，《今传媒》2009 年第 8 期。

占全部事件的30%，而其中大部分涉及公民权利保护、公共权力监督、公共秩序维护和公共道德伸张等一系列重大社会公共问题，民间新意见阶层的网络表达成为公民话语的新空间。与2009年相比，2010年以来，民间话语通过网络的维权和公权监督、公共议题关注更加富于自觉性。由征地补偿问题引发的钱云会案不实传言、宜春拆迁事件的"微博"直播中，或明或隐地体现了公民阶层利用网络推手、网络炒作和网络公关的主动性和路径方式；2011年伊始，"郭含韵"的"民女许身救父"事件更是体现了公民和社会底层在公共话语中运用网络炒作的无奈诉求。对这种水军与公民话语融合发展的新动态，需要在管治中加以区别对待和正确的规范引导。

四、管理与整治

2010年，首都北京在网络水军的治理上，采取了一系列有效举措，但仍存在着一些问题和亟需完善的环节。

（一）完善法律规范

2010年11月，《解放日报》社会调查中心联合库思信息技术有限公司进行的"你所知道的网络推手种种"调查中，受访者认为规范网络公关行为最重要的包括法律规范、网民监督、行业自律、行政监督等，其中选择法律规范选项的比例最高，达57.19%。① 从法律规范方面对网络水军加以约束和整治，已成为有共识的当务之急和有效应对之策。目前，《民法》、《反不正当竞争法》对网络水军的网络恶意攻击和网络推广有一定的约束作用；《广告法》对于网络水军的虚假信息和不实炒作具有适用性；2010年7月1日起施行的《中华人民共和国侵权责任法》，其中第三十六条被称为"互联网专条"，明确"网络用户、网络服务提供者利用网络侵害他人民事权益的，应当承担侵权责任"，以及其他相关条款，加强了对于网络推手、网络黑社会

① 《可以让你一夜蹿红　亦可让你坠入冰窖　网络推广　亦要有法可依》，《解放日报》2010年11月25日。

侵权行为的约束。2010年,中央相继颁布实施《网络商品交易及有关服务行为管理暂行办法》和《网络游戏管理暂行办法》等规章要求部分领域的“实名”后,北京市有关部门提出逐步建立和落实网站用户注册实名制。在实名制的推行中,相关法律界定和法律规范也有待进一步充实。总的说来,当前对网络水军的法律规范依然不够系统化,对于网络不实信息、恶意发贴删贴以及其他法律“擦边球”等方面的权责明确和监管,对于开展恶意网络推广的公司和雇主的责任追偿体系,有待继续补充完善。

(二)增强网民素养和网民监督

网民的监督和自觉抵制,是限制网络水军传播效果的有力途径。《中国青年报》联合民意中国网、腾讯网于2009年11月发布的一项关于网络推手的调查中,60.9%的人认为应加强网络教育,提高大家的辨别能力。[①] 增强网民对推手和水军的监督、辨别、抵制,需要加强对网民进行网络水军、网络炒作等方面的知识普及和防范意识的提升。首都网民的知识层次、文化背景、媒介素养处于较好水平,对网络水军具有良好的防范意识。但如何进一步增强广大网民对网络水军的辨别能力、免疫能力,健全公众对推手负面炒作的识别举报平台和对虚假炒作的曝光平台,发挥其对网络推手负面运作的自觉监督意识和监督能力,依然是有待继续提升的方面。

(三)提升网络文化环境自净能力

提升网络媒体的自律意识,增强网络环境对不良内容的自我防范、自我净化能力,是限制和防止网络水军效果的一条重要而有益的经验。2010年3月16日,中国国际公关协会在北京发布了《网络公关服务规范》(指导意见),这是我国针对网络公关业务的首份行业性标准文件,提出了“不传播任何不符合事实、夸大宣传或有待确认的信息”、“不从事任何不道德、不诚实或有损他人尊严或信誉的传播活动”、“抵制各种欺骗客户和公众的信息传播活动”等十项行业道德规范,采用曝光违规公司名单、公布公司违规行为、开除协会会员等措施,落实规范实施,有力地促进了网络公关和网络营

① 《网络推手刷新青年就业模式52.5%的人认可》,《中国青年报》2009年11月3日。

销的健康自律。2009年底,包括首都的中新网、21世纪传媒等在内的数十家网站发起成立“网络媒体反公关联盟”,倡议文明办网,恪守职业道德,强调行业内部监督和自律,加强对网站编辑和虚假报道的规范、管理。2010年11月3日,在主题为“维护网络文明　规范网络公关”的北京网络新闻信息评议会上,千龙、新浪、搜狐、网易等9家网站提出加强自律,强化对网络公关的监督。此外,国外有些做法也值得北京进行本土化的借鉴,例如2005年成立的美国口碑营销协会专业化制定的自律标准,该协会已吸引北京的口碑互动、大旗等网络营销公司的加入。

首都当前网络媒体应着重加强对网站虚假内容、恶意营销、不良信息的维护和清理、净化;强调对内部组织架构和网络编辑、论坛版主的管理,防止网络推手的渗透;强化志愿者和行业内部监督机制的运作效果;有效杜绝对网络炒作的热点事件的跟风报道和盲目转载、评论,维护网络媒介的理性自律;拒绝恶意删贴和信息垄断,维护网络意见生态的充分和网络表达的公开、公平,充分发挥网络媒介环境的自净能力。

(四)审慎对待网络水军整治中的负面政策后果

对网络水军不能简单化地一刀切,在治理过程中所容易连带产生的负政策后果,应得到审慎对待和有效规避。(1)避免对网络民意和网络自由表达权利的“误伤”。网络水军制造的伪民意和真实民意之间不仅不易区分,而且前者往往以对后者的顺应和利用为前提。正如中国社会科学院尹韵公研究员指出的:“打击网络推手还须十分慎重,既不能越位,也不能缺位,更不能以损害网络舆论监督为前提。”(2)区别对待恶意、牟利性的网络推手行为与用于维权、社会监督的推手行为。对后者不加区别地否定和整治,容易压制社会矛盾、阻塞社会“安全阀”机制。(3)避免对传播“噪音”和恶意网络传播的混淆。正常的网络传播中,会出现失真、垃圾信息、误传谣言等的信息噪音,不能把它们等同于恶意的网络造谣、网络攻击和虚假网络营销。

北京网络媒体行业自律发展报告

A Report on the Development of Self-discipline of Capital Cyber Media

张真理[*]

Zhang Zhenli

摘　要：真正意义上的北京网络媒体行业自律肇始于2004年，其发端有着深刻的历史背景。北京网络媒体协会是北京网络媒体行业自律的组织，具有正规性、民间性、治理结构完善等特征。北京网络媒体行业自律规范已经形成了以基本规范、专项规范、产品和服务规范、评价规范为基本构成的规范体系。北京网络媒体行业自律机制包括新闻评议机制、网络媒体内部监督机制、社会监督机制和教育交流机制等。

关键词：网络媒体　自律规范　自律机制　新闻评议　监督

所谓网络媒体行业自律，是指网络传播活动的参与各方依据法律法规、道德规范、行业规约等社会规范，采用制定共同守则、新闻评议、内部监控、社会监督等手段，净化网络环境、增大网络传播效益的自我约束、自我管理的活动。"自律在很多行业和领域里是指通过自身行为管理使行业得到发展和让制度得以实施，最终目的是为了提高给消费者、权利者的服务，在媒介领域里就是要为公众提供更好的服务。自律不仅要建立起标准，还要让

* 张真理，男，法学博士，北京市社会科学院法学所副研究员。

与媒介自律机制有关的人和组织机构的认同。"①

北京号称"网都",在全国网络媒体行业具有举足轻重的地位。这种地位一方面表现在网络文化产业本身的迅速发展上,即网民群体过千万,网站数量众多,行业领军网站齐聚,信息服务、网络广告、视频服务、网游动漫等行业优势明显;另一方面表现在初步形成了党委统一领导、政府依法管理、行业自我约束、社会广泛参与的治理体系,尤其是网络媒体行业自律特色明显:其网络媒体行业自律组织严密、自律规范完善、自律途径多样、自律领域宽泛,已经具备了成为"样本"的基本要素。可以说,北京市网络媒体行业自律机制与北京的网络文化产业之间形成了一种良性互动的关系:北京网络文化产业越发展,就越需要有一个有效的行业自律机制,宣扬向上的、积极的社会主义主流价值观,执行社会主义文化事业的道德规范与行为准则,消除网络传播中的不良方面,营造更为良好的发展环境;北京网络文化产业越发展,就越能为行业的自律创造更好的发展条件和发展机遇,提供更为广阔的发展领域。北京网络媒体行业自律机制越发展,就越能为北京网络文化产业提供正确的发展方向,良好的发展环境,有效的行为规范,提高网络文化产品生产的原创性和自主性、交易的平等性和高效性、消费的愉悦性和审美性。

真正意义上的北京网络媒体行业自律肇始于2004年,以北京网络媒体协会正式成立为标志。北京网络媒体行业自律的发端有着深刻的历史背景。

一、北京网络媒体行业自律的主要背景

(一)网络媒体迅猛发展,社会影响日益增大

伴随着互联网的发展,中国网络媒体已经逐步完成了规范化、规模化的

① 罗娜·布拉迪、萨拉·布坎南等:《自由与责任:通过媒介自律来保护新闻自由》,袁琳译,载陈力丹编:《自由与责任:国际社会新闻自律研究》,河南大学出版社2006年版,第10页。

转型,开始跻身于社会主流媒体之列①:中国网络媒体的体系化趋势日渐明显,多元化、多层次的中国网络媒体群形成了中国媒体领域的独特生态;网络媒体的公众覆盖面日益扩大,使用率稳步提高,高黏性和高传播性突出,已经成为社会公众了解、关注社会的主渠道之一;网络媒体一方面表现出了对传统媒体的巨大冲击,另一方面又与传统媒体相互渗透,相互合作,相互融合。网络媒体对社会影响日益扩大:随着网络媒体的壮大和普及,个体在获取、收集和传送信息方面的自由大大增加,能力大大增强,避免了社会中少数人垄断信息、制造信息霸权的现象;网络媒体不仅深刻影响了实物经济的运行规则,推动了经济全球化的发展,而且其本身也逐渐形成了一种新兴的产业,将技术创新与市场创新相结合,创造了全新的商业模式;网络媒体的开放性使知识和信息的获取,消除了地域、阶层等的障碍,同时网络媒体也为大众提供了进行更深入、更复杂交流的机会,帮助各种社会群体参与到社会公共生活中来。正是因为这些原因,早在2002年,时任党中央总书记、国家主席的江泽民同志指出:"因特网的发展尤为迅速,它已成为中国新闻传媒的重要组成部分"。② 这是党和国家最高领导人首次明确网络媒体的地位。

(二)网络媒体行业的跃进要求治理体系的变更

如果说互联网的发展是10年一个时代,那么中国网络媒体的发展则是5年一个时代。网络媒体的迅猛发展,不仅创造了新的社会活动空间,而且形成了一个全新的行业,同时也对传统的行业产生了深刻的影响。这就是说,对于社会治理体系而言,不仅面临着新的社会空间、新的经济形式、新的社会组织、新的行业如何管理的挑战,还面临着原有的社会治理对象由于网络媒体而引发的深刻变化的挑战。社会治理体系必须在某种程度上作出调整,才能顺应这种变化。而就中国改革开放的历史经验而言,治理变革是中

---

① 彭兰著:《中国网络媒体的第一个十年》,清华大学出版社2005年版,第156—163页。

② 《江泽民会见电广博物馆国际理事会代表》,《人民日报》2002年11月7日。

国改革开放的重要方面，也是推动中国经济社会发展的动力来源之一。中国的治理变革表现出了从一元到多元、从集权到分权、从人治到法治、从管制到服务等特征①。将这种历史经验投射于网络媒体，就意味着两个方面的可能性：首先，这种社会治理体系的调整很可能并不是仅仅政府内部的调整，或者行政管理意义上的调整，而是治理的基本思想的变化、治理结构上的某种调整、治理基本途径的变更。其次，这种社会治理体系的调整很可能不是被动的、自发的，而可能是主动的、积极的；调整的动力或许并不仅仅来自于网络媒体业界的共识，也来自于政府部门自我更新的需要。2004 年，我国政府明确表示，"建立政府、行业组织、企业和用户共同治理互联网的完整体制"②。

（三）中国网络媒体法律法规的完善为北京网络媒体行业自律提供了制度保障

随着网络媒体的快速发展，以及国家对于网络媒体重视程度的提高，有关网络媒体的立法日益完善，初步形成了一个较为完善的网络媒体法律体系，这就为北京市网络媒体行业自律提供了制度保障。

从法律法规的效力层次分类：1. 全国人大及其常委会制定的法律，如 1997 年通过的刑法修正案，增加了对计算机信息系统犯罪的规定；2000 年 12 月全国人大常委会通过的《维护互联网安全的决定》等。2. 行政法规，如《中华人民共和国计算机信息系统安全保护条例》、《中华人民共和国计算机信息网络国际联网管理暂行管理规定》、《互联网信息服务管理办法》等。3. 司法解释，如最高人民法院《关于审理涉及计算机网络著作权纠纷案件适用法律若干问题的解释》，最高人民法院、最高人民检察院《关于办理利用互联网、移动通信终端、声讯台制作、复制、出版、贩卖、传播淫秽电子信息刑事案件具体应用法律若干问题的解释》等。4. 部门规章，如《计算机

① 俞可平：《走向善治：30 年来中国的治理变迁及其未来趋势》，载俞可平主编：《中国治理变迁 30 年（1978—2008）》，社会科学文献出版社 2008 年版，第 3—5 页。

② 《监管与自律结合　我国互联网管理迈入新阶段》，http://news.xinhuanet.com/it/2004-12/30/content_2397844.htm。

信息系统安全保护条例》、《电子出版物管理暂行规定》、《互联网站从事登载新闻业务管理暂行规定》、《互联网出版管理暂行规定》、《互联网等信息网络传播视听节目管理办法》等。5. 地方性法规,如《海南经济特区公共信息网络管理规定》、《北京市网站名称注册管理暂行办法实施细则》等。这些立法涉及网络安全、网站内容管理以及反网络侵权等方面,全面确立了网络媒体的法律法规体系,为网络媒体的迅速发展创造了良好的法律环境。①

二、北京网络媒体行业自律组织

2004 年 10 月 26 日,由北京市人民政府新闻办公室作为主要发起单位的北京网络媒体协会正式成立。北京网络媒体协会的性质是"依法在北京登记注册并通过互联网提供新闻信息服务的网站及相关的教学、科研等机构与个人自愿联合发起,并经北京市社会团体登记管理机关核准登记的非营利性社会团体法人",宗旨是"遵守中华人民共和国宪法和法律,遵守互联网新闻信息服务管理有关法律法规,遵守社会公德和符合社会主义核心价值体系的网络伦理,积极向网络媒体行业宣传国家的法律、法规和政策,协调会员关系,倡导并建立业界自律机制,制定行业经营规范,维护国家信息安全和社会公共利益,维护行业正当利益,加强网络文化建设,营造良好网络环境,营造良好行业形象,保障会员合法权益,促进互联网新闻信息服务健康有序发展"。北京网络媒体协会接受中共北京市委宣传部、北京市互联网宣传管理办公室和北京市社会团体管理办公室的业务指导和监督管理。②

北京网络媒体协会的主要职责可以概括为:(1)学习培训,即组织全行业学习相关法律法规和科学传播理论,培训会员员工。(2)行业自律,即建

---

① 黄瑚、邹军、徐剑著:《网络传播法规与道德教程》,复旦大学出版社 2006 年版,第 41—42 页。

② 《北京网络媒体协会章程》(2007 年 12 月 25 日北京网络媒体协会第二届会员代表大会审议修订),http://www.baom.org.cn/zhangcheng/node_134.htm。

立自律机制、制定行业规范,解决行业纠纷,建立评议制度,遏制行业不法行为。(3)行业发展,即开展技术研发和推广,加强行业合作,进行行业调研和理论研究,制定行业发展规划,积极对外交流。(4)评价引导,即建立行业的评价奖励机制,引导行业健康发展。(5)建立和管理协会网站,编辑出版协会刊物等。

北京网络媒体协会的组织架构包括会员代表大会、理事会、常务理事会、监事会、会长、秘书长等。会员代表大会是网络媒体协会的最高权力机构,其职责是章程修订、重要人事任免、监督理事会和监事会、重大财务议决、终止等重大事项的决定权。理事会是会员代表大会的执行机构,在闭会期间领导本协会开展日常工作,对会员代表大会负责,其职责是执行会员代表大会的决议,选举或罢免会长、副会长、秘书长,聘任秘书长、副秘书长、各机构主要负责人,决定会员的吸收或除名,领导本协会开展工作,管理本协会的日常事务等。理事会接受监事会的监督。常务理事会由理事会选举产生,在理事会闭会期间行使理事会的主要职权(除了选举或罢免会长、副会长、秘书长的权力和向会员代表大会报告工作和财务状况的权力),对理事会负责。监事会由会员代表大会选举产生,向会员代表大会负责,其主要职责是:选举产生监事长、出席理事会、监督本协会的活动、监督本协会会员的活动等。会长为该协会的法定代表人,其职权是召集和主持理事会,检查会员代表大会、理事会决议的落实情况,代表本协会签署有关重要文件,在不能行使权力时,委托秘书长行使会长职权。秘书长由协会聘任,其职责为主持办事机构开展日常工作,组织实施年度工作计划;组织落实会员代表大会、理事会决议;协调本协会内部各部门工作;提名副秘书长及各办事机构、分支机构、代表机构和实体机构主要负责人,交理事会作出决定;决定办事机构、专职工作人员的聘用;处理其他日常工作等。

北京网络媒体协会性质、宗旨和组织结构有着如下特征:

第一,正规性。北京网络媒体协会具有自己的名称、宗旨、章程、机构和人员等,并经登记注册,是一个符合现行法律规定的正规社会团体。

第二,既具有成员之间互益性,又具有公益性。所谓互益性,是指成员之间通过加入社团实现某些一致的利益和要求。所谓公益性，是指社团所追求的是某种社会目标的实现。① 北京网络媒体协会既有保护网络媒体成员利益，协调网络媒体内外关系，处理相关纠纷，维护行业的健康发展的行业目的——这就是说北京网络媒体致力于代表网络媒体行业的权益；又有约束网络媒体的行为，推动网络媒体行业遵纪守法，弘扬社会主义核心价值观和社会主义道德伦理，建设代表社会主义文化发展方向的网络媒体行业的目标——这就是说北京网络媒体致力于代表网络文化领域的社会公共利益。这一特点也可以体现在北京网络媒体协会的职能上。通常而言，行业协会有四种职能，即行业服务、行业自律、行业代表、行业协调。② 北京网络媒体协会的职能涵盖了这些方面，每一个职能都体现了前述互益性和公益性。以行业自律为例，北京网络媒体协会致力于建立"自我约束、互相监督、公平竞争、健康发展"的行业自律机制和行业经营规范，协调解决会员与会员、会员与用户间的纠纷，保障各方的合法权益。这种自律职能集中于行业成员行为的干预③，具体内容实际包括两方面，即制定网络媒体行业的相关规范（产品标准、行为规则、竞争规则、特定事项的约定等），处理内外纠纷的机制。制定行业规范是以现行网络管理的法律法规、社会主义价值观和伦理道德为依据的，是其具体化；处理内外纠纷的机制则是以行业规范为依据的，则可以视为现行网络管理的法律法规、社会主义价值观和伦理道德的现实化。而无论制定行业规范，还是处理内外纠纷，都有利于促进良好的行业秩序的形成，推动网络媒体行业的健康发展。

第三，民间性。我国很多的行业协会仍然没有摆脱独立性差、官办色彩

---

① 康晓光：《权力的转移——转型时期中国权力格局的变迁》，浙江人民出版社1999年版，第205页。

② 张良、吴强玲、叶海平：《论我国行业协会的重组模式、治理结构和政策创新》，《华中理工大学学报（社会科学版）》2004年第1期。

③ 行业自律可以分为市场行为干预和市场结构干预两大类，参见孙茂：《行业协会自律行为研究》，对外经贸大学硕士学位论文，2006年。

强的问题①。北京网络媒体协会表现出相当程度的民间性是难能可贵的。民间性,包括自主性、自愿性和自治性。② 北京网络媒体协会的权力机构、执行机构和监督机构都是自行产生,其工作人员都是自行聘任,其事务自主决定。参与协会与否、为协会提供服务或捐赠,均为企业或个人自愿,不受强制。特别值得一提的是,根据该协会章程的规定,普通社会公众或者说普通网民也能够通过一定的程序加入协会。这大大增强了协会的群众基础。北京网络媒体协会虽然接受中共北京市委宣传部、北京市互联网宣传管理办公室和北京市社会团体管理办公室的业务指导和监督管理,但是其决策和行为在法律法规和章程允许的范围内不受干预。2007 年之后,协会管理层中不再有来自政府部门的人员③,这一点也提高了协会的自治性。

第四,治理结构完善。按照北京网络媒体协会内部机构的不同性质,大体上可以分为权力机构,即会员代表大会;决策机构,即理事会和常务理事会;执行机构,包括会长、秘书长等;监督机构,即监事会。这样的治理结构明显表现出了现代社团治理结构的特征。首先,每个机构之间权责分明,既议行分离,又保证了议行一致,表现为:会员大会是最高权力机关,其决议由理事会负责执行,而会员大会产生理事会,理事会对会员代表大会负责。理事会闭会期间,决议执行由常务理事会负责,常务理事会由理事会产生,向理事会负责。决议的具体执行和协会的日常管理是由执行机构负责,执行机构中会长的任免权在于理事会,而秘书长等由理事会聘任。从会长和秘书长的职能分工看,协会职能的发挥和日常管理主要是由专职的管理人员完成,会长虽然负有监督职责,但并不直接插手日常事务。其次,监事会的独立性很高,监督权力较大。监事会由协会最高权力机关产生,专事监督之

---

① 张良、吴强玲、叶海平:《论我国行业协会的重组模式、治理结构和政策创新》,《华中理工大学学报(社会科学版)》2004 年第 1 期。

② 康晓光:《权力的转移——转型时期中国权力格局的变迁》,浙江人民出版社 1999 年版,第 203 页。

③ 陈华:《行业自律的北京样本——北京网络媒体协会行为研究》,《新闻与写作》2010 年第 11 期。

责,仅对会员代表大会负责,而监事会的监督权不仅及于本协会各个机构和工作人员,而且及于本协会会员的相关行为。

三、北京网络媒体行业自律规范

此处的北京网络媒体行业自律规范特指法律法规之外的,由网络媒体行业自行制定的规范性文件,既包括中国网络媒体行业制定的自律规范,也包括北京市网络媒体行业制定的自律规范。

网络媒体行业自律规范的制定可以追溯到1999年。当年,23家新闻媒体联合发布了《中国新闻界网络媒体公约》。虽然对该公约的具体内容有所争议①,但是这是第一个由网络媒体自行制定的适用于网络媒体行业的规范。2002年以后,随着中国互联网协会的成立,网络媒体行业自律规范走过了一个从零散个别到系统全面,从“原则”、“框架“到“规范”、“细节”的历程。

网络媒体行业自律规范初步形成了一个体系,操作性也明显增强:

第一层次,基本规范:

1. 2002年3月26日,中国互联网协会在北京发布《中国互联网行业自律公约》,该公约可以视为中国互联网行业自律的“根本大法”②。

2. 2003年12月8日,在中国互联网协会互联网新闻信息服务工作委员会成立大会上,来自人民网、新华网、中国网、新浪网、搜狐网等30多家互联网新闻信息服务单位共同签署了《互联网新闻信息服务自律公约》③。这个公约是互联网企业从事新闻信息服务的基本自律文件。

3. 2006年4月9日,北京千龙网、新浪网、搜狐网、网易网等14家网

---

① 魏雅华:《〈中国新闻界网络媒体公约〉当止》,《青年记者》2005年第5期。

② 《中国互联网协会在北京发布〈中国互联网行业自律公约〉》,http://www.isc.org.cn/ShowArticle.php? id=6866。

③ 《我国互联网签署新闻信息服务自律公约》,《人民日报》2003年12月9日。

站,联合向全国互联网界发出《文明办网倡议书》。①。

4. 2006 年 4 月 19 日,中国互联网协会发布了《文明上网自律公约》,号召互联网从业者和广大网民从自身做起,文明办网,文明上网。②

5. 2006 年 4 月 12 日,北京网络媒体协会各成员网站共同制定推出了《北京网络媒体自律公约》。

第二层次,专项规范:

1. 2004 年 6 月 10 日,中国互联网协会互联网新闻信息服务工作委员会发布了《互联网站禁止传播淫秽、色情等不良信息自律规范》。

2. 2004 年 12 月 22 日,中国互联网协会新闻信息服务工作委员会公布了《互联网搜索引擎服务商抵制淫秽、色情等违法和不良信息自律规范》。

3. 2006 年 12 月 27 日,中国互联网协会发布了《抵制恶意软件自律公约》。

4. 2008 年 7 月 17 日,中国互联网协会反垃圾短信息联盟成立,并签署了《中国互联网协会反垃圾短信息自律公约》。

5. 2009 年 1 月 8 日,北京网络媒体协会向会员单位发出《关于清理整治网上低俗内容的倡议书》。随后,北京市出版工作者协会发布了《关于清理抵制互联网出版行业低俗之风的倡议书》。

6. 2009 年 7 月 7 日,中国移动、中国联通、中国电信、腾讯等单位签订了《反网络病毒自律公约》。

第三层次,产品与服务规范:

1. 2003 年 2 月 25 日,中国互联网协会发布了《中国互联网协会反垃圾邮件规范》。该规范的发布施行结束了我国网络界在反垃圾邮件方面没有统一规范的情况,同时也标志着我国互联网行业自律从制定基本规范走向制定专项规范。这是中国互联网行业自律活动走向深入的重要表现。

---

① 《文明办网倡议书》,http://news.zhongsou.com/hand/it/it/it20060409.htm。

② 参见《中国互联网协会发布〈文明上网自律公约〉》,http://news.sina.com.cn/c/2006-04-19/20268739670s.shtml。

2.2004年9月14日，中国互联网协会公布了《中国互联网协会互联网公共电子邮件服务规范》。这是由中国互联网协会制定的第一个全面完整的服务规范和标准，具有相当强的可操作性。

3.2004年12月31日，中国互联网协会无线信息服务专业委员会成立，并发布了《中国无线信息服务行业诚信自律细则》和《无线信息服务质量评测实施条例》。前一个规范全面规定了中国无线信息服务行业的产品资费、信息内容、商业营销、客户服务、服务评测等方面。后一个规范主要就无线信息服务质量评测的实施规则和流程进行了规定，是前一个规范的具体化。[①]

4.2008年7月17日，中国发布了《中国互联网协会短信息服务规范》和《用户发送短信息指南》。这是电子邮件服务规范、无线信息服务规范之后的又一个服务规范和标准。

第四层次，评价规范：

2007年8月21日，中国互联网协会公布了《绿色网络文化产品评价标准(试行)》。该标准的评审对象分为网站全部内容、网站频道内容、网站栏目内容及以网络为载体的其他产品。评审内容分为社会与文化类、新闻与媒介信息类、科学与技术类、教育类以及休闲与生活类五类内容。[②] 这一评价标准的提出将互联网行业自律从反击违法不良信息推进到全面提高网络信息品味的阶段。

四、北京网络媒体行业自律机制

(一)新闻评议机制

“新闻评议会是一种新闻行业自律的监督与仲裁机构。其基本职能和

① 参见《无线信息服务专业委员会成立》，载 http://it. sohu. com/s2004/3860/s223719213. shtml。当年的9月15日，新浪、搜狐、网易曾经响应2004中国互联网大会“构建繁荣，诚信的互联网”和“坚决抵制互联网上有害信息”的号召，成立中国无线互联网行业“诚信自律同盟”，并发布了《中国无线互联网行业诚信自律细则》。参见 http://it. sohu. com/s2004/3860/s223232531. shtml。

② 《绿色网络文化产品评价标准》，http://tech. qq. com/a/20070821/000071. htm。

主要任务是负责处理新闻业内部或新闻业与社会间的新闻纠纷(即因新闻传播行为所引发的矛盾纠纷)。它以国家宪法及相关法律为依据,按照行业规约和评议会章程,对涉及新闻职业道德问题和新闻侵权所引发的新闻纠纷进行仲裁,并监督裁定决议的执行。它是新闻行业实行集体自律的一种有效组织机构,也是目前世界上许多国家通行的一种行业自律组织形式。"①新闻评议会以行业自律,唤起新闻从业者的社会责任和道德责任,维护新闻业的尊严、荣誉及良好社会形象为宗旨。2006 年 4 月 13 日,北京网络媒体协会主办的北京网络新闻信息评议会成立,开全国风气之先。该评议机制运行以来,有如下特征:

1. 网络评议会真正实现了政府、网络媒体、专家学者和网民的合作治理

该评议会由政府管理部门、网络媒体、专家学者和网民代表四方组成,主要活动内容是对当前网站网络文化传播情况进行评议,提出问题所在,提请社会关注,督促网站整改。评议会的决议已经成为政府部门管理工作的重要参考。如 2008 年,香港"艳照门"事件发生之后,北京网络媒体协会迅速启动网络新闻评议机制,对百度的某些关键词检索及贴吧为艳照传播提供便利的行为提出了严厉批评,责成百度通过媒体公开道歉。此后,北京市互联网宣传管理办公室依法对百度作出行政处罚。网络媒体的先行处理,不仅有利于提高突发事件应对的高效性,维护互联网的正常秩序,而且也有利于网络媒体自身及时开展自查自纠,避免事态的进一步发展。

2. 选题精当,集中于网络热点

从 2006 年成立到 2011 年 2 月,网络新闻评议会共召开 26 次会议,都是针对网络传播的热点问题。及时的新闻评议,规范了网络传播行为,弘扬了社会主义核心价值观、社会主义新闻职业道德观,有力地维护了互联网的健康发展。以 2010 年为例,网络新闻信息评议会共召开 6 次会议,其主题

① 郑保卫:《建立监督仲裁机构　强化行业自律机制——关于我国组建新闻评议会的建议与构想》,《新闻记者》2002 年第 8 期。

分别为“微博客的运营与发展”,“建立机制、传播创新、用心运作、重在实效——灾难面前网络媒体的社会责任”,“共建网络文明、共享网络和谐”,“自觉遵守《侵权责任法》、防止网络侵权行为”,“维护网络文明,规范网络公关”,“杜绝虚假新闻 增强社会责任 加强新闻职业道德建设”。这些主题均与当时的网络媒体行业的发展态势密切相关。

3. 凝聚行业共识,细化行业自律规范

虽然网络媒体行业的基本法律法规、基本自律公约已经为数不少,但是很多具体问题仍然没有细致的规定,而且新的传播方式、新的传播问题不断出现,原有的规范如何适用仍然需要探讨。由此就需要有一种机制来解决这些问题。网络新闻评议会通过业界的共同商议,交流具体的实践操作,取长补短,就具体的操作凝聚共识,为形成良好的行业习惯和惯例提供了条件,为今后制定更为精细化的规范打下了基础。如 2010 年 11 月 3 日下午,北京网络新闻信息评议会召开该年度第五次会议,主题为:维护网络文明,规范网络公关。该会议上评议了“网络推手”问题。此问题是近年来出现的新问题,目前尚未有较好的解决方案。该会议通过深入讨论,大大加深了人们的认识,从行业内部推动了这一问题的解决。评议会指出,“互联网企业应该坚持依法办网、文明办网、诚信办网,正确处理经济效益和社会效益关系,始终把社会效益放在首位;认真开展行业自律,进一步严格内部管理,完善制度规定,规范信息发布流程,切实维护网络信息安全和公共利益;积极开展从业人员网络法制和职业道德教育;建立健全网站编辑和版主行为规范,提高从业人员道德操守,增强社会责任意识;提倡网上理性思考、文明发言、有序参与,营造积极健康的网上舆论环境。”①

(二)网络媒体自我监督机制

媒介内部监督员是一种设在媒介组织内部的监督机构。北京网络媒体陆续开始设立类似机构。2010 年 8 月 27 日,北京网络媒体协会新闻评议

① 北京网络媒体协会:《维护网络文明,规范网络公关》,http://www.baom.org.cn/pingyihui/2010-11/03/content_5583.htm。

专业委员会召开年度第三次评议会议，发出《关于在网络媒体设立自律专员的倡议》，开设微博业务的新浪、搜狐、网易等八家网站承诺将率先试点运行。① 自律专员遵循“大兴网络文明之风”的各项规约要求，对该网络媒体上存在的危害国家安全、危害社会稳定、违背法律法规、违背社会公德、淫秽色情、诈骗等有害信息，谣言和虚假信息，跟风炒作、炫富拜金、荒诞猎奇等庸俗行为进行监督。自律专员直接对该网络媒体负责，但其工作独立于该网络媒体的内部采编及监控流程。②

（三）教育交流机制

北京网络媒体协会组织了一系列教育交流活动，提高了北京网络媒体企业和从业者的道德修养，加深了对社会主义核心价值观的认识，增强了坚持社会主义先进文化前进方向、倡导社会主义网络文明建设的自觉意识，收到了良好的社会效果。这些教育交流活动包括北京网络媒体红色故土行、中国网络媒体足球精英赛、网络媒体新春大联欢、网络大过年等，其中以北京网络媒体红色故土行自 2004 年起，七年来成为业界参与规格最高、范围最广、认同度最高的自我教育活动。③

（四）社会监督机制

北京网络媒体行业自律的社会监督机制多样化，包括网络监督义务志愿者、“妈妈评审团”等。2006 年 5 月，北京网络媒体协会首次面向全国公开招募 200 名网络监督义务志愿者。这一机制的建立，标志北京网络媒体行业自律正式增加了社会监督的机制，分散的、个别的网民监督从此有了组织化的渠道。2010 年，以“妈妈评审团”成立为标志，评议机制向青少年保护领域延伸。2010 年 1 月 19 日，北京网络媒体协会在搜狐焦点网召开了

---

① 陈华：《行业自律的北京样本——北京网络媒体协会行为研究》，《新闻与写作》2010 年第 11 期。

② 《2010 年度北京互联网行业自律十大事件发布》，http://www.baom.org.cn/2011-01/11/content_5706.htm。

③ 陈华：《行业自律的北京样本——北京网络媒体协会行为研究》，《新闻与写作》2010 年第 11 期。

“妈妈评审团”研讨会暨第一次会议。“知心姐姐”卢勤、江西省的“网络妈妈”刘焕荣、全国劳模李素丽、青少年法律与心理咨询中心主任宗春山等九位青少年教育专家及社会人士被正式聘请为首批评审员。评审团以“儿童最大利益优先原则”为基本原则,对互联网上各类可能危害青少年健康成长的信息形成意见后提交给相关部门处理,并有权要求相关部门反馈处置结果。参与主体多元、形式多样、内容丰富的社会监督机制,成为首都网络媒体自律和自我净化、自我规范的有力保障。

网络舆情监测的方法和应用：指标体系与内容甄别

Approaches and Applications of Online Public Opinion Monitoring: Indicator System, Content Screening and International Comparison

金兼斌　刘于思 *

Jin Jianbin, Liu Yusi

摘　要：本文梳理了目前学界和业界对网络舆情概念的探讨及共识，列举网络舆情在不同类型的网络应用平台上的表现形式，对近年来形成的较为系统的网络舆情监测方案的指标体系进行总结和评估，在此基础上探讨网络舆情的复杂性，寻求在网络推手运作涉入的互联网公共空间中甄别网络虚假民意的途径，以期形成对当前我国互联网环境下，网络舆情监测的方法和应用的系统总结和理性思考，并为舆情调查或学理层面的相关研究与舆论引导等实践工作提供启发。

关键词：网络舆情　指标体系　虚假民意甄别　国际比较

随着互联网在世界范围内的持续快速普及以及人们网络使用的日益深入和日常生活化，网络舆情(online public opinion)已成为社会和学界关注的热门话题。互联网的发展使得大量网民可以方便地在互联网上参与重大公共事件的讨论，形成网络舆情，影响诸多极具典型性的社会和公众事件的演变走向，对我国的社会进步和民主化、法制化进程起着独特的推动作用；

---

* 金兼斌，男，清华大学新闻与传播学院教授，博士，主要从事新媒体采纳、扩散、使用与效果研究。刘于思，女，清华大学新闻与传播学院博士生。本文受到国家自然科学基金重点项目“面向 WEB 的社会网络理论与方法研究”(基金号 60933013)的支持。

另一方面,网上舆论又成为各种思潮、势力、利益、价值观进行“争霸逐鹿”的场所,网络舆情正在成为现实世界各种争斗的延伸和继续。

到2010年12月,我国网民总数已经突破4.5亿大关,网民构成和总体人口的结构更趋接近(CNNIC,2011)。网络民意对于社会整体民意的指示作用更为明显,并且成为社会整体舆论中日见重要、最具活力的组成部分。而随着网络成为绝大多数网民获取信息、了解社会、表达观点并参与公共讨论的主要平台和渠道,网络舆情的社会影响也达到了前所未有的程度,网络舆情与现实社会的危机常常呈现出伴随性的发展态势。新的舆情对政府的执政能力和社会的和谐发展都提出了全新的挑战。

尽管网络舆情的重要性日益凸显,但迄今为止我们对网络舆情的研究和认识却仍很有限,总体上仍处于有限感性经验总结、研究涉及的学科相互割裂、基础研究和实践应用脱节的状态。对网络舆情的独特性及其演变规律进行科学、有效的研究,总体来说才刚刚起步。可以说,对网络舆情的理论研究严重滞后于其本身的发展。因此,认识网络舆情的本质及其发生和演变的规律,科学地监测并有效地引导网络舆论,已经成为一个日益紧迫的理论和现实问题。

本文首先梳理了目前学界和业界对网络舆情概念的探讨及共识,列举网络舆情在不同类型的网络应用平台上的表现形式,继而对近年来形成的较为系统的网络舆情监测方案的指标体系进行总结和评估,在此基础上探讨网络舆情的复杂性,寻求在网络推手运作涉入的互联网公共空间中甄别网络虚假民意的途径,并通过中美两国网民使用行为的比较,分析网络舆情在各国的发展趋势与特点,旨在通过上述内容,形成对当前我国互联网环境下,网络舆情监测的方法和应用的系统总结和理性思考,并为舆情调查或学理层面的相关研究与舆论引导等实践工作提供启发。

一、网络舆情的概念及表现形式

关于网络舆论的概念,学者们认为关键有两条:传播形式上以网络媒体为载体;内容是公众发表的集合性意见。而对于网络舆情的概念,一些学者将其基本上等同于上述网络舆论的定义①。也有学者将之视为相比于网络舆论更为具体的、针对特定事件所持有的群体性情绪、意愿、态度、意见和要求的总和及其表现②。换言之,网络舆论指常态的,网络舆情更多的和具体事件相关联。网络舆情是一种社会政治态度,是民众和国家管理者利益诉求的互动表现方式,带有倾向性和价值选择性;网络舆论则包含着来自社会各界的不同声音,是一种表层意识,其存在随时可为人们感受到③。随着时间的推进,网络舆情极容易向网络舆论转化④。在本文的论述中,我们对网络舆情与网络舆论不加明确的区分。

所谓网络舆情,是指公众(网民)以网络为平台,通过网络语言或其他方式,对某些公共事务或焦点问题所表现出的意见的总和。从概念操作化定义(operationalization)的角度,我们可以对"网络舆情"进行进一步的分类,明确为以下选择之一:(1)某一个或一类网络平台上的网民对某些公共事务或焦点问题所表现出的意见的总和;(2)整个网上的网民对某些公共事务或焦点问题所表现出的意见的总和;(3)某一个或一类网络平台上的网民对特定问题所表现出的意见的总和;(4)整个网上的网民对某一特定问题所表现出的意见的总和。在这里,一是对"网络舆论"一词中的"网络"的具体范围进行区分,即可以区分出是"整个网络"还是"特定网络平台";二是对"网络舆论"一词中的"舆论"的范围进行具体的区分,即考察对象是网站上的"各种议题"还是"特定议题"。上述四种情形中,最基本的情形是第三种,即"特定网络平台上的网民对某一特定议题所表现出的意见的总

---

① 周如俊、王天琪:《网络舆情:现代思想政治教育的新领域》,《思想理论教育》2005年第11期。刘毅:《略论网络舆情的概念、特点、表达与传播》,《理论界》2007年第1期。

② 张元龙:《关于"舆情"及相关概念的界定与辨析》,《浙江学刊》2009年第3期。

③ 姜胜洪:《我国网络舆情的现状及其引导》,《广西社会科学》2009年第1期。

④ 李彪:《网络舆情的传播机制研究——以央视新台址大火为例》,《国际新闻界》2009年第5期。

和"[1]。

而在各种不同网络应用中,网络舆情的载体和表现形态也有所区别。随着网络作为网民获取信息的主要途径,上网成为网民日常生活中不可缺少的重要部分。在各种网民最经常使用的功能中,包括了舆论的了解(浏览门户网站、论坛等新闻或信息类网页)和对社会舆情孕育、发展的参与(使用各类社会化媒体)等。"网上公众发表的意见"可以进一步区分为"网络新闻舆情"和"网民意见舆情"[2]。具体到网络舆情的表现形式和平台上,"网络新闻舆情"主要通过具有新闻媒体性质的网络新闻作为载体,通过从中所反映出来的舆论倾向形成舆情;而网民意见舆论的表现形式,则包括了 BBS、博客、新闻后面的网民评论等[3],乃至电子邮件、即时通信等方式,[4]以 BBS 论坛、博客、各种社交网站和网上社区等为平台,呈现出网民对社会上人和事的看法。

近年来,Web2.0 技术的兴起和发展,使得网络舆论的主导模式逐步从 Web1.0 时代以门户网站为中心的"网络新闻舆情"向以社会化媒体(social media)为主要平台,以用户参与、创造和分享内容为主要特征的"网民意见舆情"过渡。2010 年,各种网络舆情载体的力量对比已经逐渐发生变化,具体表现为:微博客改变网络舆情载体格局,粉丝数超过百万的微博达到 63 个,微博客逐渐成为重要和突发信息发布的核心载体;网络社群发展迅猛,目前国内 QQ 群已超过 5000 万个,代表性社交网站如开心网、人人网的注册用户分别达到 8000 万和 1.2 亿,成为继微博客之后又一影响力极强的网络平台;与此同时,相应地,论坛、博客爆料功能弱化,新闻跟贴数量减少[5]。这说明,在 Web2.0 的语境下,能够形成社会网络的互联网应用平台是社会

① 金兼斌:《网络舆论调查的方法和策略》,《河南社会科学》2007 年第 7 期。
② 谭萍:《中国网络舆论现状及引导方略》,郑州大学硕士学位论文,2005 年。
③ 邹军:《试论网络舆论的概念澄清和研究取向》,《新闻大学》2008 年第 2 期。
④ 刘常昱、胡晓峰、罗批、司光亚:《基于 Agent 的网络舆论传播模型研究》,《计算机仿真》2009 年第 1 期。
⑤ 祝华新、单学刚、胡江春:《2010 年中国互联网舆情分析报告》,见《2011 年中国社会形势分析与预测》,汝信、陆学艺、李培林主编,社会科学文献出版社 2011 年版。

化媒体。社会网络中的舆情传播有赖于个人化门户信息的动态推送机制。这一机制在近年来兴起的社交网站(Social Network Sites,SNS)内容分享和微博客的“@ username”中体现得尤为突出。因此,社会化媒体已成为重要的网络舆情空间,特别是国内较有影响力的几大重要社交网站(如人人网、开心网等)和微博客(新浪微博、腾讯微博等)服务平台中的新闻舆论与用户生产内容(User Generated Content,UGC)舆论。网络舆情的组织和传播结构正在从线性的、集中的话题式舆论,演变为以个人为节点的、分散式舆论为特征的话题式舆论。一方面,社会化媒体这类新的网络舆论形式整合了在线社会网络与舆情扩散网络;另一方面,以行动者为结点意味着行动者主动性的凸显,行动者有意识地借助自身社会网络传播信息,并可能形成以传播信息为目的的集体行动。最终,这种新的舆论形式容易借助日渐重合的线上、线下社会网诱发其他线上、线下集体行动。

总之,本文所谓的网络舆情,主要包括两大部分:一是具有新闻媒体性质的网络新闻中所反映出来的舆论倾向,即“网络新闻舆情”;二是以 BBS 论坛、博客及近年来兴起的各类社交网站、微博客等各类社会化媒体为平台而呈现出来的网民对社会上人和事的看法,即“网民意见舆情”。这两部分内容可能在网络舆情的形成过程中并行,因此我国的网络舆情在认识规律上,可能更具特殊性和复杂性。

二、网络舆情监测方案的指标体系评估

网络舆情与其他平台上的民意相似,具有可知性和可测量性。在有了概念的操作化定义之后,相应地需要形成操作性的测量方法。因此,构建网络舆情监测的指标体系,对科学、全面、系统地认识和把握网络舆情,具有重要的理论价值和实践意义。

在现有网络舆情监测的研究中,已逐步形成了若干种网络舆情指标评估体系。总的来说,网络舆情监测内容覆盖了上文所探讨的“网络新闻舆情”和“网民意见舆情”两个层面。从指向上来看,网络舆情监测指标大体

上可分为网络舆情关注指标(网络新闻媒体关注程度、网民关注程度等)、网络舆情意见指标(网民意见方向、意见分布等)、网络舆情应对指标(政府公信力、反应速度、信息透明等)几大类。而根据元数据类型进行区分,则主要包括由文章数量、访问量等为基础的直接数据和基于直接数据进行内容分析、语义分析等处理所获得的间接数据构成的客观指标,以及来自专家调查与访谈、网民抽样调查等方式收集到的主观指标。对于特定类型的网络舆情指标,可能同时包括客观指标和主观指标。每一类网络舆情指标在测量方式上各有所长,而在反映网络舆情的不同角度上互为补充,共同构成了网络舆情监测方案的指标体系。在下文中,我们列举了几种较为常用和典型的指标体系,并进行比较和评估。

(一)网络舆情描述的基本维度

一般认为,对网络舆情的描述,涉及5个方面的维度(dimensions)。具体而言,包括测量舆论稳定性的时间维度(反映某一议题的舆论在不同时间点上的变化情况)、测量舆情分布的数量维度(反映某一议题贴子的多少),以及测量舆情强度的显著维度(反映某一议题贴子在论坛总贴子中的比例)、集中维度(反映某一议题贴子在不同网友之间的分布)和意见维度(反映某一议题贴子各种不同意见的分布情况)等①。

这5个用于描述网络舆情的维度,基本上涵盖了包括“网络新闻舆情”和“网民意见舆情”两条进路在内的网络舆情内容。从数据类型上来看,网络舆情5个基本维度的经验资料主要由客观数据构成,包括时间序列、贴子数量、网民分布等直接观察数据,以及网民意见倾向等间接分析数据。这5个维度不仅能够从数量上反映出网络舆情的关注程度,而且从内容态度上体现了网络舆情的具体意见分布,作为网络舆情描述的基本指标,构造了对网络舆情进行有效监测的基础框架。

---

① 金兼斌:《网络舆论调查的方法和策略》,《河南社会科学》2007年第7期。喻国明、李彪:《2009年上半年中国舆情报告(上)——基于第三代网络搜索技术的舆情研究》,《山西大学学报(哲学社会科学版)》2010年第1期。

然而，具体到实际应用中，仅仅依靠这5个维度来进行网络舆情监测是远远不够的，需要根据监测项目本身的需求来不断进行指标的补充、细化和优化。下文结合较有影响力和代表性的几套网络舆情监测方案，对网络舆情的监测指标体系进行探讨。

（二）网络舆情监测代表性指标体系评述

1."网络舆情预警指数"指标体系

在对网络舆论演变机制的研究中，一个共识是我们不仅需要研究网络舆论的呈现方式即网上的文本内容，同时也需要研究网络舆论的主体即网民的行为特点。关于网民的行为特点，最受人关注的是"群体极化"（group polarization）现象，即"团体成员一开始即有某些偏向，在商议后，人们朝偏向的方向继续移动，最后形成极端的观点"①。这种网民"群内同质化、群际异质化"的现象在国内有关网民行为的实证研究中得到证实②，同时网民的情绪表达类别相对单一，并且情绪的倾向度比较一致，都倾向于负面情绪③。由于网民舆论观点本身可能被理性或者情绪化地表达，而基于信息的主题也可以被分为"有效"或"无效"④，这些都可能导致舆情走向的差异化，因为理性言论往往能促进双方的理性讨论，而情绪化的言论可能更多地希望获得他人情感上的共鸣。因而，在一些聚焦于网民意见舆情的应用语境，如受网民本身情感、态度与行为意向影响较大的网络舆情预警研究中，便需要在上述描述网络舆情基本维度的基础之上，进一步纳入网民在关注程度、意见分布之外，对事件拥有怎样的卷入程度（involvement），以及产生了怎样的情绪（emotion）等指标。此外，在社会化媒体的在线传播网络中，

---

① 凯斯·桑斯坦：《网络共和国——网络社会中的民主问题》，黄维明译，上海人民出版社2003年版，第47页。

② 戴钦：《网络论坛言论传播中的自我净化机制》，见杜骏飞、黄煜主编：《中国网络传播研究（第一卷第一辑）》，复旦大学出版社2007年版。

③ 李彪：《网络舆情的传播机制研究——以央视新台址大火为例》，《国际新闻界》2009年第5期。

④ Weimann, G. T. (1991). The influentials: Back to the concept of opinion leaders? *The Public Opinion Quarterly*, 55(2), 267-279.

“两级传播”现象①也得到了确认,也即存在信息被少数发挥过滤和强化作用的个体所中介②。能够引发大规模舆论讨论的个体往往是知名人物,吸引大量用户的注意力,强烈地影响了讨论,并扮演了直接或间接信源的角色。

因此,有必要将上述指标纳入网络舆情监测指标体系的范畴。例如,在测量网络舆情预警指数的指标体系中,就包括了如下内容:事件发生的领域、地域;网站的影响力;网页位置;12 小时内贴子增长数;1 小时内平均每分钟贴子数;观点多元维度;情绪类型;手机网民参与评论的活跃度;单位信息的敏感度;传播路径节点③。这一指标体系与 5 个维度的网络舆情监测的基本框架相比,纳入了对单位时间内贴子增量、网络舆情平台权重等因素的考察,将原有维度细化,同时在网民意见层面之外,增加了对其情绪和卷入度的测量,以及对传播路径节点所代表的意见领袖的发掘,反映了对网络舆情意见指标及多级传播机制的强调和重视,体现了关于意见领袖和网民群体意见动态对网络舆情预警重要作用的考虑。

然而,上述指标体系过于强调和机械地依赖客观指标。例如,这一指标体系将 10 个子指标作等权重处理(各 10%),而在实际应用的情况下,上述因素在网络舆情预警指数的组成部分中,可能作用比例各不相同,这就需要结合对现实认知的主观评估,调整各项指标的权重,通过对已知(经实践检验是科学、合理、切合实际的评价)样本的学习,获得专家的经验知识及对目标重要性的权重协调能力,尽可能消除以往权重确定方法中的伴随主观

---

① 参见 Lazarsfeld, P., Berelson, B., & Gaudet, H. (1948). *The people's choice*. New York: Columbia University Press。

② Himelboim, I., Gleave, E., & Smith, M. (2009). Discussion catalysts in online political discussions: Content importers and conversation starters. *Journal of Computer-Mediated Communication*, 14, 771-789.

③ 喻国明、李彪:《2009 年上半年中国舆情报告(下)——基于第三代网络搜索技术的舆情研究》,《山西大学学报(哲学社会科学版)》2010 年第 3 期。

因素而带来的漂移值①。

2.“网络舆情指数体系(IRI)”指标体系

IRI网络舆情指数指通过互联网表达和传播各种不同情绪、态度和意见综合变动情况的相对数。这一体系由网络舆情总体指数(由区域指数和领域指数加权计算得出)、网络舆情单体指数(二级指标:新闻、论坛、博客、视频、微博指数;三级指标:包括发布、回复和浏览在内的参与度,以及由网站、网站影响因子和话题属性影响因子构成的波及度)、网络舆情维度指数(包括热度、重度、焦度、敏度、频度、拐度、难度、疑度、粘度和散度10个子指数)②和网络舆情态度指数(态度分布;正面/中性/负面意见倾向)四大部分构成。随后,在数百名专家的参与下,通过德尔菲法,对指标权重进行每季度一次的部分调整和每年一次的全面厘定。

这一指标体系同样涵盖了网络新闻与网民意见中的网络舆情关注指标与意见指标,增加了除新闻、论坛、博客等传统网络舆论载体之外,对视频和微博等新兴网络应用平台上舆论内容的考察。同时采用网民的发贴、回复和浏览等可观测行为进行评估,使对网络舆情关注指标的测量更趋立体和合理。此外,结合了客观数据挖掘与主观权重调整,使监测结果更加具有现实性。但IRI网络舆情指数体系也存在着一定的问题,例如,对于网络舆情关注指标的子指数过于庞杂和繁复,各指标之间的独特内涵和设立必要性可能也有值得商榷之处,而对于舆情意见指标的构建又过于简化,等等。

与此同时,IRI网络舆情指数体系在网络舆情监测中引入了话题属性影响因子。然而,在网络舆情的形成过程中,大多数舆论的扩散和传播同话

① 戴文战:《基于三层BP网络的多指标综合评估方法及应用》,《系统工程理论与实践》1999年第5期。

② 谢海光、陈中润:《互联网内容及舆情深度分析模式》,《中国青年政治学院院报》2006年第3期。

题类型有关①,例如"政治性讨论"和"社会性讨论"的二分法,可以区分出不同类型的参与者和讨论②。由于人类集体的行动往往具有可以识别的独特方式③,不同类型的话题很可能引起多样的反馈。同时,基于观点的话题倾向于引起更为平等的参与;而基于时事信息的话题则更容易导致集中的和层级化的讨论④。此外,内容呈现手段和技术也会对舆情的传播形态和走向产生影响。例如,社会化媒体用户可以通过插入外部链接、图片、视频的形式增加内容的丰富性,并由于传播环境和传播者的动机的不同,带来不同的传播结果和效果⑤。因此,话题类型、网络平台类型等因素,可能对网络舆情产生不同程度的影响。基于上述研究结论,话题属性因素和网络平台类型因素,可能更适合作为网络舆情指数的预测变量(predicator)而非测量指标(indicator),用以预测网络舆情,而非构成网络舆情的指数体系。

总之,上述两种指标体系,包括网络舆情监测的基本框架在内,其根本

---

① Boyd, D., Golder, S., & Lotan, G. (2010). Tweet, tweet, retweet: Conversational aspects of retweeting on twitter. Paper presented at the 43rd Hawaii International Conference on System Sciences; Java, A., Song, X., Finin, T., & Tseng, B. (2007). Why we twitter: understanding microblogging usage and communities. Paper presented at the 9th WEBKDD and 1st SNA-KDD Workshop '07. Retrieved from http://portal.acm.org/citation.cfm?id=1348556; Kwak, H., Lee, C., Park, H., & Moon, S. (2010). What is Twitter, a social network or a news media? Paper presented at the WWW 2010, Raleigh, North Carolina, USA.

② Scheufele, D. A. (2000). Talk or conversation? Dimensions of interpersonal discussion and their implications for participatory democracy. *Journalism and Mass Communication Quarterly*, 77, 727－743.

③ Crane, R., & Sornette, D. (2008). Robust dynamic classes revealed by measuring the response function of a social system. Proceedings of the National Academy of Sciences, 105(41), 15649－15653.

④ Himelboim, I. (2008). Reply distribution in online discussions: A comparative network analysis of political and health newsgroups. Journal of Computer-Mediated Communication, 14(1), 156－177.

⑤ Burgoon, J., Bonito, J., Ramirez, A., Dunbar, N., Kam, K., & Fischer, J. (2002). Testing the interactivity principle: Effects of mediation, propinquity, and verbal and nonverbal modalities in interpersonal interaction. The Journal of Communication, 52, 657－676.

问题在于，无论在客观指标的基础上是否加入对指标权重的主观考量，这些指标体系均缺少将社会行动者作为舆论形成的行为主体的视角，缺乏对网络舆情事件中行为主题的感知、态度以及行为等要素的关照，因此其本质上只是在呈现现象，但无法提供对现象之意义进行有效解读的线索和思路，更无法据此对舆情应对和引导提供建设性的策略指导。这些问题需要在强调舆情应对维度的语境下，特别是面向网络舆情应对指标的舆情监测系统中得到调整和解决。

3. 人民网舆情监测室“地方应对网络舆情能力排行榜”指标体系

人民网舆情监测室针对每季度的舆情热点事件，发展了一系列评测指标。其中，针对地方应对网络舆情能力，采用专家列名小组法（德比克法）①进行分项评估，其指标体系主要包括：政府响应（包括响应速度、应对态度、相应层级）、信息透明度（政府新闻发布透明度、官方媒体报道情况、互联网和移动通信管理、对外媒体的态度等）、政府公信力（事件前后对政府的信任度、满意度、政府综合形象）、动态反应、官员问责与网络技巧等，最终依据各项得分列出四级颜色警报。同时，根据各种媒体报道数据，构建了事件热度指数指标，包括网站推荐（权重30%）、网络社区（权重30%）、传统媒体（权重20%）和海外媒体（权重20%）的热度指数。

这一指标体系具有较高的实践性和指向性，与其他网络舆情指标体系相比，尤为强调政府作为网络舆情客体和行为主体，在舆情形成、发展、保持和消退时期对网络舆情的重要作用。同时，将网络舆情应对指标和网络舆情关注指标分类处理，也使整个指标体系更加清晰明朗，应用性、现实针对性更强；而这两方面的观照对应分析，有助于我们对特定网络舆情的本质和相应的应对关键，有科学的认识，获得有益的启示。数据部分，除了时间序列的信息量等客观数据之外，也结合了主观权重的调整。在专家调查中，采用列名小组法（德比克法）能够吸收专家会议与匿名小组法（德尔菲法）的

① 列名小组法，或德比克法，是改进了德尔菲法的缺陷后所产生的一种新的预测方法。采用函询与集体讨论相结合的方式征求专家意见的方法。

长处,用函询与集体讨论相结合的方式征求意见,加大集体讨论、专家会商研判的环节,避免权威的合法化效应,防止“乐队花车效应”的发生。

但该指标体系的重大问题在于,没有将关键性的网络舆情意见指标纳入整个指标体系。如果将意见指标与关注指标、应对指标并列,作为网络舆情体系中的独立指标,进行详细的指标体系构建,则可将三种指标互相对照和修正,产生更有信度和效度、更有启发性的监测结果。

4.“网络舆情热度评价”指标体系

针对非常规突发事件,研究者构建了网络舆情热度评价指标体系(张一文等,2010),具体评价指标包括 A. 事件爆发力:事件易爆性、事中作用力(事件持续时间、损失/危害程度)、事末影响力(处理过程满意度、处理结果满意度)、事件扩大几率(次生事件发生可能性、事态扩大可能性);B. 媒体影响力:网络媒体报道数(报道事件的网络媒体机构数量、有关该事件的新闻报道数量)、网络媒体报道质量(报道内容的真实度、全面度、权威度);C. 网民作用力:网民情绪强度(愤怒程度、紧张程度、激动程度)、网民行为强度(网上行为强度、网下行为强度);D. 政府疏导力:政府公信力(政府行为法制化程度、政府民主化程度、政府执政能力满意度)、政府危机公关能力(政府危机响应速度、政府资源调配速度、各级政府工作协调能力)、政府信息处理能力(政府信息透明度:政府信息全面性/真实性/有用性、政府信息及时性、各级政府信息协调能力、政府媒体协作能力)。并在此基础上,利用 BP 人工神经网络来确定各项指标的权重,以确保所采用的指标能够有效地反映出研究对象的本质。

“网络舆情热度评价”指标体系相对较为完整,综合考虑了“网络新闻舆情”和“网民意见舆情”两个层面上的网络舆情关注指标、意见指标和应对指标这三大面向,在数据来源上,同时包含了客观数据和开放式问卷两部分,其中开放式问卷又分为专家调查和网民抽样调查。来自客观数据的指标包括事件持续时间、经济损失、报道事件的网络媒体机构数量、新闻报道数量与网上行为强度(包括点击量、回贴量、论坛 BBS 发贴量、博文数量)等;而在开放式问卷所获得的主观数据中,来自专家的访谈数据主要评估事件爆发力和政府疏导力，而来自网民抽样调查的数据则主要评估媒体影响力中的网媒报道质量，网民情绪强度与线下行为意向，以及政府疏导力中的公信力与信息透明度部分。

网民抽样调查的方式是该指标体系构建的亮点所在，凸显了网民在网络舆情形成过程中的决定性作用。但尽管如此，在指标体系中纳入网民抽样调查的数据本身具有一定的风险性。由于“网络舆情热度”作为描述性指标，其调查的网民随机样本应当来自严格的概率抽样，而在网络环境下，匿名网民的人口统计学信息无法全部被可靠地获得，再加上网络问卷的回收率较之入户、面访、电话或邮寄问卷调查方式而言相对极低（通常回收率为10%左右），因此即便制定了理想的分层概率抽样方案，也很难实现以被试网民代表全体网民的理想状况，更无法以填答问卷的网民所得出的结论来推测整体网络舆情。可供参考的修正方式是，采取必要的手段和方法（如提高样本量、问卷回收率等）来降低抽样误差，提高主观数据结论的可推广性，或者尽量使用客观数据的测量指标来代替主观指标。例如，研究者希望通过网民抽样调查获得的测量指标，包括网络媒体报道质量、网民情绪强度与线下行为意向、政府公信力与信息透明度等，可以用对客观数据的间接分析代替，如针对网民回贴、发贴等文本，制定统一的编码表，培训编码员，通过规范的内容分析来获得，而对于海量文本信息，也可运用自动语义分析的方法进行操作。

综上所述，在一个网络舆情监测的指标体系中，采用主观指标进行测量，能够有效地体现舆论形成过程中主体对舆情对象的认知、态度与情感；同时，客观数据可以降低抽样框误差，获得较为准确的、具有代表性的网络舆情监测结果。因此，主观指标需要与客观指标的数据分析结论互相修正；而在主观和客观指标内部，也需要不同方式收集的数据（如专家调查和网民抽样调查、数据挖掘与语义分析）之间互相结合。这当然有一定的难度，工作量也会大大增加，对数据分析和处理的要求也会较高，但从网络舆情监测的有效性要求看，这无疑是一个努力的方向。

三、网络舆情的复杂性与虚假网络民意甄别

前文对网络舆情监测方案的若干指标体系的比较和评估中,我们提出了由文章数量、访问量等构成的客观数据指标与主观指标的各自优缺点和相互补充的必要性。然而,网络舆情空间中的客观指标测量的结果是否能够真实可靠地反映网络民意?这样的反思,反映了我们对网络舆情的复杂性的认识和体会。

(一)网络推手与网络舆情的复杂性

网络舆情本身具有相当程度的复杂性。它与现实紧密关联,一方面,网络舆情处在不断的动态演变过程之中,因此很难对不同时间点的舆情状况有准确的宏观把握和动态描述;另一方面,影响网络舆情的各种可能因素错综复杂,包括社会事件、国际舆论、当时的社会经济形势、大众媒体表现、政府的导向、社会精英的一些言论,等等。不仅如此,近年来被证实的广泛存在于互联网公共空间中的网络推手运作现象,更是使经济力量、政治势力推动下的、真假难辨的网络舆论混杂其中,对准确、系统、科学地认识和研判网络舆情,构成了巨大的威胁和挑战。

所谓网络推手,是指通过企业运作模式,组成受雇发贴人网络,并通过一系列有组织有策划的隐性网上操作,来制造话题、操纵流量、推动某种议题信息的扩散,从而影响互联网上的信息舆论动态的有组织、有目的、有经营方式的推手运作。在互联网上,商业性的网络推手运作已经相当成熟,并且形成了网络推手产业链①。这种新的网络营销、网络公关现象,可以在一定程度上影响网络上公共讨论的议题设置及议题演变走向,引导网民对某些新闻的兴趣,并进一步影响中国互联网上的整体舆论生态。网络推手运作的出现,改变了互联网的公共性和民间性的媒介生态性质。近年来,有关

① 参见吴玫、曹乘瑜:《网络推手运作揭秘:挑战互联网公共空间》,浙江大学出版社 2011 年版。

研究者运用源自人类学的网络参与观察法深入研究网络推手的运作[①]，发现网络推手广泛地利用新闻资讯网站、BBS博客、百科类网站、视频网站、即时通信工具、E-mail、电子杂志和社交网站等平台，影响意见领袖和广大网民，并根据不同的推广阶段选择不同的投放平台和投放频率。他们通过互联网发布招聘广告，招徕有丰富网络经验和大量时间的发贴员——即所谓的“水军”，进行发布主题贴和回贴（顶贴）的工作，根据首页数量、加精/置顶量、转载量和点击量等评价标准评估发贴员的工作，对不同工作量的任务完成情况支付相应的报酬，并提供一系列技术工具。在内容上，其主要诉诸策略包括情色、娱乐、正义、时事政策热点、情绪营销、资讯营销等方式，并根据受众反馈及时调整策略，监测竞争对手，预防和处理危机事件等[②]。

虽然网络推手运作在企业营销、公关等领域运用较为普遍，但相似的运作机制也可能见于“五毛党”、“美分党”、“水军”等参与的有关社会舆论热点事件的讨论中，这就直接威胁到网络舆情监测中常用的客观数据指标（包括发贴数量、访问量、转载量、评论量以及意见倾向本身）的有效性。同时，由于借助技术手段可以方便地进行网络身份的定位信息的复制和造假，单纯依靠IP地址来判断参与舆论构成的匿名网民数量和身份也不再准确可靠。因此，不但需要在网络舆情监测的指标体系中不断修正客观观测指标的构成和权重，同时有必要结合多学科的知识和技术，对网络舆情空间中的虚假网络民意，作出甄别和判断。

（二）虚假网络民意的甄别方法及应用

对于如何判断和甄别网络推手的行为，研究者们提出了一系列操作层面上的建议和策略，包括查找各大论坛是否同时有相同的主题贴；判断内容里是否带有特定关键字；利用Google trends、百度指数等统计监测工具查找关键词的搜索频率是否有非正常增长趋势；检查发贴者ID的其他内容是否

① 参见吴玫、曹乘瑜：《网络推手运作揭秘：挑战互联网公共空间》，浙江大学出版社2011年版。

② 参见吴玫、曹乘瑜：《网络推手运作揭秘：挑战互联网公共空间》，浙江大学出版社2011年版。

系商业行为;检查回贴的 IP 地址和内容是否相同或相近①,等等。

而应用于网络舆情监测体系,则需要在海量信息中甄别虚假网络民意,包括对无效、重复和恶意数据进行清理及分类。这时,简单的人工手动查找、搜索、检查和判断无法完成如此大的工作量。因此,需要采取海量基础数据采集、自动语义分析和网络民意与社会民意相互比照等措施。具体而言,其步骤和主要内容大致如下:

1. 甄别虚假网络民意中的海量基础数据采集

全面的网络舆情数据,是从中甄别出虚假网络民意的客观基础。然而,由于网络舆论所涉及的网络空间范围之大、结构之复杂、信息量之大、信息种类和表现方式之多样,使得常规的舆情监测方法难以应对,因此,必然需要仰仗全新的机器辅助数据采集方法。在网络舆情监测实践中,主要需要利用针对内容采集的搜索引擎方法,以及针对网民使用行为的日志采集两种方法,进行网络虚假民意甄别所需的数据采集。这两种方法的有效结合,能够互相对照和修正,对网络舆情中的虚假民意有更深入、全面的认识。

2. 甄别虚假网络民意中的海量网络信息的自动语义分析

数据清洗是甄别网络虚假民意的关键步骤。而在基于海量基础数据的情境下,网络舆情监测的数据清洗需要海量信息的机器辅助语义分析。因为从长远看,人工编码分析在分析效率上终究不能适应网络信息海量的特点。这里涉及信息检索和数据挖掘研究领域一系列前沿的研究课题,如自然语言的机器识别、机器自动分词系统、页面判别,等等,主要涉及计算机网上信息采集、网页主题相关性判别、噪音过滤、自然语言处理等网络信息检索和分析技术。

3. 网络民意与社会民意的相互比照

尽管网民构成可能与全社会的人口构成有所差异,但网络民意可能成为社会民意的反映,特别是在如今网民在我国民众中的比例不断增加、网民

① 参见吴玫、曹乘瑜:《网络推手运作揭秘:挑战互联网公共空间》,浙江大学出版社 2011 年版。

组成的人口学特征不断向总体民众的人口学特征趋近的情况下，真实、全面的网络民意应当与社会普遍民意相呼应。如果在特定事件上，网络民意与社会民意大相径庭甚至背道而驰，那么很可能是虚假网络民意的涉入所致。因此，应当把网络舆情和社会总体舆情联系起来。除了网络内容分析外，也结合网民抽样调查和网民网络使用行为分析，从而对虚假网络民意作出清晰的判断。具体而言，应当立足进行多次、多种角度的抽样调查，其中有些将采用电话抽样调查，有些将采用对网民总体进行的抽样调查，同时对网络文本进行抽样和内容分析。

四、结　语

综上所述，网络舆情的科学监测问题十分复杂，研究问题本身也具有相当的操作难度。随着网络信息资源日新月异的指数式增长，如何把握网上海量信息中所蕴涵的民意或舆情，无论在测量方法设计还是具体所需要的技术方面，都需要有全新的思路。网络舆情的测量必然涉及新闻传播学、信息科学、社会学、统计学、计算机语言学等多个学科的知识以及数据挖掘/搜索引擎、机器自动语义分析等前沿技术。传统的基于对公众进行抽样调查的舆论把握手段遇到了一系列新的挑战，因而需要针对网络舆情的特点，设计并提出一整套用以从理论上能完备地描述、在实践上具有可应用和操作性的网络舆情的指标体系。这套指标体系也将成为理解网络舆论和进行相应的监测/量化分析的基本框架，并在此基础上提出进一步对网络舆情进行测量的具体步骤和方法。基于网络舆论的静态测量方法，应当建立一套为不同用户量身定制的舆情监测、发布、预警系统。根据需要，这套系统应该可以监测特定网络空间上关于特定话题的舆情动态，也可以对特定网络空间上的总体舆情加以动态监测，并根据设定的要求输出有关舆情监测数据，供用户分析和参考。

可以说，目前有关网络舆情的研究侧重和路径，人文社会科学的学者和理工科（如信息科学、计算机科学、网络技术）的学者之间有很大不同，两者基本上各自为战,未加很好的整合和对接,这大大制约了网络舆情研究成果的深度、广度,以及有关研究成果的应用价值、社会效益和社会影响。因此,网络舆情监测的方法和应用,是一个需要整合多个学科的知识和研究技术、采用跨学科研究方法的综合性研究。基于此,这一领域需要在跨学科的合作研究方面作出积极尝试,以期在内容和方法上都取得重要突破。

首都网络年度动态与典型案例分析

Annual Development and Typical Cases of Capital Internet

2010 年北京市三网融合发展综述

A Report of Three Network Convergence of Beijing in 2010

付玉辉 *

Fu Yuhui

摘　要:2010 年,北京市在三网融合方面取得了重要进展,并为未来的三网融合发展奠定了坚实基础。从 2010 年北京市三网融合试点的实践经验来看,北京三网融合的推动和协调主导力量主要是北京市政府。在北京三网融合发展过程中,政府对于三网融合的推进起到了至关重要的作用。在从 2011 年至 2015 年的三网融合进程中,北京市政府还将起到重要的推动作用。

关键词:三网融合　试点城市　试点方案　融合监管　新媒体产业

一、我国三网融合:经历十余年酝酿,取得实质性进展

三网融合,一般是指电信网、广播电视网、互联网在向宽带通信网、数字电视网、下一代互联网演进的过程中,其技术功能趋于一致,业务范围趋于相同,网络互联互通、资源共享,能为用户提供话音、数据和广播电视等多种

* 付玉辉,男,博士,中国传媒大学新闻传播学博士后,主任编辑,兼任新闻传播学硕士生导师。

服务。三网融合的实现，将显著提高城市信息化基础设施水平，进一步降低居民、企业信息获取的成本，从而丰富人民群众文化生活，为人们提供更加丰富、更加便捷、更有特色的网络文化产品和服务。李幼平院士指出，三网融合的终极科学目标是创造全新的互联网，三网融合的长远目标不能局限于两大行业的相互准入。① 曹三省等人认为，三网融合的核心是为用户提供有效的服务，而科技发展对三网融合在信息存储、跨媒体搜索、服务聚合等方面都提出了更高的要求。②

一般认为，三网融合主要包括三个层次的融合：一是网络融合，即有线电视网、电信网和互联网三大网络实现互联互通；二是业务融合，即广电和电信企业均可经营音视频、数据等业务；三是监管融合，即实现内容、网络协同监管。通过适应三网融合要求的广电、电信网络升级改造，将使网络从各自独立的专业网络向综合性网络转变，网络性能得以提升，网络管理得以简化，维护成本得以降低，从而显著提升信息化基础设施水平。三网融合将使信息服务由单一业务转向文字、话音、数据、图像、视频等多媒体综合业务。三网融合是业务的整合，它不仅继承了原有的话音、数据和视频业务，而且通过网络的整合，衍生出了更加丰富的增值业务类型，如图文电视、VOIP、视频邮件等，极大地拓展了业务范围，从而满足人民群众日益多样的生产、生活服务需求，带动相关产业发展，形成新的经济增长点。三网融合打破了电信运营商和广电运营商在视频传输领域长期的恶性竞争状态，各大运营商将在一口锅里抢饭吃，看电视、上网、打电话资费可能打包下调，从而降低居民、企业信息获取的成本。

2010 年对于我国的三网融合发展而言，是不同寻常的一年。这一年的 1 月 13 日，国务院总理温家宝在国务院常务会议上启动了我国三网融合的进程，提出我国已基本具备进一步开展三网融合的技术条件、网络基础和市

---

① 李幼平：《三网融合的终极目标》，《科学时报》2010 年 10 月 26 日。
② 曹三省、张振宇、王群、左凤兰：《三网融合进展与技术演进趋势分析》，《现代传播》2010 年第 5 期。

场空间，加快推进三网融合已进入关键时期，并提出了加快推进三网融合的决定，明确了三网融合的时间表。经历了自1997年以来的反复争论和博弈后，2001年通过的《国民经济和社会发展第十个五年规划纲要》中提出，将促进电信、电视、计算机三网融合。应该说，之后的"十一五"规划又加速了三网融合的步伐。2008年1月和2009年5月，国务院办公厅两次下文，推进三网融合。到2010年，我国三网融合终于取得了实质性的进展。至2010年6月底，国家公布了第一批12个三网融合试点城市名单。这份名单的公布，标志着我国三网融合进程在操作层面正式走入正轨。至2010年底，三网融合已经取得了初步进展。

当然，我国三网融合进程也面临一些问题和挑战，主要表现在：广电、电信业务双向进入政策有待完善和落实；广电有线网络运营机构转企改制刚刚起步，尚未建立全国统一运营的市场主体；有线电视网数字化改造、电信宽带网建设任务还很繁重，网络重复建设和使用效率低的问题有待解决；新形势下确保网络信息安全、文化的管理能力有待提高。有研究者认为，是否具有互联网的开放精神应是判断我国三网融合进程是否成功的一项重要准则，如果三网融合失去了互联网的开放精神，将成为一个趋向于形成封闭效应的伪三网融合。①

对于此次三网融合，侯自强认为，它将促进从宽带、新媒体到视听产业和现代服务业的快速发展，带动一条产业链的发展，形成新的格局；"三网融合"的基础是互联网，如果把NGB建成一张专网，与新媒体趋势与需求的发展相悖，在"三网融合"中没有前途。② 曾剑秋认为："国际上三网融合既是大势所趋，也是大势所求。此次试点方案通过就是在这样的背景下产生的。该试点方案是多方商谈后的第六稿，体现了国务院相关领导的高度重视，体现了国家要求加快三网融合的决心，是落实国务院常务会议精神的举

① 付玉辉：《开放精神：三网融合成功与否的判定准则》，《人民邮电报》2010年9月15日。

② 侯自强：《三网融合背景下的传媒变局》，《中国电信业》2010年第7期。

措。”他认为一些媒体提到的“电信完败,广电胜出”的观点是对三网融合的曲解。国外很多国家在20世纪90年代就开始了三网融合之路,我国现在才开始大力推动三网融合,时间不等人,我们必须加快推进步伐。通过试点方案,三网融合将更利于“两电”双向进入,从而总结经验实现更大规模的推广。在本次试点方案中,实现了双向进入,属正常前进。电信的IPTV传输实现合法化,广电也获得了一些增值电信业务、互联网接入业务与互联网传送业务,因此电信既没有完败,广电也没有太多胜出。①

二、北京三网融合的整体发展:开启具有风向标意义的探索性试验

2010年,北京的三网融合进程从成为试点城市开始,正式步入了三网融合的试验性阶段。2010年6月30日,国务院办公厅发出了《关于印发第一批三网融合试点地区(城市)名单的通知》。通知明确,经国务院三网融合工作协调小组审议批准,确定了第一批三网融合试点地区(城市)名单。这标志着三网融合试点工作正式启动。这些地区(城市)是:北京市、辽宁省大连市、黑龙江省哈尔滨市、上海市、江苏省南京市、浙江省杭州市、福建省厦门市、山东省青岛市、湖北省武汉市、湖南省长株潭地区、广东省深圳市和四川省绵阳市。《通知》还要求有关省(区、市)人民政府和国务院有关部门认真组织好试点工作。

在北京被确定为第一批三网融合试点城市之后,北京组建了三网融合工作协调小组,市委组织部、市委宣传部、市广电局、市经信委、市发改委、市财政局、市通管局,以及北京广播电视台等38家单位的主管领导,均为协调小组成员。北京市委常委、宣传部长、副市长蔡赴朝任协调小组组长;副市长苟仲文任协调小组副组长,协调小组办公室设在广电局。2010年7月16

① 蒋水林:《合作共赢:三网融合的光明之路——访北京邮电大学教授、三网融合研究所所长曾剑秋》,《人民邮电报》2010年6月23日。

日，北京市三网融合工作协调小组举行第一次会议，对开展试点工作进行了具体动员部署，把“加快推动广电、电信业务双向进入，完成网络双向改造”列为了北京三网融合工作首要完成的目标。[①] 此次会议标志着北京三网融合试点工作的正式启动。此次会议明确了北京三网融合今后的四项重点工作：一是加快推动广电、电信业务双向进入；二是加快信息基础设施建设；三是强化网络信息安全和文化安全监管；四是大力推动本市信息文化创意等相关产业发展。

作为首都，北京在我国三网融合试点城市中占据着举足轻重的地位。北京在三网融合方面的探索性试验将为我国三网融合的下一阶段提供宝贵的试点经验。作为试点城市，一般需要具备以下条件：较好的网络基础、技术基础和市场基础。同时还特别要求试点城市对于三网融合业务需求活跃，有线电视网络整合和转企改制工作已完成，有线电视网络用户和电信宽带接入用户达到一定规模。北京邮电大学曾剑秋教授指出，试点地区的选择很具代表性与层次感，既考虑到了经济分布情况，又兼顾地区自身的整体发展情况。此前，北京是否进入首批试点名单曾有争议。除了北京的首都地位较为特殊外，还有一个原因——北京的数字电视网到2012年才能实现双向改造。曾剑秋教授还指出，北京入选首批试点城市极具风向标意义，显示出政府对三网融合推进的坚定决心。[②]

三、北京三网融合总体方案：两个领域，四家企业

我国的三网融合发展，涉及广电领域、电信领域和互联网领域等三大领域。杜骏飞等认为，三网融合中广电和电信两大系统的矛盾的实质是对传

① 《北京市三网融合试点工作正式启动》，http://www.sarft.gov.cn/articles/2010/07/20/20100824091217920053.html。

② 焦立坤：《12城操练三网融合　北京极具风向标意义》，http://www.cnr.cn/newscenter/eco/201007/t20100702_506672506.html。

播权的争夺，三网融合面临着传播权的再分配。① 陈晓宁认为，如果服务继续得不到改善，有线电视行业必将被用户、被市场淘汰。② 匡文波认为三网合一的最大问题是公平竞争问题。③ 由于互联网和电信网的融合一般而言已经比较成熟，因此我国三网融合所面临的主要问题是广电网和电信网的融合。在三网融合试点方案中，广电系统获得了网络电视（IPTV）业务集成播控平台建设及管理、电子节目菜单（EPG）计费管理、透过有线电视网进行宽频上网、资料传送及网络电话等业务；电信系统则获得了 IPTV 业务、手机电视的分发权及传输权。而工业和信息化部以及国家广电总局等部门也开始了相关工作。

在此背景之下，根据北京三网融合的具体情况，北京市三网融合工作协调小组将北京移动、北京电信、北京联通三家运营商和歌华有线确定为北京三网融合的试点企业。近年来，北京市大力加强电信网、广播电视网和互联网的建设，市政府在政策和建设资金上给予大力支持。2009 年 6 月 23 日市政府印发了《北京信息化基础设施提升计划（2009—2012）》（京政发［2009］19 号），提出了建设国内领先、国际先进的电信网、广播电视网和互联网的目标，将研究推进三网融合工作作为提升计划任务之一。北京市于 2009 年实施了高清交互数字电视应用工程项目，2010 年底实现了北京电视台综合、文艺、体育 3 个频道高清化，预计 2011 年底完成歌华有线电视 300 万用户双向网络改造，推广 260 万户高清交互机顶盒。为此，北京市在此项目上计划总投资 79.3 亿元，其中政府直接投资将达到 37.68 亿元。北京市已经形成广播电视“一市一网”，有线电视网络已经实现城区、远郊区县、农村的全覆盖，行政村有线电视光缆通达率达到 100%。在 2010 年，北京市已成为全国单向数字电视用户拥有量最多、全国高清交互数字电视用户拥有量最多的城市。作为北京市政府批准的唯一建设、经营和管理全市有线

① 高敏、杜骏飞：《三网融合：权力本质与社会影响》，《今传媒》2010 年第 3 期。
② 武新芳：《有线电视网络整合加速中的思考》，《中国广播电视学刊》2010 年第 9 期。
③ 匡文波：《从国家网络电视台 CNTV 的发展看三网合一中的公平竞争问题》，《今传媒》2010 年第 3 期。

广播电视网络的单位，以及负责、管理及经营全市的有线广播电视网络，歌华有线在视频融合业务开展方面具有明显优势。而近年来，北京市电信行业宽带信息网络建设也迈上了新台阶。北京市各基础电信运营企业计划在2009年至2012年间，投入760亿元用于3G网络和20兆宽带建设等信息化基础设施建设，力争实现光纤到楼、光纤到行政村，使80%以上用户实现光纤到户。截至2009年底，北京实现宽带接入覆盖419万户，光纤入户达到21000楼宇，入户30.4万户。到2010年底，可实现光纤入户197.5万户，全网20兆宽带覆盖率达到50%。在移动通信网方面，三种不同制式的3G网络在北京基本实现室外全覆盖。①

以上这些涉及电信网和广电网的四家公司在三网融合具体试点方案出台后展开试点工作。据悉，在上报三网融合试点城市申请之前，北京就已经成立了三网融合工作协调小组，而在北京正式进入试点城市名单后，协调小组即开始组织制定三网融合试点实施方案。北京市三网融合工作协调小组组长蔡赴朝认为，北京有自己的优势。下一阶段的数字网络双向改造，可以与下一代广播电视网的建设工作相结合，不仅能降低建设成本，也有利于网络建设一步到位。2010年初，北京市信息化基础设施办公室主任毛东军曾公开表示，北京计划以企业投资、政府适度补贴的方式，完成交互式数字电视网络改造和平台建设。这种方式不但会加速北京市的网络双向改造进度，还会给其他省市提供宝贵经验。据介绍，北京三网融合试点工作开展的主要依据是国务院公布具体指导意见以及北京市试点实施方案。三家电信运营商的北京分公司和歌华有线成为三网融合试点企业，符合我国三网融合的整体背景，无论是电信企业还是广电企业，都会选择有基础的业务有限进入，因此电信企业主要选择开展IPTV和手机电视分发业务，而广电应该会选择开展互联网接入业务。

2010年8月6日，北京市三网融合工作协调小组召开副组长第一次会

---

① 北京市经济和信息化委员会：《三网融合将助力北京走上信息化发展的快车道》，《前线》2010年第9期。

议研究部署近期工作。① 会议通报了北京市三网融合工作的进展情况，讨论了三网融合试点实施步骤，研究了有关资金保障问题，对目前面临的实际问题进行了研商并达成一致意见。2010 年 8 月 20 日，北京市委常委、宣传部部长、副市长蔡赴朝，副市长苟仲文到北京电视台、中国移动北京分公司和北京数码视讯科技股份有限公司，就三网融合工作进展情况和三网融合终端产品及业务进行专题调研，听取了北京电视台 IPTV、手机电视内容平台等工作的建设思路和方案，以及北京歌华有线公司高清交互数字电视网络建设情况、开展电信业务准备情况，和中国移动北京分公司的手机视频、CMMB 手机电视业务发展现状、TD 建设运营情况等，实地考察了北京电视台电视节目及新媒体实验室 IPTV 等模拟展示和移动信息化业务体验，以及三网融合下关键网络技术的解决方案。② 2010 年 8 月 24 日，北京市三网融合工作协调小组召开第二次会议，市委常委、宣传部长、副市长蔡赴朝和副市长苟仲文出席会议。会上，市三网融合工作协调小组办公室报告了三网融合工作进展情况和北京市三网融合试点方案。③ 北京市三网融合工作协调小组 38 家成员单位审议通过了北京市三网融合试点方案。据了解，试点方案由《北京市三网融合试点总体方案（草案）》及 8 个实施方案组成。蔡赴朝讲话指出，三网融合是北京建设世界城市不可忽视的重要内容；各有关部门和单位要进一步完善方案，抓紧进行任务分解、细化，确保三网融合试点工作有序推进；要加强监管，建立和完善行之有效的安全管理体系，确保网络信息安全和文化安全万无一失；要抓住三网融合契机，充分发挥中关村国家自主创新示范区优势，积极推动相关产业形成优势；要通过推进三网融合为城市生产生活提供更多便利，不断满足人民群众日益多样的生产、生活服务需求；要再接再厉，加快进度，抓好落实，使北京市三网融合工作走在

---

① 《北京市三网融合工作协调小组召开副组长第一次会议》，http://www.sarft.gov.cn/articles/2010/08/11/20100811161025960699.html。

② 《北京市委宣传部部长蔡赴朝、副市长苟仲文调研三网融合工作情况》，http://www.sarft.gov.cn/articles/2010/08/24/20100824162210910086.html。

③ 周奇：《本市三网融合试点方案初审通过》，《北京日报》2010 年 8 月 25 日。

全国前列。2010 年 9 月 10 日，北京市三网融合工作协调小组到歌华有线公司进行专题调研。调研组一行在歌华有线公司现场观看了基于高清交互数字电视机顶盒开展的宽带上网、视频点播、交互多媒体信息服务等业务应用演示。① 蔡赴朝强调，各区县要尽快落实高清交互数字电视应用工程项目区县配套资金；三网融合工作协调小组办公室要加强监管，严格审查试点单位资质，严禁未经批准的单位开展三网融合业务，确保网络信息安全和文化安全万无一失。苟仲文讲话指出，歌华有线公司要在三网融合工作中充分发挥广电网的优势，重视物联网应用，重点开展好城市办公电视电话专网系统和视频监控系统等业务。要借助三网融合契机，成为三网融合产业方面的龙头企业，充分发挥文化产业龙头企业的作用，充分发挥产业带头作用，走在全国前列。2010 年 10 月 21 日，北京市三网融合工作协调小组召开第二次副组长会议，通报了三网融合试点工作进展情况，讨论研究了下一阶段三网融合试点工作的主要推进内容和要重点解决的问题：一是要提出具有北京特色、符合北京实际的发展思路和举措，推动工作稳步发展；二是要加大调研力度，了解掌握实情，一方面要协调落实北京市领导到北京联通公司的考察调研，为北京电视台与北京联通公司在实现北京 IPTV 集成播控平台与传输网络对接上作好充分准备；另一方面要进一步学习借鉴兄弟省市先进经验，研究探索新思路、新举措，确保试点工作方案稳步快速推进。

四、北京三网融合业务开拓：融合业务取得顺利进展

北京地区的三网融合在全国的融合进程中，属于推进比较顺利的。据估计，在 2011 年即可提供三网融合业务。据《经济日报》北京 2010 年 12 月 4 日报道：北京市三网融合 IP 电视集成播控分平台建设已按期完成，并实现与中央电视台 IP 电视集成播控总平台的对接。随着北京分平台按时完

① 《北京市开展三网融合试点工作第二次专题调研》，http://www.sarft.gov.cn/articles/2010/09/14/20100914155338150776.html。

成，北京已形成IP电视两级播控平台架构，实现了IP电视节目内容统一集成和播出控制、电子节目指南（EPG）的管理、用户管理、版权认证、计费等主要业务功能。针对试点工作中IP电视平台建设、开展业务的难点以及三网融合的下一步工作，2010年10月26日，北京市三网融合工作协调小组曾召集主要单位进行研究，并举行了IP电视播控平台建设单位和网络传输单位对接会，积极推进北京三网融合试点工作。2010年11月3日，北京电视台IP电视集成播控平台与北京联通公司的传输网络、中国网络电视台之间的光纤链路联通。[①]

在三网融合业务之中，IPTV是此次三网融合试点的重要内容，也是广电系统和电信系统双方博弈的重点。在广电系统掌握了IPTV内容播控权和牌照发放的条件下，电信系统发展IPTV业务的情况并不顺利。早在2004年，作为固网运营商的中国电信和中国网通就开始关注和研究IPTV，并将其作为战略转型的重要领域和新业务增长点。此后，中国电信在上海、广东、浙江、江苏、山西、四川、福建7个省23个城市相继展开试点；中国网通的试点也划定了21个城市。但是2010年4月12日，我国广电总局下发通知，要求对于未经广电总局批准擅自开展IP电视业务的地区，限期停止。广电系统认为，真正有资格开展IPTV的地区只有云南、大连等两省12市，其余地区的IPTV业务均属违规违法行为。而"合法"的省市基本上是与拿到广电IPTV牌照商进行了合作的城市。广电对内容的把控让电信看到了内容的重要，这也造成了双方对内容控制权的长期争夺。最终，广电取得了IPTV的内容播控权，电信负责IPTV的传输业务。

在电信系统方面，北京联通拥有较完善的宽带网络资源优势，据悉，至2010年7月北京联通已完成全市2M宽带升级改造工程，宽带用户已达400多万户。其中，2M以上的宽带用户已有150多万户。至2010年底，北京联通可具备20M宽带接入能力的用户达到50%。针对三网融合对于带宽的需求，北京联通的宽带建设已悄然提速。对于三网融合中的竞合问题，

---

① 黄鑫：《北京IP电视集成播控分平台建设对接完成》，《经济日报》2010年12月5日。

北京联通曾表示,将发挥自身特长,与广电企业主要通过差异化的市场定位来共同推进北京的信息化建设。对广电系统来说,最大的难题莫过于线路的双向改造,整个过程不仅投资巨大,而且耗时较长。这一年,加快北京数字电视网络的双向改造成为北京歌华公司的重要任务。因为只有努力进行网络双向改造,才能真正推广各种三网融合业务。在网络双向改造完成之后,原来只能下传的广电网络,可成为同时具有上传和下传信道的交互式传输网络。据悉,北京歌华在 2009 年已经免费发放 30 万台高清双向机顶盒,而 2010 年和 2011 年分别计划发放 100 万台和 130 万台。

2010 年,北京三网融合工作主要是确定了试点地区和试点方式。据了解,在北京成为三网融合试点城市后,市属多个行政区都曾申请做试点区,最终,北京三网融合的试点选在石景山区。石景山区成为试点最重要的原因是,区域面积相对较小,有利于工作开展。据悉,三网融合工作由石景山区信息办负责整体统筹,并选定瑞达大厦作为试点场所。① 其中,石景山区政府出一部分补助资金,四大运营商(歌华、联通、移动、电信)自行出资进场搭建网络平台,其他欠缺资金则由设备厂商垫资。据了解,政府的补助资金只会针对试点场所,等正式推广后,政府将不再给予资金补助。至 2010 年 8 月底,运营商在瑞达大厦里的技术网络平台已经全部搭建完成。不过,石景山区政府主要负责统筹、安排相关事宜的推进,而运营商也只是在区政府的安排下进行试验网的搭建。在北京的格局是由广电总局管理的歌华有线公司和由工信部管理的电信运营商之间的竞争。在三网融合进程中,北京歌华有线公司面临的一个突出问题是语音网络落地问题。广电在三网融合中的思路是首先要做的就是交互,再用交互带动宽带,这才是广电合适的运作步骤和方向。

总体而言,在 2011 年,北京市三网融合试点工作稳步推进,IPTV 集成播控平台和监管平台的建设取得阶段性进展。一是在中国网络电视台密切

① 亦杨:《三网融合试点:搭台"暗战"》,http://www.cb.com.cn/1634427/20100821/144814.html。

配合下,北京电视台负责建设的北京 IPTV 集成播控平台与中央总平台成功对接,形成了全国、地方 IPTV 两级播控平台架构,实现了 IPTV 节目内容统一集成和播出控制、电子节目指南(EPG)的管理、用户管理、鉴权认证计费等主要业务功能;二是北京局监测中心监管系统同步实现了对北京 IPTV 播控平台的播出监测,确保了网络信息安全。①

五、北京三网融合产业结构:融合产业结构尚待形成

黄升民认为,中国式的三网融合是要构建一个以媒介为高地,以内容、网络和服务为骨干基础的崭新的媒·信产业。② 北京的三网融合将在 2015 年前后形成一个相对完善的北京三网融合产业体系,从而使得原先相互分立的电信网、互联网和广播电视网业务能够进入一个深度融合的发展阶段,从而形成新的融合产业,为推进我国信息化进程奠定坚实的基础。

一方面,就产业发展角度而言,北京三网融合能够有力地促进北京市电子信息产业的发展。三网融合将孕育出一大批新的产业机会,包括网络基础设施升级改造、内容服务与信息服务的创新等。据中国工程院专家预计,未来三年三网融合可拉动投资和消费高达 6880 亿元。其中,广电有线网络双向改造、机顶盒产业升级和音视频节目内容信息系统的建设投资,将达到 2490 亿元。这对北京电子信息产业是一个巨大的机会。在网络技术标准方面:三网融合催生新一代网络技术标准,核心网接入中的下一代通信网技术标准(NGN)、下一代有线电视网标准(NGB)、下一代互联网技术标准(NGI)界限逐渐模糊,接入网技术方面将实现全业务统一接入,数字家庭网络中的闪联可全面实现产业化。由此将为我国融合网络技术产业的自主性和全球范围内的产业化服务提供了可能。在三网融合的业务支撑平台方

① 《北京市三网融合试点工作稳步推进》,http://www.sarft.gov.cn/articles/2010/10/18/20101018155851780280.html。

② 黄升民:《三网融合:构建中国式“媒·信产业”新业态》,《现代传播》2010 年第 4 期。

面：三网融合需在原有广电和电信业务基础上，积极开发音视频点播、在线支付、互动游戏、网络教育等新型业务，融合业务的开展需要相应的平台作为支撑。

另外一方面，从产业发展角度而言，北京三网融合为北京市软件和信息服务业带来重大发展契机。从基于三网融合的软件和信息服务业新业务规模初步测算，基于电视终端的IPTV年收入规模超过330亿元，手机电视年收入规模超过260亿元，互联网电视年收入规模超过17亿元，三者总收入超过600亿元。三网融合为软件和信息服务业拓展了新的业务承载平台，面向消费终端的软件和信息服务产业总规模成倍扩大。三网融合将形成"电脑+手机+电视"三终端部署的格局。软件和信息服务产品可以实现"一次开发，多次销售"的模式，有效地扩大了产业总体规模。三网融合将形成五大新龙头产品，形成新产业链。网络电视（IPTV）、电视综合信息服务、手机电视、互联网电视、网络电话（VOIP）是三网融合时代的主要新产品，这些典型业务将拉动相关软件和信息服务产品，形成新的产业链和价值链。三网融合将为信息服务业创造新业态。例如网络电视台：包括国家网络电视台和民营网络电视台，作为IPTV、互联网电视的后台内容播控平台和综合服务商，整合内容资源和门户资源；新一代电子商务：传统B2C/C2C电子商务、移动电子商务、电话购物和电视商务等多种模式相结合的电子商务服务平台。

六、北京三网融合监管框架：固有分立模式和创新融合模式

在三网融合产业层面，三网融合之所以难以推动，除了部门利益的纠葛外，还有利益攸关方对三网融合内涵理解的分歧。① 有研究者提出，在推进三网融合的进程中，必须时刻警惕产权整合所导致的媒介霸权，要探索切实

① 陆地：《三网融合的多义与困惑》，《中国广播电视学刊》2010年第4期。

可行的政策和监管体系，以保证商业利益和公共利益的双赢发展。① 在三网融合体制层面，朱金周认为推进“三网融合”，最彻底的制度性措施是消除体制性障碍，推进形成融合统一的行业监管机构。②

从 2010 年北京三网融合试点的实践经验来看，北京三网融合的推动和协调主导力量主要是北京市政府。在北京三网融合发展过程中，政府对于三网融合的推进起到了至关重要的作用。在未来从 2011 年至 2015 年的三网融合进程中，北京市政府还将起到重要的推动作用。但是对于北京三网融合长期的业务开展而言，形成长期而有效的融合监管机构依旧是非常必要的。这将为北京市未来在三网融合监管方面进行更为深入的探索提供有效的协调机制。

在北京三网融合监管进程中，安全问题是需要高度重视的一个重要问题。北京市高度重视网络与信息安全保障工作。成立了市网络与信息安全协调小组，负责全市网络信息安全的综合协调监管。北京市广电和通信部门认真落实网络信息安全监管责任，初步形成了管理措施和技术手段相结合的安全保障体系。北京市广电行业还组建了广播电视监测中心、安全播出调度中心、信息网络视听节目传播监管中心，并建立了广播电视监测平台、安全播出指挥调度平台、互联网视听节目传播监管平台；通信行业建立了网络安全监管平台、互联网网站管理系统；具备了较强的信息安全保障能力。可见，北京市在网络信息安全方面所做的工作为三网融合的顺利推进提供了必不可少的保障。另外，处理好融合发展和网络信息安全之间的关系也至关重要，也是融合监管需要深入研究的一个重要课题。

笔者建议，北京市相关各方今后在推进三网融合进程中要注意以下五个方面的问题：

一、监管层面。加强协调，开放合作。进一步发挥政府部门的协调作用，在三网融合推进方面做好广电部门与电信运营商之间的协调工作，促使

① 严燕蓉、韦路：《我们需要怎样的三网融合?》，《东南传播》2010 年第 4 期。
② 朱金周：《三网融合政策需务实推进》，《中国电子报》2010 年 1 月 26 日。

融合各方以合作的心态做好三网融合工作。建议突出北京作为国际化都市的鲜明特点,结合电信和广电运营企业的核心资源及服务能力,实现优势互补、避免恶性竞争,发挥整体合力,加快北京市三网融合进程。

二、业务层面。充分借鉴,互为补充。以开放的视野充分吸取其他试点城市在三网融合管理协调方面的经验,力争做到 IPTV 和有线电视节目之间互为补充,二者在内容上互有区隔、互有侧重,从而最大限度地满足用户对视频内容的需求。

三、推广层面。加大推广力度,推进光纤入户。政府相关部门可加大对光纤入户和三网融合业务的推广工作,从而顺利推进光纤入户工程的实施,为三网融合提供坚实的网络基础。

四、建设层面。提升宽带能力,推进共建共享。充分重视发挥北京在基础信息设施方面较为成熟的建设经验,进一步提升宽带能力,大力推进三网融合,为我国三网融合实践提供具有推广意义的建设和共建共享经验。

五、研究层面。产学研协同,共同推进三网融合试点进程。要充分发挥北京市学术机构云集、科研能力强的特点,将高等院校、科研院所等学界关于三网融合的最新研究成果及时、充分地予以吸收借鉴,从而为北京市的三网融合进程提供独特的学术研究成果支撑,使北京市三网融合经验得到进一步的升华,为全国三网融合进程提供更为丰富的借鉴经验,从全局层面促进我国三网融合进程的顺利推进。

2010年首都主流网络新闻媒体发展动态

Annual Report on Capital Mainstream Network News Development in 2010

杨新敏　朱　珠*

Yang Xinmin,
Zhu Zhu

摘　要:2010年度,首都主流网络新闻媒体的发展面临和呈现如下主要新态势:一是2010年"三网融合元年"的技术产业背景下,网络视频新闻的迅猛崛起;二是手机成为网络新闻的重要终端,"移动新闻"和"无线新闻"成为网络新闻传播的重要新形态;三是在2010年所谓中国微博元年的发展态势下,微博成为新闻传播的重要形式,极大地丰富和拓展了网络新闻的覆盖和传播方式;四是在国家加大整治互联网的机遇下,北京的重点新闻网站进一步做大做强,提升了行业影响程度;五是重点新闻网站加速在现代企业制度下的转换和资源配置优化。在获得机遇的同时,首都主流网络新闻媒体的发展中也面临着一些亟需审慎注意和妥善解决的问题。

关键词:新闻媒体　网络视频　网络电视台　手机新闻　微博新闻

本文所指的首都主流网络新闻媒体,主要是指位于首都北京的由中央、北京市党委机关和政府创办或控制,服务于党和政府主流意识形态和新闻

* 杨新敏,男,博士,苏州大学凤凰传媒学院教授、网络传播研究所所长。朱珠,女,苏州大学凤凰传媒学院研究生。

宣传工作需要的网络媒体、网络新闻服务组织和传播形态。2010年，首都主流网络新闻媒体在中国互联网络的发展下带来新的契机。一是2010年被称为“三网融合元年”，北京成为“三网融合”的12个试点城市之一，为电信、互联网和广电提供了巨大的发展机遇；二是手机成为上网群体激增的领域，成为网络新闻充分利用的一个机遇；三是微博的迅速发展，为网络新闻的传播提供了一个“自媒体”新渠道，人人可以成为网络新闻的传播者，网络新闻变得时效更快、互动性更强、内容更丰富；四是优秀新闻网站进一步做大做强；五是重点新闻网站走企业化经营之路，谋求上市融资以增强综合实力。

一、网络视频新闻迅猛崛起，融合网络与电视媒体的双重特色

早在2004年，网络视频就已经成为人们接收新闻的一大介质了，互联网成为真正的多媒体终端。随着媒介融合趋势的进一步加深，报纸、广播和电视这三大传统新闻媒体都深深触网，并越来越模糊了原有的媒介边界，纸媒和音频、视频媒体的融合日趋紧密。2010年，三网融合、台网融合的产业背景为网络视频新闻的传播提供了有利的跨越式发展契机，网络电视台、IPTV等新媒介传播形态助力网络新闻向视频平台的强力扩张。2010年，首都的中国网络电视台（CNTV）、中国国际广播电视网络台（CIBN）、中国新华新闻电视网（CNC）、人民电视等网络视频新闻媒体崛起迅猛，对传统的纸媒新闻、电子文本新闻和音频新闻构成强劲的挑战和包围态势。

2009年12月28日，“中国网络电视台”（China Network Television，简称CNTV）正式开播。2010年3月24日，国家广电总局正式向中国网络电视台颁出了第一张互联网电视牌照。它充分发挥台网融合的双平台优势，为全球用户提供包括视频直播、点播、上传、搜索、分享在内的多语种、多终端的网络视频新闻服务。截至2010年底开播一周年以来，中国网络电视台继续借助三网融合的整体部署，实现集成播控平台建设方面的重大突破，已拥有100个电视直播频道，日均视频发布量4000余条，节目存储总量超过20

万小时,并已建成亚洲最大的以视频为核心的多媒体数据库,在国内外建成包括30个镜像站点在内的网络视频分发体系,曾在一个月内创下4亿次视频直播的观看记录,目前与北京地方电视台的集成播控平台联合建设也已正式完成对接工作。①

2010年8月,中国国际广播电台网站也拿到了互联网电视牌照,成立了中国国际广播电视网络台(CIBN),并于2011年1月18日举行成立仪式。中国国际广播电视网络台旗下有三大业务平台,一是以CRI为品牌的传统广播和纸质传播业务,二是以"国际在线"为品牌的新闻网站业务等新媒体业务,三是以"天地视频"为品牌的IPTV、互联网电视等视频业务。CIBN的成立,标志着中国国际广播电台实现了由单一新闻媒体向包括网络视频等业务在内的综合媒体的转变,由传统新闻媒体向现代媒体的转变。

目前,新华网、人民网等重点新闻网站也都拥有自己的类网络电视台。在2007年4月,人民网即与东方宽频合作推出了"人民宽频",这也是中国第一家开播的网络宽频。到2010年,"人民宽频"已经更名为"人民电视",向着网络电视台的方向发展,下辖新闻频道、访谈频道、纪录片频道、播客频道等,以直播和点播形式,向广大网民提供内容丰富、更新及时、互动性强的网络视频新闻服务。2010年1月1日,由新华社主办的中国新华新闻电视网(CNC)正式上星向海外播放,并通过新华视讯频道和新华网络电视台等网站与网民受众见面。这些网络电视、网络视频服务,突破了传统的纸媒新闻和电视形态,使得视频的传播更为广泛而便利,更加互动化、定制化和媒体库化,也使首都的新闻事业借助网络视频形态获得了新的发展契机。

二、网络新闻增强向移动终端的分发和功能拓展

2010年,移动互联网、3G平台处于高度增长期,为首都网络新闻带来移动化、手持化、无线化的转向驱力,移动无线上网、手机上网成为网络新闻

---

① http://tv.zs.cctv.com/handan/news_41692.html.

分发的重要终端形态。在手机上网方面，根据艾瑞咨询一次样本达66941人的调查统计，2010年高达88.8%的用户“平均每天手机上网一次”，手机用户的上网行为中77.7%是“看新闻实事”，体现了手机新闻的覆盖率和影响力。

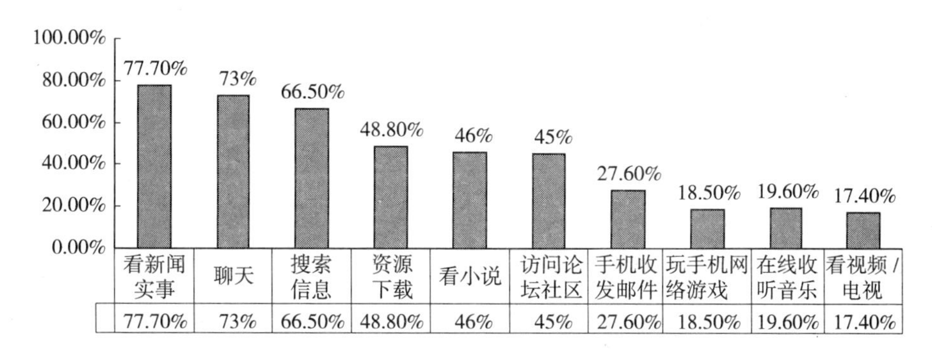

图1　2010年中国手机上网用户上网活动①

中国网络电视台和中国广播电视网络台、人民网等中央主流媒体都将手机和掌上无线设备作为重点建设的终端之一，中国网络电视台建设了手机电视集成播控平台，中国广播电视网络台的业务也涵盖手机广播电视，以“国际在线”为平台的新媒体业务就包括移动终端业务。2009年6月20日，人民网手机电视正式上线；2009年8月14日，人民网设置了手机媒体专业频道，经过一段时间的推广，进入2010年，该频道影响力得到较好显现。2010年3月揭晓的“2009—2010第五届中国移动互联网站TOP50强”中，手机人民网荣进榜单。2010年4月9日，人民网旗下的人民视讯文化有限公司成立，主要从事手机电视运营服务。推出的“人民视讯”手机电视，以人民日报社国内外70余个分社的新闻采编力量和新闻内容优势为依托，24小时向广大手机用户提供丰富多彩的视频新闻内容。人民网作为主流新闻媒体向手机和移动平台延伸的典型，其“人民日报手机报”、“人民舆情手机报”等众多栏目有效地推动了主流媒体的覆盖。同时，主流媒体手

① 艾瑞咨询集团：《2010年中国手机上网用户行为研究报告(简版)》。

机新闻还不断地拓展其互动形态和社会文化功能。8 月 26 日,人民网移动互联网上的 WAP 手机版“地方领导留言板”铺设完毕,WAP 留言板允许用户直接用手机上网留言。2010 年两会期间,手机人民网推出“两会 G 语总理专线”,引爆手机网友参政热情,3 天留言即突破 10 万条。

手机网络新闻的传播平台建设,在经历了 2009 年“3G 元年”的破冰后,已经在首都主流新闻媒体实现重要突破,体现了受众覆盖度不断增强、新闻形态持续多元化、互动功能有效拓展的态势,日益成为网络新闻的又一主要应用。

三、微博新闻发布和互动成为沟通政情民意的重要平台

2010 年,首都的微博客体现出喷发式增长态势,许多重大新闻事件和舆论都通过微博客发布,或通过微博的发布和互动平台得到广泛参与和有力推动。正是因此,《南方人物周刊》将 2010 年度人物颁给微博客,凸显了对微博所具有的新闻传播力量的肯定。2010 年的局长日记门、宜黄拆迁、唐骏学历门、厦门警方求助微博破案、钱云会被轧死等新闻事件,经微博的发贴和转载、参与、评论等,迅速放大为舆论热点和焦点。2010 年 7 月,唐骏学历门事件爆发,先是方舟子在其新浪微博客揭露唐骏,后是唐骏在其搜狐微博客独家回应,引发“围脖大战”。2010 年,新浪微博的新闻话题比例达总量的 1/5,许多对微博客并不看好的新闻媒体也迅速实行了微博战略。搜狐、网易等首都网媒都把微博业务放在很高的战略位置上,将之作为网站的标配。

如果说新浪、搜狐等商业网站还主要是为微博用户提供一个生活化的表达和交流平台的话,那么,在京的重点主流新闻网站则积极利用微博报道政府工作中的大事,以有效引导网络舆论,搭建官民沟通桥梁。例如人民网在 2010 年两会期间第一次尝试策划微博报道和讨论方式,快捷互动的“微言大事,博论两会”,成为从代表委员到媒体记者、从网友到手机用户的宠儿。其中的“我有问题问总理”是 2010 年两会人民微博推出的第一波话题

征集,自2010年2月21日上线,得到了网民的积极响应,提问超过3000条的人民微博在两会期间最火的十大话题被人民微博团队挑选出做成了专题。"随着微博影响力的扩大,越来越多的政府机构和官员注意到了微博的力量和重要性,开始有意识地尝试注册微博账号,利用微博发布信息,引导舆论,获取反馈,与公众交流,凸显中国网络问政水平与日俱进。"[①]特别是公安微博,成了2010年互联网上的热词。2010年8月1日,北京市公安局官方微博、博客等网络公共关系平台,在新浪、搜狐、酷6等网站正式开通。公测3天,微博粉丝就突破了1.7万人;开通近4个月后,点击量超过1100万次,网民留言近4.5万条,微博粉丝超过23万人,日增长量达2000人,通过微博解决网友反映的实际问题89件。[②] 官方通过微博发布讯息,沟通民意,进一步体现了首都网络新闻传播的人性化、互动化、亲民化的发展态势。

四、优秀主流新闻网站进一步做大做强

2010年,首都北京的国家重点新闻网站、北京市重点新闻网站以及商业门户网站的实力继续保持有力的增强态势。特别是中央重点新闻网站,业务覆盖面、经营业绩和传播影响力向全媒体、多语种、全球化、全覆盖的高端水平全面提升。互联网实验室发布的中文网站排行榜中,新华网、人民网、环球网、中新网、中国网等主流网站都在新闻网站的门类排行中位居前列。在Alexa的中文网站流量排行中,新华网、人民网、中国网络电视台、中国网、环球网等主流新闻媒体以其强大的影响力,与百度、新浪、雅虎等知名商业网站一起进入前百的排名中。其中,新华网、人民网经常维持在前50的综合排名中,具有重大的社会效益和文化影响。

---

① 《官员部门争相织"围脖",凸显网络问政水平与日俱进》,http://news.xinhuanet.com/politics/2011-01/21/c_121004416.htm。

② 《北京警方"平安北京"解决网友反映问题89件》,http://www.bj.xinhuanet.com/bjpd_sdzx/2010-11/27/content_21499999.htm。

2010 年,新华网获得中国"最具影响力网站奖"、"中国网站最具影响力品牌"称号,新华网新域名 news. cn 荣登中国"十大最有投资价值 CN 域名"、"十大最有商业价值 CN 域名"排行榜榜首。同时,主流新闻网站也在突破新闻网站的名称限制,在追求国家意识形态宣传和官方信息发布的权威性的同时,逐渐凸显向国家门户网站转型的态势。人民网经过多年的发展,也成为国际互联网上最大的综合性网络媒体之一。作为主流新闻网站的排头兵,人民网以"多语种、全媒体、全球化、全覆盖"为目标,切实做大做强。2010 年,人民网在多个版面全新改版的基础上,人民搜索、iPhone 电子报、网谈频道、人民日报新闻研究网等新上线的优秀内容接连不断。人民网在新闻领域、社会政治生活和国家软实力传播中都产生了重大影响,先后被评为"最具影响力新闻网站"、"中国最受尊重中央网站"、"中国无线互联网最专业新闻网站","强国论坛"、"人民时评"、"中国共产党新闻"等栏目被评为"中国互联网站品牌栏目"。

面对媒介融合和产业整合大局势,北京的新闻网媒加大整合和跨媒介发展的力度,优化资源配置和技术升级,引领着全国的网络新闻事业在三网融合、网络文化产业振兴等背景下的良性发展。例如,2010 年 5 月 31 日揭牌成立的北京广播电视台,整合优化北广传媒集团、北京人民广播电台、北京电视台的资源,在新闻内容采编、制作、播放、传输以及新媒体开发等各个领域,形成较为完整的产业链,出现包括网媒在内的全媒体融合格局,抢占新闻信息传播的制高点。首都北京集中了全国的主要电子技术产业链、重要网络媒体资源和优秀新闻传播资源,在新的技术变革和产业升级中,继续占据着全国领先的位置。

五、重点新闻网媒加速现代企业制度的改制步伐

首都北京具有一批国家重点新闻网站和千龙网等重点地方新闻网站,但是,这些主流新闻媒体还或多或少地存在着政府财政"输血"的成分,与新浪、百度、雅虎、当当等成熟的商业网站和上市公司相比,这些网站在市场

化经营、资本运作等方面成熟度还相对较弱。因此,实行现代企业制度的改革和市场化运营模式的改制,成为增强首都主流新闻网站的竞争力的重要途径之一。

2009年10月,重点新闻网站的转企改制工作启动,主要任务是实行股份制改造,运用上市融资等经济手段,增强重点新闻网站综合实力。10家国内新闻网站作为首批选定上市对象准备“登陆”A股,这10家新闻网站大部分位于首都北京,包括中央的央视网、人民网、新华网,以及北京市的千龙网等7家地方新闻网站。这些网站在改革试点工作展开后,抓住转企改制机遇,转变观念,拓展融资渠道和资源整合方式,大力开展搜索引擎、手机报、手机电视、互联网电视、电子商务、电信增值、动漫游戏等新媒体业务,促进盈利模式的构建和盈利能力的提升,努力将网站打造成为具有强大竞争力的新型互联网企业。改制试点工作有效地推动了首都有关重点新闻网站的发展,人民网、新华网2010年以来的运营收入均比上年同期有较大增长。2010年5月,国务院新闻办公室召开全国重点新闻网站转企改制工作座谈会,加快推进重点新闻网站转企改制试点工作。2010年6月20日,人民网股份有限公司成立,进入半年的上市辅导期,计划于2011年初进行首次公开募股。新华网也早已在2009年就启动了股改程序,有望2011年挂牌。2010年8月,新华网与中国移动合作成立搜索引擎公司。2011年初,央视国际网络有限公司的股份改造顺利完成。根据北京市委宣传部2010年人文北京折子工程的规划,北京市将促成北京青年报社所属的北青网和千龙网合并,以此助力千龙网上市。这些改制举措成为激活首都网络媒体活力、优化资源配置、提升经营效益的重要渠道。

六、2010年首都网络新闻媒介发展中的问题

(一)网络新闻媒体发展过程中的同质化现象

首都各重点新闻网站都希望抓住国家政策、业界环境和新的媒介技术带来的新机遇,在媒介种类和媒介内容上不断扩张,提升自身竞争力和市场

份额。然而,新闻网站之间、新闻网站与综合性网站之间的趋同发展现象也逐步呈显。就新闻本身而言,由于网络传播的快捷性和网络复制的便利性等因素,各新闻网站往往在内容上出现较强的趋同倾向。此外,就网络新闻媒体的发展战略而言,对新业态的同质化进入、对网站版块的全面性要求,也往往导致新闻网站与官方门户网站、综合性网站的同质化倾向。例如,随着网络视频业务的兴起和盛行,各主流网络新闻媒体、主流电视媒体、百度等专业性的商业网站以及部分商业门户网站,都一窝蜂地跻身到网络视频业务的热潮中,带来了激烈的同质化竞争。又例如,人民网、新华网等新闻网站的发展实施"全媒体"战略和立体化构架,在突破单一的新闻业务的同时,也往往发生与综合性门户网站的类同化,淡化自身专业化的差异性。求扩张是这些网络新闻媒体发展中无可厚非的选择,把视频、微博客、SNS、搜索引擎、论坛等多种业态纳入网站的标配也有其道理,但在发展的过程中,也应该更多地考虑与其他网站的区隔,找准自身的"蓝海",在一定的差异化前提下准确围绕自己的核心竞争力实施发展战略。

(二)大型垄断媒体企业的扩张压缩了其他新闻媒体的生存空间

2011 年 2 月,互联网实验室在京发布的《中国互联网行业垄断状况调查及对策研究报告》显示,中国互联网市场已经形成初步垄断格局,截至 2010 年底,腾讯、百度、阿里巴巴三家公司的市值合计已达 774 亿美元,在中国所有上市互联网公司市值总和中占 70%。在新闻网媒中,也存在着这种大型垄断企业对其他媒体的挤压。依靠政府强大的资金扶持,新华网、人民网和中国网络电视台、千龙网等媒体,与新浪、搜狐等少数巨无霸型门户网站一道,占据了网络新闻业务的大部分网站流量和市场份额。这固然是互联网中"赢者通吃"效应的体现,然而它一定程度上也会影响网络服务的合理布局和配置,弱化多元化的文化传播,也不利于互联网领域中的创新和更新。

(三)新闻网媒社会效益与经济效益之间的矛盾

主流新闻媒体承担着建构和维护主流意识形态的任务,尽管面临着市场化运营、盈利要求、转企改制等方面的压力,但并不意味着它们的社会职能和意识形态功能的淡化。在与资金、技术、人才实力雄厚的商业网站同台竞争的今天，主流网络新闻媒体既必须顺应市场化、产业化经营的经济逻辑，又要承担主流话语的政治逻辑。一方面，主流网媒的市场化改制或股份制经营方式会受到其官方背景的制约，从而限制投资主体的进入或媒体自身的经营效益；另一方面，主流网媒的意识形态色彩经常受到市场化利益的冲击，需要在娱乐化、大众化等诉求下保持自我约束，保持自身的话语权威。中共十七届五中全会关于“十二五”规划的《建议》中提出：“坚持一手抓公益性文化事业、一手抓经营性文化产业，始终把社会效益放在首位，实现经济效益和社会效益有机统一。”关于网络新闻媒体，也要妥善兼顾和处理其经济导向和价值导向之间的关系。其中一条可取的经验是市场化与非市场化部分的剥离：主流新闻网站建立一些走市场路线甚至上市的子网站或子栏目，用这些市场化的子网来拓展经营格局、增进利润，而承担政治和意识形态功能的部分保持事业性质。

（四）网络黑社会对新闻舆论的影响和扭曲

网络黑社会指雇佣、指挥一群人在互联网上，通过集体炒作某个话题或人物，以宣传、推销或攻击某些人或产品，从而误导网民、颠倒黑白、混淆是非，以从中牟利的组织。他们通过搅浑水、制造虚假信息，使正常的网络信息环境遭到破坏。2010年由北京某网络公关公司操作的蒙牛“诽谤门”就是一个典型案例。网络黑社会也可以通过几万元成本的舆论炒作左右法院的正常判决，影响社会公平公正。这些现象严重破坏了正常的网络秩序和民意传达。网络新闻舆论正日益成为民意表达、官民沟通的高效、便捷的渠道，在保障公民言论权的前提下对网络黑社会和虚假民意的整治，维护网络信息传播的真实性和平等性，是净化首都网络新闻环境、促进首都网络新闻事业健康有序发展的重要诉求。

特色网络文化形式的探索与开拓——以2010“网络新民谣创作大赛”为个案

New Ballad in Internet：A Discovering of Characteristics Cyber-culture

马春玲　林灵思*

Ma Chunling,
Lin Lingsi

摘　要：在网络文化蓬勃发展的背景下，如何建设具有中国特色和北京特点的网络文化成为各级文化管理部门需要面对的新课题。在中共北京市委宣传部领导下，北京市互联网宣传管理办公室牵头指导北京网络协会等组织机构，共同举办了多项具有北京特色的网络文化活动，“网络文学艺术大赛”即是其中一个年度性系列活动。本文以2010年举办的“网络新民谣创作大赛”为个案，阐述大赛背景、过程和社会反响，分析参赛作品的特色和其中的北京元素。网络新民谣创作大赛有力地将中国传统民间文化与网络传播媒介结合了起来，是特色网络文化形式的一次有意义的探索与开拓。

关键词：网络新民谣　网络文学艺术大赛　传统民间文化　特色网络文化

随着互联网的迅速发展，网络文化日渐渗透进千家万户的日常生活，并与传统的民俗相互结合、相互影响，形成了网络时代的新民俗。对于广大网

---

* 马春玲，女，北京市互联网宣传管理办公室网络宣传处处长，北京网络媒体协会监事。林灵思，女，北京市互联网宣传管理办公室网络宣传处干部。

民来说，用带有音乐、动画的网络贺卡代替传统的纸贺卡传送祝福，既方便快捷，又美观环保；通过手机发送诙谐幽默的短信，或是用带有自拍照片的彩信来拜年，更是别出心裁；另外，观看网络春晚，参加网站举办的灯谜会、接龙活动等，都在浓郁的民间气息中增添了时尚色彩。这些新的网络文化形式具有独特的中华文化元素，正与胡锦涛总书记2007年提出的“建设有中国特色的网络文化”目标相符。

近年来，为将建设具有中国特色的网络文化的目标落到实处，探索出带有北京“古都”和“网都”双重身份特色的网络文化，北京市互联网宣传管理办公室在中共北京市委宣传部的指导下，经过走访调研，组织相关单位举办了“网络文学艺术大赛”、“网络大拜年”、“原创新春祝福短信大赛”等多项生动活泼、具有亲和力的活动，起到了引领北京网络文化发展方向的作用。

“网络文学艺术大赛”是由北京市互联网宣传管理办公室牵头举办的一组具有持续性的系列网络文化活动。继2009年成功举办“首届网络文学艺术大赛暨网络小说创作大赛”并在广大网民中引起巨大反响后，2010年，北京市互联网宣传管理办公室再度推出“网络新民谣创作大赛”，在中国传统民间文学与网络的结合方面展开了探索。下文即以此次活动为个案进行分析，对网络媒体时代文化活动的发展以及与传统、民俗等元素的融合加以探讨。

2010年6月12日，北京网络媒体协会在中共北京市委宣传部指导下，协同北京人民广播电台、北京电视台和中国移动通信集团北京公司共同推出了“第二届网络文学艺术大赛暨网络新民谣创作大赛”。此次大赛是我国第一次由政府部门发起、组织的关于民谣的大型网络文化活动。在短短两个月内，大赛就收到了近1万5千首新民谣作品，专题累积点击量突破1300万人次，单条作品最高支持票数超过6万。这次大赛不仅征集到了不少朗朗上口、健康生动的新民谣，还成功在网民群体中引起了对民谣这种传统的民间文学形式在当前网络、手机等新媒体风靡的环境下，如何传承、如何发展的探讨。

一、网络新民谣创作大赛的组织背景

互联网技术诞生自西方国家，因此中国的网络技术、网站构建方式，甚至网络文化形式等长期以来，受西方网络媒体影响巨大。随着互联网的日益发展和中国互联网民的快速增长，如何在网络文化中体现我国自身特色，发扬中华民族优秀传统，呈现历史文化底蕴成为值得关注的问题。2007年，胡锦涛总书记在多个场合提出，要建设有中国特色的网络文化。中共北京市委宣传部为贯彻落实胡锦涛总书记的讲话精神，指导北京市互联网宣传管理办公室、北京网络媒体协会，以活动为推动，引导北京互联网界共同打造中国特色网络文化，突出民族特色、明确文化导向、注重网络实践创新并促进人文精神与网络文化的融合。

2009 年，适逢网络文学发展十周年，北京网络媒体协会以网络文学为切入点，联合北京文联于 7 月推出了“首届网络文学艺术大赛暨网络小说创作大赛”，得到海内外华人网民的高度关注和热情支持，在短短半年内成功征集到 4 万余部题材丰富、形式多样的长篇小说，专题总点击量突破 30.89 亿人次，成果丰硕。作为第一次由政府部门举办的网络文学大赛，首届网络小说创作大赛成功起到了推动积极、健康网络文学发展，培养优秀网络文学创作人才，提升网络文学网站社会认同感和社会责任感的作用，也有力提升了网络文学的格调。

网络小说创作大赛刚刚成功落下帷幕，牵头单位北京市互联网管理办公室已开始考虑如何在这次成功举办的基础上继续开展网络文化活动，巩固“网络文学艺术大赛”品牌，推进相关活动的示范作用。由于当前有部分网民通过网络和手机传播庸俗、低俗段子，恶意破坏党和政府形象、破坏社会和谐的问题，造成了不良社会影响。中共中央宣传部召开会议，希望各地能够就此开展一些网络文化活动，展开积极引导。在中共北京市委宣传部指导下，北京市互联网宣传管理办公室、北京网络媒体再度展开积极的调研、策划，决定举办“第二届网络文学艺术大赛暨网络新民谣创作大赛”，通过民谣这个形式来倡导网民参与创作积极健康、昂扬向上又琅琅上口、便于传播的文学内容。

在古代,百姓将自己的生活、劳作和心声通过率性简洁、形象生动、朗朗上口的语言来表达、传唱,就形成了中国古代最具特色的民间文学之一——民谣。中国第一部诗歌总集《诗经》中的“风”就收录了春秋时期十五个地区的民谣。民谣具有口头性、群体性、地域性等特征,能记录生活的细节、表达民众真挚的情感,也能反应巨大的社会变革,表达深远的人文关怀。大家比较熟悉的古代民谣有《诗经》里的“窈窕淑女,君子好逑”;乐府中的“孔雀东南飞,五里一徘徊”、“唧唧复唧唧,木兰当户织”;以及自宋代流传的“月儿弯弯照九州,几家欢乐几家愁”等。在改革开放初期,也有一些脍炙人口的民谣反映了百姓生活的变化,比如“一架板车一杆秤,跟着小平闹革命;祖孙三代都经商,发财感谢党中央”就真切地表达了对好生活、好时代的欣喜和对伟人发自肺腑的感激,它不是生硬的政治口号,而用细节言说了一个时代民众的心声。当前人民的生活具备了更丰富的多样性,人民见识更广、思维更活跃,也更乐于言说。网络为普通民众提供了言论的阵地,它的跨地域性和网络用户的全民性、普遍性,正适合民谣这种文学形式的创作与传播。

二、大赛开展情况及作品特点

2010年6月12日,中国网络电视台和新浪网、搜狐网、网易网、千龙网、凤凰网、和讯网、中国雅虎、大旗网、搜房网、第一视频、空中网、3G门户、139移动互联等14家网站积极主动参与到“网络新民谣创作大赛”中。14家承办网站的参赛平台集纳了博客、微博、论坛、说吧和手机等多种渠道。新浪网由人气高、网民活跃的博客频道负责本次活动,在博客频道首页要闻区长期推荐活动专题,并为所有博主开通参与大赛的快速通道。和讯网采用新开通的微博作为参赛渠道,微博140个字符的要求更契合了新民谣作品简洁、适于传播的特点。网易网推出专门的微博讨论区,设置了新民谣的微博推荐词，便于网民关注大赛，分享、点评所有参赛的新民谣作品。139移动互联网为推广活动，将“139说吧”注册页打造成活动的推广注册页，让每一位登录“139说吧”的网友第一时间关注大赛。中国移动北京公司也为大赛开辟了专门的短信征集端口，让手机用户也可以很方便地就参与活动、了解活动的进展。多样化的参赛平台让网民可以更为便捷、高效地参与大赛。

网络新民谣创作大赛征集期仅60天，期间，网民不仅可以通过承办网站的平台和中国移动北京公司的短信端口上传参赛作品，同时可以欣赏、点评其他网民的参赛作品，并就大赛和新民谣创作展开讨论。评审期，大赛承办网站首先根据网民点击、投票、点评情况，参考由北京师范大学文学院硕士、博士研究生组成的大学生评审组意见，评选出推荐入围作品报送组委会，由组委会邀请民俗专家赵书、北京师范大学文学院教授张柠、《中华文学选刊》主编王干、北京师范大学文学院副教授岳永逸和北京网络媒体协会会长闵大洪担任专家评委，进行最终评审。

（一）民谣形式契合民意，点燃网民参赛热情

“民谣”简单率性、口语化、生活化的特点，以及大赛承办网站提供的便捷参赛渠道，“网络新民谣创作大赛”一经启动，立刻得到全国各地网民的高度关注和热情支持。活动启动才5天，通过审核的新民谣就近100首；不到一个月的时间，来自全国各地的参赛作品突破3600首。许多热情的网民还对民谣的由来、格式，对新民谣的定义、风格展开热烈的讨论，仅搜房网一家的大赛讨论贴就超过11万个。多家网站的参赛作者还建立了专门的QQ群，对参赛作品进行讨论，多位参赛作者事后表示，通过大赛结交了不少志同道合的“网友+文友”。征集期后半程，网民创作热情高涨，作品呈“井喷”趋势，短短一个月内收到参赛作品超过1万首，日均参赛作品数超过300首。

大赛最终以近1.5万首新民谣作品结束征集，相关专题点击量超过1300万页次，参赛网民超过万人。而且本次大赛的参与者也比以往的网络文化活动更为全面，不仅有不少专业的文学创作者，还有许许多多最为普通

的老百姓。比如新浪网参赛作品《新娘歌》的作者就是河南省睢县匡城乡的一位年轻农妇。因为丈夫新婚不到一个月就到城里打工,照顾老人、饲养家畜、操持农活,大大小小事情她一肩扛起。她将生活中点点滴滴的细节,对丈夫的思念、对未来的美好期盼都融入歌谣,也展现了中国妇女对生活的坚强和责任。没有很高的学历,也没有很深文学素养的她,凭借作品浓浓的生活气息和真诚的情感打动了网民。中国雅虎参赛作品《新潮爷爷》的作者是一名普通的企业职工,得知大赛消息后,发动爱人、孩子一起来参与,一家人创作了多首民谣作品。作者介绍,大赛期间,讨论作品成了一项主要家庭活动。搜房网参赛作品《小燕子》的作者是一名农村退休教师,为了打磨作品,他多次将作品念给邻居家的小孩儿听,让孩子们做第一道评审工作。还有热情的网友为大赛建立了专门的作品讨论区,结交了不少新民谣粉丝。本次大赛的参赛者不仅遍布祖国的各个省、直辖市、自治区,还有不少来自海外的留学生、华人,带来了不一样的味道。大赛还有一位年仅 11 岁的参赛者,她用民谣的形式表达了自己对汶川地震孤儿的关爱,非常感人。

(二)专家全程介入,专业指导、全面肯定

民谣虽然是民间创作、民间流传的文学形式,但是近年来从事民谣创作的人比较少,真正流传开的民谣也比较少。北京市宣武区宣师一附小是民谣教育基地,但也主要侧重于北京童谣的熏陶和教育。因此,网民普遍对民谣究竟有什么特点、有什么创作要求,应该如何去欣赏都不太了解。为此,大赛 14 家承办网站的活动负责编辑及时将网民的疑问、建议和意见进行汇集、整理,提交给大赛组委会。大赛组委会专门举办了一场"新民谣座谈会",邀请民俗专家针对网民的疑问一一解答。

大赛评委、北京师范大学文学院岳永逸副教授详细讲解了民谣的历史形成和特点。他认为,过去的民谣多为岁月积淀的集体创作作品,往往把握了时代的特征,直白率真、通俗易懂、琅琅上口,没有修辞、隐喻,能够让群众产生共鸣。岳永逸评委还举多个不同时期的民谣为例,详细解说。大赛评委、中华文学选刊主编王干认为,新民谣在创作上题材广泛、内容活泼,注重与现代语言特点的结合、与生活的结合,但同时也要注重从古典文化、古典诗词中吸取养分。让新民谣既有新时代的气息,又有传统民间文学的特点。专家还对部分参赛新民谣进行了点评。14家承办网站编辑及时将专家的意见、建议反馈给网民,使网民对新民谣的特点、规范和赏析标准都有了更加清晰、明确的认识。专家评委的解疑释惑和优秀作品的示范引导,带动了更多优秀作品的产生。

征集活动结束后,经过网民投票、网站推荐和专家评委认真细致的评审,最终《旅游谣》、《老奶奶》、《作秀广告》、《幸福歌》等60首作品从近一万五千首参赛作品中脱颖而出,分获"2010年十大网络新民谣"、"2010年精彩新民谣"、"2010年优秀新民谣"。大赛专家评委都对大赛征集到的作品数量之多、质量之高表示欣喜。中国民间文艺家协会主席团顾问、北京文联副主席赵书表示,本次大赛征集到的新民谣作品既传承了中国古代民谣的特色和精髓,又展现了现代人的生活状态和精神风貌,构成一幅反映时代、反映社会的立体画卷,而且从中透露出对生活的热爱、对老年人的关爱、对地球的珍爱,凸显了当代中国人的时代精神,为民谣这个传统民间文学注入了新活力,带来了新风尚。

（三）古典形式新风貌,传统文学展新颜

参赛的近1万5千首新民谣作品内容丰富、主题昂扬向上,围绕社会发展、科技进步、绿色环保、幸福生活、家乡变化等方方面面展开,更结合了新时代鲜明的语言风格,让民谣焕发了时代气息、网络气息。

比如新浪网参赛作品《老奶奶》就是一首非常具有时代特征和气息的作品:"老奶奶,真可笑,穿花衣,戴花帽,天天公园来报到。打腰鼓,吹小号,又是扭,又是跳,活像一个老宝宝。老宝宝,老来俏,笑一笑,十年少,再拍一个婚纱照。"通过在不少城镇都能看到老年人集体跳舞、唱歌的快乐景象,真实展现了生活改善、社会进步、老有所养、老有所乐的幸福场景。

参赛作者中有不少是普普通通的农民,所以很多作品就是围绕农村生活展开的,比如参赛作品《新农村》:"种田不交税,还领粮食补贴费。盖房不用愁,泥腿子搬进小洋楼。柏油路到门口,农民伯伯大步走。合作医疗不算啥,有了大病不再怕。电视线,电话线,炕头看看二人转。干罢农活上上网，咱也玩玩假农场。”用生动、简洁的语言不仅描绘了农村的巨大变化，还形象地展现了农民生活中医疗、科技、娱乐等方方面面生活的巨大改善。

节约能源、保护环境是许多参赛作品的主题，其中即有《小闺女》、《珍惜饭菜》、《地球大家爱》这样琅琅上口的童谣类作品，也有从具体行为入手的作品，比如《节水歌》：“洗衣水，先别泼，留着废水把地拖。洗碗水，先别泼，留着废水冲厕所。淘米水，先别泼，留给小花解解渴。大家都来想一想，节水办法还很多。”充分表明随着有关部门的大力提倡和积极引导，绿色、环保、低碳的意识已经深入人心，大家开始从身边小事做起，用实际行动关爱地球。

科技发展带来的变化也受到了不少参赛网民的关注，《新潮爷爷》、《上网谣》、《电脑宝宝来我家》等作品讲述的是电脑、互联网带来的便利和快乐，而《手机歌》更进一步，说的是手机终端的多功能服务：“新科技，日日新，如今手机真方便。打电话，发信息，玩游戏。写文章，发邮件，听音乐。存文件，读书报，看影视。可投影，拍照片，录视频。浏览网页上QQ，闹钟日历通讯录。蓝牙收音计算器，触摸手写大屏幕。三网双待双号码，GPS不迷路。科技时时在进步，明天一定会更好！”

本次参赛民谣中还有不少体现人文关怀的作品，比如《梦到妈妈》：“枕着寂寞，拥着孤独。留守儿童，难以入眠。问问月亮，爸爸在哪儿？问问星星，妈妈在哪儿？月亮听了，对我微笑。星星听了，向我眨眼。眼角挂泪，梦到了爸爸。嘴角含笑，梦到了妈妈。鸟儿喳喳，奏起晨曲。闹钟滴滴，催我早起。月亮别走，想我的爸爸。星星别走，想我的妈妈。”用稚嫩的口吻形象生动地描绘了留守家中的孩子对父母的深切思念，读起来让人触动。在社会城市化进程中，农民工子女、留守儿童等成为了突出的社会问题。根据权威调查，中国农村目前“留守儿童”数量超过了5800万人，他们的教育、心理健康等存在着令人担忧的状况。作者的笔触呼吁着政府和社会各阶层对留守儿童多一份关爱，多一些帮助。

（四）新内容新表达，新老结合助新民谣传播

正如北京网络媒体协会会长闵大洪所说，民谣的生命力就在于群众间

的广泛传播。为了让在大赛中涌现出的优秀民谣作品能够在网民之间广泛传播,大赛组委会在征集期间注重作品的宣传,在大赛评选结束后,组委会也希望优秀的作品能够走下网络,走到百姓的生活中、交流中。因此,大赛组委会特别邀请了北京曲艺团的艺术家对获奖作品进行艺术再加工,用北京琴书、京韵大鼓、乐亭大鼓、快书、单弦、群口快板、音乐快板等多种曲艺形式演绎优秀新民谣作品,独特的民族配乐和唱腔让新民谣作品韵味倍增,使其更具传播力和感染力。在此基础上,千橡互动集团为“2010 年网络十大新民谣”制作了一系列形象生动、幽默风趣的动漫作品,让新民谣的传播从听觉扩展到视觉,也更适于电视、网络的宣传。大赛组委会还将获奖的优秀作品制作成册、动漫作品刻成光碟,进行推广。

三、网络新民谣大赛中的北京元素

作为中国的“网都”,北京市多家网站的影响力在全国名列前茅,北京网络媒体举办的网络文化活动也是历来都能得到来自全国乃至世界各地华人的热情响应,本次大赛也不例外。参赛作品中有多首明显带有地方风情和特色的民谣作品,比如介绍江苏美景的、夸赞四川美食的。不过,本次大赛中地方元素最为浓郁、表达最有特色的当属古都北京。

如荣获“2010 年网络新民谣”称号的《逛前门》就是这样一首对北京特色把握到位的作品:“前门楼子九丈九,两边铺户样样有。当当车上招招手,眨眼去趟珠市口。珠市口,往回走,东边就是鲜鱼口。春鸭嫩,招牌旧,全聚德里吃不够。月盛斋,使豆蔻,大栅栏外香风透。正阳楼,秋风后,螃蟹肥来菊花瘦。壹条龙,品羊肉,出门满街白雪厚。”既生动地描写了老北京前门大街的热闹场景,也介绍了老北京一批历史悠久、深受老百姓喜爱的老字号、老门店,把作为传统京城商业胜地的前门景观与修缮后时尚旅游街区的特点自然结合了起来,向读者展示了首都北京新老交汇的魅力。

像这样将北京的老景致、新发展融会贯通的作品还有《踏歌新西城》:“雨燕南来双翅摇,穿云拨雾仔细瞧:蓟门烟树隐隐见,天宁古塔绕一遭。

德胜城楼夕照美，扁舟转过银锭桥。恭王府内藏福字，什刹海中荡轻涛。太液秋波真妩媚，琼岛春荫最妖娆。长安街头常盛事，蓟城柱上记前朝。金融街区兴百业，新西城里最富饶！”作者对西城的历史与地理、人文情况非常熟悉，歌谣中把古代“燕京十景”中的蓟门烟树、银锭观山、太液秋波、琼岛春荫等自然美景穿插起来，还包含了古都的历史建筑，如天宁寺古塔、德胜门城楼等，同时也容纳了在新中国发展起来的蕴含当代人文精神的长安街、金融街等。将新北京作为政治、文化、经济中心的功能性很好地与文化景观结合，在细数西城区景点的同时浓缩了时代的发展脉搏。

参赛作品中的《北京谣》则把焦点对准了独特的京味儿文化：“皇城根儿的蛐蛐蹦进了四合院，京韵大鼓变成了文化遗产。大碗茶，炸酱面，高鼻子老外满街转。骆驼祥子搬上大剧院，龙须沟的水变低碳。承办了奥运，铿锵阅兵更好看。多变的季节，不变的唱腔：京腔古老，京剧好看！”斗蛐蛐、大碗茶、炸酱面等都是老北京的传统娱乐和餐饮，而满街转的老外、重现京城街头的人力车，以及展示共和国风采的阅兵式等，则是北京的新景观，在对这些事件的描述中，体现出北京人的自豪感。话里话外都透着作者对京味儿文化的热爱。

这些作品在向人们展示北京历史传统、文化风貌、民俗趣味的同时，也生动地记录了北京近些年来在经济、文化等方面的飞速发展。这类民谣在参赛中得到了大量的点击和网友投票，广大网民对它们的喜爱和热情支持必然带来在网络、手机上的自发传播和转发。类似这样积极向上的新民谣的广泛传播对于北京新民间文化的建设以及特色网络文化的发展必将起到积极正向的推动作用。

四、网络新民谣创作大赛引起社会热烈反响

网络新民谣创作大赛颁奖典礼结束后，新华社、中央人民广播电台、新华网、人民网等中央新闻媒体和《北京日报》、《北京晚报》、北京电视台等北京市属主要新闻媒体都突出报道了大赛的消息，并刊登、播送了优秀

获奖作品。大赛迅速在全国各地产生了积极反响。“2010 年十大网络新民谣”作品《新娘歌》获奖作者的家乡河南省对大赛非常重视,《河南日报》、《中国妇女报》、《大河报》等媒体纷纷报道了“商丘农妇创作《新娘歌》获网络新民谣称号”。中央电视台的著名主持人撒贝宁也主动联系、采访。新加坡等海外地区的华人网站也登载了大赛的消息,推荐了优秀的新民谣作品。

民谣本就是来自民间、表达各地普通百姓心声的口头文学形式,它不含蓄、不隐晦,讲究的就是直白、顺畅,围绕自己生活、情感的顺口而溜。网络、手机等新兴的技术平台,是服务于大众、服务于普通百姓的,它便捷、实时,跨地域、无障碍,网络语言也讲究简洁、直白、形象、生动,又具有时代气息,正适合民谣这种文学形式的创作、交流与传播。网络新民谣创作大赛正是找到了这个契合点,加以扩大,由此吸引了海内外网民,特别是散落在全国、默默从事民谣创作的文学爱好者的积极参与,集民慧、萃民智,汇点滴成汪洋。近一万五千首新民谣作品用简洁直白、琅琅上口的语言,呈现了新时期的精神风貌,弘扬了中华民族传统文化,倡导健康向上的网络文明之风,引领中国网络文化活动新时尚。只要抓住传统民俗文化与网络的共同点,搭建好桥梁,就能有助于传统民俗文化与网络文化的互相交融、互相促进、互相发展。

中国特色网络文化应该是基于我国网络空间,源于我国网络实践,既传承了中华民族优秀的传统文化,又能吸收世界网络文化优秀成果,具有中国气派、体现时代精神的网络文化。北京第二届网络文学艺术大赛暨网络新民谣创作大赛就是对传统民间文学与网络相结合的一次大胆尝试。这次活动形式新颖,具有首创性,同时也具有典型性,它有力地将中国传统民间文化与网络传播媒介结合了起来。不仅赋予了民谣这个传统民间文学新的生命,也丰富了网络文学的种类,推动了昂扬向上、积极健康的韵语体文学在互联网的发展。

中国传统文化孕育了众多精品,在新的媒介环境下,将这些传统文化形式与网络结合,打造中国特色网络文化具有重大的社会意义和文化价值。

在接下来的发展中，北京市互联网宣传管理办公室、北京网络媒体协会将继续通过“网络文学艺术大赛”系列活动推进中国传统文化的网络进程，探索推进特色网络文化建设的新形式。

2010：北京网络春晚与网络文化新构建

2010: Beijing Cyber Spring Festival Party and New Formation of Cyber Culture

贾　佳　吴海英*

Jia Jia, Wu Haiying

摘　要：随着互联网的发展，互动春晚这种网络节庆文化新形式逐渐为广大民众所认识和接受。2010年，网络春晚节目在质量、数量以及受关注程度等方面，都呈现井喷之势，因此被称为"网络春晚元年"。而北京网络春晚在2010年中成为引人瞩目的文化现象与网络热点。本文介绍网络春晚的发展历程及现状，在与传统的电视春晚比较的过程中，总结2010年首都北京网络春晚的特点、创新点，并给出评价和建议。

关键词：网络春晚　新民俗　草根　网络达人

一、2010：北京网络春晚发展的新态势

网络春晚并不是2010年的新生事物，但在这一年，网络春晚无论从节目数量、质量还是受关注程度上，都呈现井喷之势，因此被媒体称为"网络春晚元年"。2010年，多台网络春晚拉开大幕。从统计结果上看，有十家左

* 贾佳，女，博士，对外经济贸易大学公共管理学院讲师，主要从事文化创意产业与文化政策、文化传播等研究。吴海英，对外经济贸易大学文化产业管理专业。

右的网络媒体都有春晚推出,其中影响最大的无疑是2010北京电视台·新浪网首届网络互动春晚和第一视频网络春晚。这种网络春晚竞争的势头在2011年得以延续和增强。

(一)发展新背景:各家网络春晚竞相登场

1. 首届CCTV网络春晚亮相

2011年1月20日,2011年首届CCTV网络春晚第1场在水立方拉开大幕。该届网络春晚将通过网络、手机、IPTV和车载公交电视四大平台同时播出。其一改央视春晚的庄重、沉稳作风,充满了网络流行味儿,就像其宣传语所言——"2011年首届CCTV网络春晚蓄势待发,晒幸福、晒快乐、晒梦想,当红明星与网络达人同唱一首歌,没有烦恼,不要鸭梨,拒绝浮云,零距离接触,给力呈现,敬请围观:这才是你的菜"——充满了网络典故,囊括了2010年最红最火的网络新词,目标直指网络受众特别是年轻人。央视网络春晚的亮相,无疑将2010年网络春晚井喷的热度提高了一个台阶,同时也表明,网络春晚确定将成为继电视春晚之后中国老百姓的一项春节新民俗。

2. 地方台网络春晚各具特色

2010年,北京、泸州、张家界、深圳等市纷纷推出了自己的网络春晚计划,在这些计划中,突出地方特色是各地主办方不约而同的选择。

除了以地理划界,以网络为单位举办的各色网络春晚也在其各自的圈子里引起了不小的反响。例如,奥一网和聚橙网举办的"网络2010春晚"采用的是策划、创意、表演来自网民,而表演场地设在深圳市民中心礼堂的方式;天涯社区充分体现论坛特色,推出贴子直播的网络春晚"开往春天的骚包车";搜房网主办方面向小区业主和购房者的网络春晚……①

(二)发展新路径:网络春晚主办方、承办方多媒体融合

"合作"是2010年网络春晚主办方的关键词,纵观各台网络春晚,新旧媒体合作、新新媒体合作的现象十分普遍,它说明了网络春晚是一种全新的

① 韩见:《"网络春晚元年"与大众狂欢的重新兴起》,《艺术评论》2010年第4期。

尝试,同时也给网络春晚具有鲜活的创意、强大的活力和丰富有趣的节目样式带来了更多可能。

1. 传统电视台与门户网站合作

典型例证:2010 北京电视台 · 新浪网首届网络互动春晚

2010 年北京电视台联手新浪网、北京移动,连续上演 7 场风格各异的网络春晚,分别在北京电视台、新浪网和手机 3G 平台上同步播出,成为国内首次播出时间最长、播出台数最多的网络互动春晚。该次网络互动春晚从节目创意、演员选择、嘉宾邀请到导演、主持人的敲定都是由网民推荐或自荐并最终由网上投票决定,响应了“条条网络通北京,大家都能上春晚”的口号。这种新旧媒体合作的方式给予了网络春晚相对成熟的节目样式,有专家评论说“这种渐进式的做法最大限度地稀释了风险,又保留了浓重的网络特色”。

2. 新媒体联合主办

典型例证:第一视频网络春晚

在各家新新媒体合作的网络春晚中,最吸引人的是由第一视频主办的“风景这边独好全球网络大拜年活动”。第一视频“领秀”了在北京市网络媒体协会指导下的八家门户网站网络春晚,首场由第一视频在腊月 23 日拉开了过年的序幕,直播春晚开元,此后 7 天分别由搜狐、网易、千橡互动、凤凰新媒体、TOM 网、千龙网、新浪等七家网站接力发布。这种合作方式下的网络春晚,显然实验性更强,被网友誉为“最纯网络春晚”。

3. 由传统电视台的新媒体平台主办,彼此资源共享

典型例证:2011 年首届 CCTV 网络春晚

2011 中央电视台网络春晚发布的消息显示,2011 年 2 月 3 日至 2011 年 2 月 7 号,将分别推出“大拜年”、“点击幸福”、“下载快乐”、“上传创意”、“共享奋斗”五场晚会。作为首届央视网络春晚,充分依托中央电视台的资源优势和策划、组织方面的经验,重磅推出了各项由网民投票选拔活动版块,例如“最想看到的内地明星”、“最想看到的网络明星”、“最想看到的港台明星”、“最想看到的体育明星”、“最想看到的主持人”、“最想看到的

组合”。届时,深受观众熟悉和喜爱的大牌明星、从普通大众走出的草根巨星和网络红人、为互联网做出贡献的明星网络企业老大将齐聚央视网络春晚的舞台。借力于央视电视春晚持久的影响力的央视网络春晚,是传统主流媒体拓展、争夺新媒体市场的一次亮剑。

(三)发展新内容:题材日益多样化

除了上述春晚,各种圈子、群体、主题的网络春晚都应运而生,显示了网络市场的细分化趋势和网民无限的创意。如北漂春晚、国学春晚,更有首台针对儿童打造的网络春晚成为媒体关注的焦点。该台晚会由大型少儿科幻电视系列剧《快乐星球》剧组打造,面向全国小朋友征集才艺视频,从中选出最精彩的视频串联起来,使全国三亿多小朋友有了一台属于自己的晚会。①

二、网络春晚界定及其发展历程

作为一个新生事物,网络春晚的定义与其发展历程同步。因此,有必要对网络春晚在我国的诞生和发展历程加以回顾。

(一)网络春晚5年初成期(2005—2009)

互联网技术的发展是网络春晚形态最有力的推手。2006年是我国网络春晚尝试性的第一年。在这一年,网通、新浪网、央视都相继推出了各自的网络春晚。但显然大环境还不够成熟,据当时媒体测算,要流畅地观看互联网春晚的视频节目,每位浏览者需要单独分享360KB/秒的网络流量。在北京,100M网络流量租用费用是17万元人民币/月。以此计算,新浪仅仅为应付1万人同时在线流览春晚视频节目的费用,就接近600万元人民币/月。而在互联网浏览高峰时段,几万人甚至十几万人同时在线的情形时常发生。为了避免网络阻塞,新浪就需要支付更多的网络流量租用费,成本

① 李晓玉:《网络春晚呈现三大亮点》,《人民日报》2010年2月23日。

压力显而易见。① 尽管在技术、盈利模式等方面存在诸多困难，但2006年仍然是网络春晚发展历程上的重要一步。当时最具代表性的有"2006全球华人春节网络联欢晚会"、"2006年动画春晚"、"首届宽带春节联欢会"等。

（二）初成期的代表性符号：FLASH、草根PK明星

FLASH是2006年网络春晚主要的节目形态之一。如"2006年动画春晚"，其相声、小品、MTV、搞笑杂技等节目，都是以FLASH动画的形式表现的。这在当时是一种全新的娱乐形式，带给受众不一样的视听享受。例如，"齐秦"在深情演唱，而伴舞部分则是"杨丽萍"在翩翩起舞，让观众在惊讶与神奇中感受歌舞表达的深情。

除了FLASH动画形式，由多家网站打造的"2006全球华人春节网络联欢晚会"也为之后网络春晚的发展提供了雏形，只不过这台晚会的筹备时间短，盈利模式和影响力都不尽如人意。这台晚会力求体现网络互动性，网民可以自己制作节目，一旦获得其他网民的支持，就可直接上网络春晚，并迅速成为网络明星；或者充分行使手中的投票权，将不喜欢的明星节目筛选下来。该台晚会还在用人模式上大胆创新，上演了网络红人和明星大腕的"PK"大战。最终，网络红人（手机小强、吴品醇、南和文斗、常海、粥稀稀、司文、张啦啦等）明显胜出，抢占了"全球版"网络春晚的舞台。可见，"互动性"、"草根性"在网络春晚的初成期就已经占有重要地位，乃至有评论认为"2005年是'草根'意识全面觉醒的一年，网络春晚是其代表性事件"②。

因此，在2007年，有研究者对网络春晚给出了如下定义：网络春晚并非指代哪台具体的春节晚会，而是"新娱乐时代""数字化传媒手段的普及启动数字内容应用"后的典型产物。它包括了视频春晚、博客春晚、动画春晚等内容，尽管名称不一，但运作模式基本相似：即所有"节目"均由网民自己制作，上传网络后"公平"展示。③

---

① 刘洋：《网络春晚　力挺草根文化升值》，《财经时报》2006年1月23日。

② 王萌：《2006网络春晚为何风景独好》，《传媒观察》2006年第9期。

③ 柳珊：《传媒格局变革中主流媒体的战略抉择》，《新闻记者》2007年第4期。

到2011年,网络春晚的定义显然更加丰富,它已经具有了更为成熟的运作模式、更强大的影响力和更广泛的认同度。FLASH动画的形式不再流行,但微博却很“给力”,随时随地参与网络春晚已经变成现实。因此,网络春晚并没有一个既定的定义,技术的发展一直推动它挑战全新的创意和模式。

尽管网络春晚的定义与其发展历程同步,但以下特性却始终是网络春晚所坚守的:

1. 互动性

一般来说,网络春晚主办方网站上都会专门设置网民互动版块,让网民自主投票决定想要看到的节目、导演、嘉宾、主持人。网民也可以推荐、自荐精彩节目和视频参加网络投票评选。

2. 草根性

网络春晚可谓是“草根的狂欢”,通过网民的投票选拔,节目创意来源于草根阶层真实的故事,演员和嘉宾基本上是网络红人、草根民星、社会热点人物等,甚至连晚会导演都是经过投票选拔出来的草根导演,以最佳的晚会创意和编排为草根代言。

三、2010年北京网络春晚

2010年2月,《人民日报》有文章评论称,网络春晚在“经历最初带有实验性的浅尝辄止后,终于在虎年渐成气候”。[①] 北京电视台网络春晚是其中的佼佼者。

(一)北京电视台网络春晚概况

1. 2010年北京电视台网络春晚

2010年北京电视台与新浪网、北京移动等新媒体强强联合,率先在全国打响了网络春晚的第一枪,推出7场精彩纷呈、形式各异的网络春晚,分

① 李晓玉:《网络春晚呈现三大亮点》,《人民日报》2010年2月23日。

别在电视台、网络和手机3G平台上连续播出，成为“全球华人第一台三屏合一新春晚”，也成为国内首次播出时间最长、播出台数最多的网络互动春晚。

2010年北京电视台网络春晚设置了“我要上春晚”、“我来淘新人”、“我来写剧本”、“我来当导演”等版块，让网民都有做春晚演员、春晚导演的机会，让网民通过自己独特的节目创意来为网络春晚建言献策。在网络春晚直播期间，还会邀请知名博主担任晚会的在线版主，和网民互动、评论晚会内容，扩大网络春晚的影响力。由于北京电视台这一主流媒体的加入，使得网络春晚从恶搞央视春晚的“山寨春晚”走向了时代潮流最前端的“全民春晚”，使得网络春晚“由单纯的社会文化现象变身为真正的商业娱乐事件”①。

2. 2011年北京电视台网络春晚的系列筹备活动

2011年新年在即，年味渐浓。北京电视台第二届网络春晚正在紧锣密鼓的筹备彩排之中。本年度网络春晚继承了首次网络春晚全民互动、公开透明的特点，筹备过程将全部在网上公开，根据网民的反映和建议不断改进晚会的方方面面，真正实现网民的监督，打造纯粹的“全民春晚”。

2011年第二届北京电视台网络春晚将从腊月二十五连续播出五场，分别为“名嘴之夜”、“潮人之夜”、“传奇之夜”、“魅影之夜”、“梦想之夜”，融入了“自主”、“多元”、“互动”、“分享”等主题理念，打造既时尚动感又不失历史厚重感和浓厚节日氛围的视觉盛宴。

打开2011年北京电视台网络春晚主页，可以看到网民正在火热投票中的各个版块。比如，“最想看到的明星”、“最想看到的组合”等。最终人气最高的明星、网络红人、热点人物将登上本届网络春晚的现场，与网民互动。同时，北京电视台为本届网络春晚别出心裁，充分利用新媒体微博的即时互动性的优势，不只邀请“微博女王”姚晨作为本次网络春晚系列节目的形象

① 扈明：《网络普及带来娱乐大众化　网络春晚“雷声阵阵”》，《北京商报》2010年1月5日。

代言人,更是早在2010年11月份,就把本次春晚系列活动的官方微博落户在了腾讯网,借助微博及时发布筹备活动最新进展,鼓励网友参与其中,为未来五场别开生面的网络春晚多提意见和建议。

(二)首都网络春晚与传统春晚的比较

北京电视台网络春晚是网络春晚中的代表作,它是新老媒体合作的作品,不断推陈出新,既体现出网络春晚的创新点,又生动诠释了网络春晚与传统春晚的不同之处。总结起来,主要体现在以下七个方面:

1. 节目产生过程

传统春晚的节目产生过程和方式一直不太透明,普通观众很难参与其中,造成了每年春晚节目形式和演员风格相对雷同的局面,节目内容往往很难准确表达老百姓的真实生活,即使有些节目关注民生,但由于缺乏草根精神而显得牵强附会、无病呻吟。随着近年来网络的迅猛发展,网上红人、网络流行语、网络流行歌曲渐渐地登上了传统春晚的舞台,让大家逐渐意识到网络力量的强大和草根阶层的崛起,但是,草根力量的真正聚集地是——网络春晚。网络春晚与传统电视春晚除了传播媒体不同之外,最本质的区别是"充分尊重民意",如2010北京网络春晚,在主办方北京电视台和新浪网上都有专区让网民参与网络春晚。网络春晚的节目、演员、主持人、嘉宾的选择和敲定都是由网民投票决定,充分尊重民意。

同时,网民可通过网路春晚的"我要当导演"等投票选拔活动,推选出土生土长的草根型导演,他们不必受到条条框框的限制,不必经过主流意识的规范和文化精英的改造,只要有大胆的想象力,只要有新奇的节目创意,就能导演出真正深入平民百姓内心并引起强烈共鸣的节目和作品。

2. 节目类型特征

无论是节目编排形式还是演员组合形式,传统春晚的节目形式都过于程式化,多年沿袭小品、歌舞、舞蹈三大类节目,而且小品一般是冯巩搭配主持人开场,"赵家军"压轴;歌曲一般是明星大腕独唱时的一人一首歌,到流行歌曲串烧时的多人一首歌,歌手待遇还得分出来个三六九等。传统春晚已经很难满足观众多样化的需求,遇到了众口难调的需求瓶颈。

网络春晚节目来自网民的推荐和自荐，形式新颖独特、潮流新奇，节目来自民间，服务于草根，满足了网民“真娱乐”的时代需求。节目形式有恶搞模仿、另类绝活、原创短剧、雷人雷事、网络流行语等，演员组成更是体现了网络春晚的亲民性和多元化，既有实力唱将、人气歌手，又有网络红人、民间英雄、社会话题人物等，整台晚会兼容和整合了明星和草根。

3. 节目长度

无论是央视春晚还是各个地方电视台的春晚，纷纷选在除夕夜的黄金时段播出。节目时段的安排上互相冲突，使得地方电视台的收视率无法叫板人力、物力、财力资源都异常庞大的央视春晚。在央视春晚一枝独大的情形下，地方电视台的春晚无法达到公平竞争情况下应有的效果和收视率。而且传统春晚只有一场，一般从除夕的20∶00一直延续到24∶00之后，考虑到观众每天的生理周期，大部分观众从22∶00开始就倦意渐起，注意力分散，甚至放弃观看，造成了收视率下降。然而，从大年初一早上开始，各电视台会重复播放春晚节目，这样在加深观众对某个节目印象的同时，影响了观众对整台春晚的整体感和新鲜感，无形中也会给观众造成除夕过后观看电视节目的空虚感，显得电视节目相对匮乏。

网络春晚克服了传统春晚上述缺点，不是指望着在除夕夜的重磅出击，而是追求春节期间的细水长流。网络春晚是由一系列主题各异的晚会组成，连续多天在电视台、网络、手机平台上播出。这样晚会数量的增多，播放时间的碎片化、分散化能够让观众根据自身的时间安排来选择观看。即使直播结束，网民仍能在网络上自主观看、反复欣赏，也能下载收藏至电脑中或手机上留待随时观看。例如，2010北京电视台网络春晚就是在7天之中连续推出7场，场场有热点事件、重头人物，受众可以在其中自主选择观看。

4. 节目反馈机制

传统春晚虽然也注重观众反馈的重要性，每年的春晚现场都会不厌其烦地动员观众以短信形式评选“我最喜欢的春晚节目”，节目评选结果在每年正月十五的元宵晚会上予以公布并颁奖。无疑，这是一种激励方式，但不容忽视的是，这种反馈机制具有很大的滞后性，这是一种事后反馈。观众的反馈对于事前调整晚会节目编排及改进节目质量毫无作用,等于说传统春晚节目的生杀大权还是牢牢掌握在导演手中,观众事前并不能选择想看到和不想看到的节目。传统春晚的传播方式是单向度的,观众处于被动状态,只能被动地等到除夕夜,由晚会主办方揭开谜底。

网络春晚与传统春晚的最大不同就是网民可以主动地"生产节目"。网络春晚以网络为平台,网络的最大优势就是极强的交互性。这不仅提高了网民的参与性和主动性,而且网民的意见和建议会得到最快速度、最有效率的反馈。网民可通过投票选择自己想要看到的节目;同样地,网民也可以行使投票否决权把不喜欢的节目拉下网络春晚。同时,网络春晚的点击量及节目下载量也是一种量化的节目反馈机制,主办方可通过统计这两个变量来客观了解某个节目的受欢迎程度。正是因为有了网络的互动,网络春晚的节目才能丰富多彩,最大限度地避免了观众的审美疲劳和对程式化节目的厌倦感。就如相关评论所言,"当一个审美形式仅仅是单向度地向受众传播时,就会产生审美疲劳,而当一种审美形式以一种互动的方式出现的时候,审美疲劳出现的可能性就会降低。"①

5. 利用新媒体

网络春晚的最大特点就是与借助了电视、网络、手机三方平台的技术优势,尽可能地发挥电视的试听、网络的互动和手机的便捷特点。这其中使用最频繁的新媒体形式莫过于微博。微博经过近几年的发展,在与传统媒体、互联网的融合和自身创新发展中,在信息传播、娱乐互动、培养庞大用户群和催生新的产业经济等方面都有不俗的表现。"2011 年北京电视台春晚系列活动(包括 5 场网络互动晚会)"更是充分借助了微博这一新兴的即时互动工具。首先,本次春晚系列活动的官方微博于 2010 年 11 月 22 日正式落户腾讯,北京电视台将会借助腾讯微博,第一时间对春晚系列活动进行发布,同时还会与腾讯的 10 亿网友互动,就春晚话题广泛征集网友意见。其次,北京电视台春晚系列活动邀请"微博女王"姚晨来做形象代言人。因为

---

① 高旭东:《网络春晚与电视春晚给我们带来什么》,央视国际网,2006 年 1 月 19 日。

姚晨在微博这一新媒体中的巨大影响力，与本次春晚系列活动的主题“春晚 e 起来”相契合。

在新浪网对2010北京电视台网络春晚的网友调查中，“您是否喜欢三屏合一的、具有网络互动功能的春晚形式？”一题的答案也肯定了春晚利用新媒体的可行性和巨大潜力：

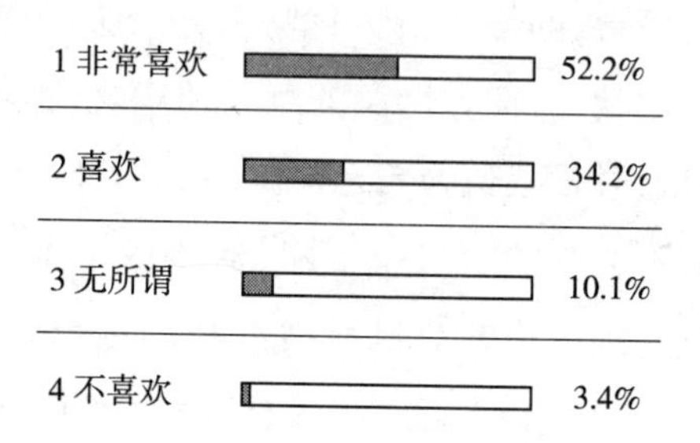

资料来源：新浪网——2010网络春晚网友调查

由图可知，86.4%的网友表示“喜欢”和“非常喜欢”此次网络春晚，仅有3.4%的网民表示不喜欢。由此可见，网络春晚体现了网民的意愿，实现了网民主动参与和看到自己想看的节目和明星的愿望。

6. 造星机制及效果

与明星相区别，网络上更流行“民星”一说，即指拥有一定知名度，完全因民众推崇而一炮走红的人，比如网络红人、人气歌手、民间英雄、社会焦点人物等。网络春晚给予这些“民星”充分展示的舞台，不仅可以与明星同台亮相，与明星大腕上演“民星 PK 明星大战”，同时掀起夸张搞笑的模仿秀，在模仿中创新。比如“男版李宇春”、“翻版韩红”、“冒牌芙蓉姐姐”等，民星在模仿中实现自己的再创作，展现自己的风格。由于网络春晚的演员和节目必须在网络春晚之前是网上流行的东西，已经引起网民的极大关注和兴趣，或这些演员已经成为“民星”。一旦登上网络春晚的舞台，这些已成为“民星”的草根们，更能借助这一平台扩大自身影响力，甚至可以从“民星”过渡到“明星”。所以，网络春晚的造星机制是双向的。

7. 盈利模式

上文已经提到,传统春晚的节目产生过程不太透明,但传统春晚一年一度的广告招标活动却是被炒得沸沸扬扬,每年"标王"中标时的冲天价格更是让人瞠目结舌。可见,广告投放是春晚的资金来源之一,更是其盈利的主要渠道。

网络春晚和传统春晚相比,在吸引广告大客户方面没有传统春晚那么得天独厚的条件。但是目前,无数中小企业向网络春晚抛去了橄榄枝。据CNNIC统计,中国现有网民3.8亿,占全国人口的1/4。这些逐渐壮大的网民群体对于那些急于打造品牌知名度的中小企业来说,是宝贵的潜在消费群体。网络春晚是这些网民自己的春晚,那么在网络春晚上投放广告,无疑会产生巨大的宣传效应,是品牌宣传的良好渠道。因此,中小企业的广告投放成了网络春晚的盈利模式之一。

网络春晚在吸引广告的同时,也借助新媒体平台来为自己做广告以获得眼球;等网络春晚结束后,这些新媒体平台和渠道又可以为网络春晚的内容发行创造便利条件,进而获得盈利。毕竟,在注意力经济时代,获得了注意力就获得了盈利的机会。例如,2010北京电视台网络春晚携手新浪网、北京移动这两个影响力巨大的传播平台,以软广告、商业软文的形式把网络春晚的筹备过程、彩排花絮、节目创意等,融入到网络春晚投票产生的人气排名靠前的大牌明星、网络红人的博客和微博中,让网民在关注这些人微博的同时,不知不觉地关注到网络春晚,达到"润物细无声"的宣传效果。

四、对北京网络春晚的评价和建议

2010北京网络春晚无疑是网络春晚发展历史上的一个新高度,具有较为成熟的形态和相对广泛的影响力,它在很多方面给受众留下了深刻印象:

(一)让草根圆梦

新浪网对"2010年北京电视台网络春晚"在全国范围内做了一次大调查,在"您更关注网络春晚中哪些人?"一题,调查结果如下:

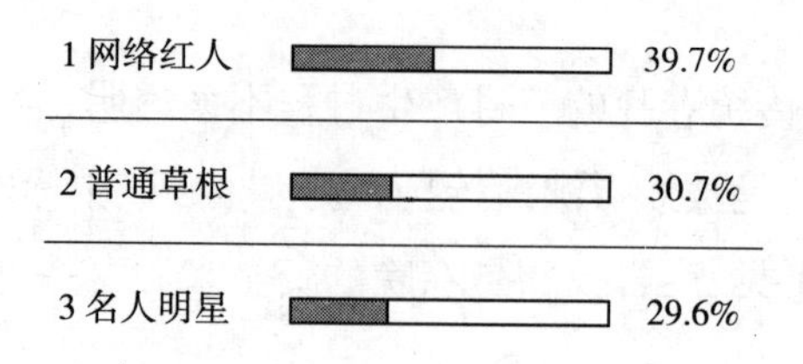

资料来源:新浪网——2010 网络春晚网友调查

由图可知,网络红人和普通草根相加所占比例为 70.4%,大大超过了名人明星的 29.6%。

对于"您认为网络春晚最大的亮点是什么?"一题的回答中,"明星草根同台献艺"得票最高,占 43.8%。

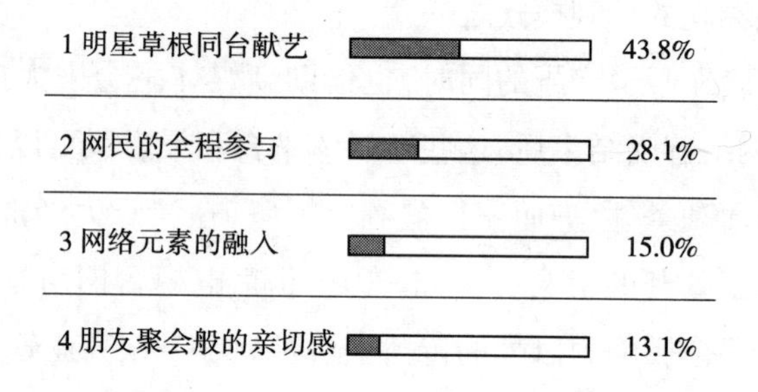

资料来源:新浪网——2010 网络春晚网友调查

这种由草根推选草根上春晚的感受,也许正如一位网友所说,"看到自己选择的人出现在节目里,感觉自己是在参与这个节目,而不是纯粹被迫接受。"2010 年北京电视台网络春晚正是体现了网络春晚是"全民的春晚"和"草根的狂欢"。

(二)感动常在,真情常在

2010 年的网络春晚上不乏民间走出的真情人物,他们的故事在网络上流传,感动了千千万万的网民,草根们的投票把他们送上了网络春晚。第一视频网络春晚上,"暴走妈妈"陈玉蓉携儿子与歌手姜洋同台献艺;2010 年北京电视台网络春晚上,16 岁的“西单女孩”任月丽用她那被网友称作天籁之音的歌喉轻轻弹唱。

2010 年北京电视台网络互动春晚还特别推出了名为“温暖的七种武器”这一特殊环节。在春晚七天的连播中,每天都会为观众讲述一个“温暖故事”,从“路见不平,抢车相助”的郭小亮到上演现代爱情版“愚公移山”的庹本志,每一个普通的名字背后,都有一段不平凡的经历,一个感人至深的故事。

(三)问题与建议

在肯定网络春晚发展前景光明的同时,不可忽视网络春晚仍存在诸多问题。例如新浪网网友调查中“您是通过什么渠道知道或看到新浪—BTV 网络春晚的?”一题,答案是:

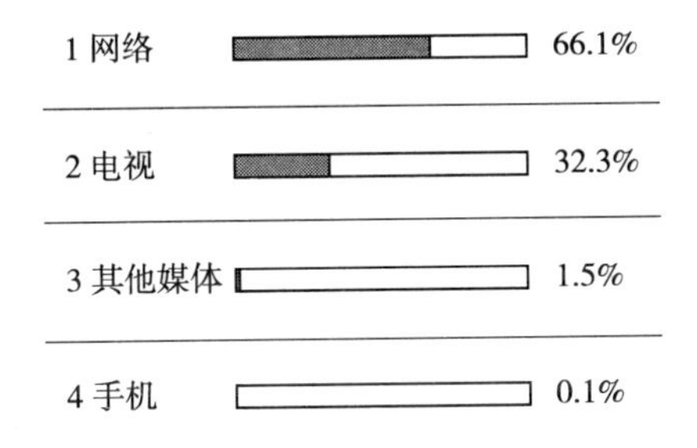

资料来源:新浪网——2010 网络春晚网友调查

事实上,2010 年北京电视台网络春晚是北京电视台联合新浪网、北京移动,分别在电视、网络和手机三大平台上同步播出的,但如上图所示,网络和电视这两个平台达到了预想的传播效果,但是只有 0.1% 的用户使用手机这一平台来收看网络春晚。所以,完善 3G 手机移动平台的基础设施建设,进一步培养潜在用户使用手机观看网络视频和网络春晚。使手机、电视、网络形成“三足鼎立”的局面,充分发挥不同平台在传播效果上的优势,将成为主办方举办一场成功的网络春晚不可忽视的渠道因素。

尽管从评论的视角和主流来看,网络春晚似乎从诞生之初就走到了传统春晚的对立面,但从目前的情况看来,二者的合作与竞争同在,随着网络春晚不断走向成熟,传统春晚的"改良"步伐也会相应地加大,并在短期内继续领先收视率和广告收入。毕竟,要寻求更加成熟的商业模式和增强节目的原创性以及衍生价值,网络春晚还有很多的难题需要一一攻克。

网络分享与著作权保护问题——以2010盛大诉百度为例

Internet Free Share and Knowledge Right Protecting: The Case of Shanda Indicting Baidu

许苗苗[*]

Xu Miaomiao

摘　要：本文以2010年盛大文学诉百度为个案，分析事件中各方立场，就当前网络侵权提出相应解决办法。同时，本文回顾了我国网络文学发展过程中的著作权保护从无意识到自发维权，再到组织性维权的三个阶段；并探讨网络媒介时代的著作权观念所面临的新挑战。

关键词：网络文学　产业化　知识分享　著作权保护

网络开辟了文学的新天地，它给人们带来了更丰富的文学作品，更自由的创作园地，更开放的互动环境，但同时也使侵权盗版更加便利。互联网上的侵权盗版曾被誉为世界性的难题，目前还没有哪个国家能够找到有效根治的途径。本文以2010年盛大文学起诉百度案件为例，分析网络文学中的知识产权保护问题。本文论述对象是最广义的网络文学，既包括首发于印刷媒体后经由网络传播的文学作品，也包括网络原创和通过网络首发的文学作品。

首都北京是中国的文化中心，它得天独厚的文化环境、丰富的媒体资源使这里成为诸多网络文化事件的发源地。作为互联网文化繁荣的地区，北京市必然频繁面对相关知识产权问题，据悉，北京市一中院自1999年受理

---

* 许苗苗，女，博士，北京市社科院文化研究所助理研究员，主要从事媒介与文化研究。

第一起网络知识产权纠纷案件后,截至目前已受理此类案件数百件。受理数量居全国前列①。因此,北京在网络知识产权保护中的行动能力和应对态度在全国都具有示范性作用,面对这一具有难度的课题,如何预防、管理、应对非常值得重视。

知识产权指权利人对其创作的智力劳动成果享有的专有权利,包括专利、商标、版权(著作权)等②。在网络文学领域,知识产权主要体现为著作权。我国第一部网络著作权行政管理规章《互联网著作权行政保护办法》早在2005年就已颁布实施,该办法中"通知与反通知制度恰当地平衡了著作权人和互联网内容提供者的权利和利益,明确了中间人(互联网信息服务提供者)的行为准则,并充分体现了私法自治的精神,是我国知识产权法的一个创举"③,使我国的网络著作权保护达到国际领先水平。

尽管如此,有关网络著作权的纠纷案件数量随着互联网文化的蓬勃发展依然不断递增,类型也在不断变化。2010年,国内最大的网络文学网站"盛大文学网"对国内最大搜索引擎"百度"提起诉讼,将有关网络著作权保护的问题推向高潮。"百度"公司创立于中关村,是诞生于北京本地的知名高新技术企业,号称"中国网民首选的搜索引擎"和"全球最大的中文搜索引擎";"盛大"则是文化部命名的"文化产业示范基地",其下属"盛大文学网"是"国内最大的网络原创文学平台"。两所公司都在国内互联网界拥有举足轻重的地位,它们的纷争在经济效益、社会影响、文化产业发展前景预期以及知识产权保护探索等方面具有典型性和示范性。下文将以此次事件为例,追溯事件的原因、发展过程、各方代表及支持者的立场和态度,尝试提出一些解决办法。同时,回顾国内网络文学发展十余年来的维权历程及各阶段变化,并对网络文学在无功利分享与著作权保护之间的权衡进行探讨,对其未来发展作出预期。

---

① 卢倩仪:《网络知识产权悄然兴起》,《中关村》2010年9月6日。

② 知识产权:http://baike.baidu.com/view/18255.htm。

③ 李旭:《网络著作权保护办法实施ICP和ISP为知识产权买单》,《检查日报》2005年5月30日。

一、盛大起诉百度事件始末

盛大文学网是我国最大的以网络原创文学作品为经营对象的网站；而百度的主要产品是搜索引擎，其分类搜索中的“小说排行榜”中众多席位常年被盛大旗下作品占据。按理说，百度和盛大分别专注于不同网络产品领域，且在一些领域具备合作可能，不应当有直接的冲突，但是，盛大文学与百度文库却冲突不断，到2010年末更是升级到白热化程度。

2010年11月初，盛大文学网总裁侯小强在新浪微博中声称“百度文库不死，中国原创文学必亡”。呼吁所有出版业同人联合起诉百度文库。① 11月2日，侯小强通过微博公布手机号码，号召有意参与盛大文学起诉百度（文库）的出版商或作者短信该号码。接下来几天，这次维权行动得到了当当网总裁李国庆、搜狐网CEO张朝阳、分众传媒老总江南春以及中国文字著作权协会副总干事张洪波等代表性人物的支持。截至11月10日，该号码收到3000多条声援短信，约有四五十家出版机构表达了形成联盟的意向。

此次维权事件受到多方关注，相关主体纷纷表态。态度最积极的是效益受盗版损害最严重的出版机构。北京“磨铁图书”总裁沈浩波称：百度无视作者和出版机构的合法权益，在搜索结果中提供众多盗版作品链接；同时经营“百度文库”之类上传盗版作品的平台，这种行为超过了出版业忍耐的底线，因此准备召集公司签约作家并与盛大文学联手对百度侵权行为予以起诉。②

被侵权的作家也对网络盗版情况表示不满。中国作协副主席张抗抗认为，如果政府有关部门不能对原创作品进行有效的版权保护，网络文学的商

① 事件过程及相关微博内容参见侯小强新浪微博：http://t. sina. com. cn/houxiaoqiang。
② 杜安娜、武威：《盛大文学“集结号”诉百度　百度回应：帮助网民分享知识》，《广州日报》2010年11月16日。

业价值和健康的网络版权法律秩序无法建立并健全,网络文学就将被网络盗版毁于一旦。北京大学教授张颐武称:在网络交通规则中,为服务付费的观念很重要,我们需要为精神的感动付费。互联网数据中心主任胡延平认为:目前已到了彻底归整网络渠道的时候,这样网络文学发展才有更多的良机。针对此次大型侵权事件,网络写手更是无奈,如网络作者十年砍柴认为,目前出版业的天平已向电子出版物倾斜,如果作者辛苦创作出来的作品都被免费在网络传播,利益必然受到很大损失,“现在没给我钱无所谓,但我看重的是未来”①。

中国文字著作权协会也于2010年11月10日发表声明,支持并赞同盛大文学联合出版界起诉百度的提议,呼吁各出版单位、民营出版策划机构、作家等著作权人加入联合起诉百度的队伍,要求百度停止侵权行为并向著作权人赔付版权使用费。②

面对出版商、著作权机构、作家、网络写手、学者等的声讨,百度相关人员却在接受采访时表示:百度文库中的文档多由网民自行上传编辑,如有侵权现象,百度会迅速核实并依法进行相应处理③。这次“回应”基本没有理会盛大文学以及诸多著作权人“删除、道歉、赔偿”的诉求。

二、事件各方主体利益关系分析

互联网进入日常应用之初,提供了大量免费资源,也培育起广大网民对网络资源免费的习惯和依赖。互联网盗版成本低、影响面广,因此互联网上的知识产权保护问题一直没有找到有效解决办法。“盛大起诉百度”案件

---

① 李立:《盛大文学对百度发起联合诉讼:否认因业绩压力》,《南方都市报》2010年11月15日。

② 《中国文字著作权协会声明》,http://www.prccopyright.org.cn/News_View.asp?NewsID=134。

③ 杜安娜、武威:《盛大文学“集结号”诉百度　百度回应:帮助网民分享知识》,《广州日报》2010年11月16日。

具有代表性，它涉及网络文学经营机构、出版机构、著作权人等各方利益关系。下文将分析事件各方立场，了解版权维护对于他们各自意味着什么，对其出发点和利益关系进行条分缕析地剖析。

（一）盛大文学：版权是利润之源

盛大文学是以原创网络文学为经营对象的一家公司，他们的收入有相当一部分来源于读者付费对其作品点击阅读。热点作品还会进行出版纸质书、影视剧本策划、动漫改编、游戏蓝本等深度开发。“盛大文学”旗下运营着多家文学网站，并推出过许多著名网络文学作品。如掀起盗墓小说热潮的“鬼吹灯”系列，曾获2009年度“五个一工程奖”的《大江东去》，2010年由北京市委宣传部、北京网络媒体协会主办的“首届网络小说创作大赛”特等奖作品《王老五相亲记》等，都来自盛大文学网。骄人的成绩不仅意味着丰厚的收益，也意味着巨大的投入，因此，他们对盗版带来的损失十分敏感。据盛大文学内部统计，其热门小说大多遭到严重盗版。按照网上看一部小说花1元钱来计算，仅一部原创网络小说的经济损失就达800万元①。作为国家版权局2010年评出的“中国版权产业最具影响力企业”之一，盛大文学明白版权对一家经营文字产品的单位意味着什么，在对网络知识产权保护、打击盗版等方面特别重视。

（二）出版机构：版权就是生命线

对于各家出版社来说，书籍发行码洋的多少更是关系重大。一本好书的诞生过程中，出版社的策划、包装和宣传等投入都十分关键。出版机构对书籍进行了大量的投入，而盗版者仅简单印刷即可攫取大量利润。在市场经济条件下，出版机构不仅是知识的传播者，更是文化商品的经营者和谋取利润的经济主体。频繁盗版、无偿传播，不仅拦截了出版社的效益，更斩断了好书的来源。此次联合盛大对百度文库提起侵权诉讼的主体之一，北京“磨铁图书有限公司”与韩寒、当年明月等多位国内知名作家拥有合约关

① 路艳霞：《盛大文学将起诉百度　百名作家签名支持》，《北京日报》2010年12月14日。

系，其正在组织约数十位知名作家联合起诉。① 他们的行动虽然不如盛大文学那样大张旗鼓，却同样具有社会影响力和威摄力。

（三）文著协：维护著作者权益是职责所在

文著协是我国以维护著作权人合法权益为宗旨的非营利性社会团体，它参与此次盛大诉百度事件，并公开发表声明予以支持并非偶然，作为一家从事著作权服务、保护和管理的单位，文著协此前已与全球最大搜索引擎谷歌开展过数次有关版权问题的谈判，起因是谷歌数字图书馆未经授权收录数百位中国著作权人上万部图书。文著协全称“中国文字著作权协会”，成立于2008年，由中国作协等12家著作权人比较集中的单位和陈建功等500多位我国各领域著名的著作权人共同发起，是我国唯一的文字作品著作权集体管理机构。正如该会会长陈建功所说，协会致力于“保护文字著作权人的劳动成果，恢复知识产权的尊严，努力使权利人利益最大化，促进产业发展”。文著协以保护著作者权益为职责所在，它标志着我国对知识产权的重视以及保护知识产权的行为逐渐踏上组织化、规范化的轨道，其数年来积极的作为也显示出广大知识产权所有者版权意识的逐步提高。

（四）作家：盗版无异于盗窃

计划经济时代，作家由国家供养，作品的市场与之无关，虽然拥有潜心十年磨一剑的条件，但也存在滋生惰性的可能，对于许多作家来说所谓“著作权”不过是个署名而已。20世纪90年代初，“深圳文稿拍卖会”上，一部文稿上百万的价格让此前几乎没有署名著作权意识的作家认识到了原创作品的含金量，部分作家下海，市场机制与文学作品产生了联系。由于当前许多出版社采用版税分成的稿费模式，对近年来仍然不断创出新作且产量较高的当代作家来说，作品销量的高低直接影响其收入，盗版者无异于窃贼。因此，专业作家对于网络上未经许可大面积传播作品的情况坚决反对，纷纷

① 杜安娜、武威：《盛大文学“集结号”诉百度　百度回应：帮助网民分享知识》，《广州日报》2010年11月16日。

表示支持打击网络盗版。

(五)网络写手:收入渠道与成名途径

在与作家同为文字创作者的网络写手中,对于网上广泛存在的转贴和传播却存在两种不同的看法。一类写手已被纳入了网络文学创作产业链,正版作品的点击率和读者的多少直接关系到他们的收益;特别是那些已经成名的网络作者,他们的作品还下线出版纸质书籍,在这一点上他们与传统作家的立场类似,书籍发行量的多少与收入的版税有直接联系。

而对于许多期望通过网络成名的作者来说,作品被最大范围地转贴、获得较高的点击率和知名度最为重要。无论网民是从何种渠道看到作品,只要这部作品没有篡改作者署名,能够引起网民的持续兴趣并保持关注就足够。在传统壁垒森严的体制中,他们的作品缺乏发表的途径。只有依赖网络的广泛转载获得名气,引起类似盛大文学这样付费的网站注意,主动与他们签约从而获得收益;或是偶尔被杂志、出版社看中,转变为纸质读物,才能够谈及稿费。许多网络写手都希望通过网络成名后再谈版权。因此,除了已经有出版社和约在手的知名作者外,其他的网络写手在无人埋单的情况下,只有先把目光放在"作品广泛传播、本人成为网络名人"这个比较现实的目标上。他们作品的搜索数量、点击率越高,就越有可能得到重视,对于百度提供的盗版网站链接以及众多网站无报酬的转贴,并没有明显的排斥。

(六)百度:点击率是身价攀升的动力

面对盛大、文著协乃至广大作者众口一词的声讨,作为被控盗版事件的主要当事人,百度的态度却截然不同,他们并不认为百度文库像盛大等单位所说已经成为"鼓励盗版"的平台,而将它定位为推动学习资料及经验知识的分享和交流的一项互联网应用。作为百度旗下一个供用网友分享文档的开放性在线平台,百度文库中包括大量网民自行上传的个性化文档,为网民提供免费的分享、下载渠道。这种模式极大地丰富了网络资源,充分调动了网络节点背后公众的力量,是在固定的网站内容之外的一种发挥网民能动性的个性化的补充;但同时应当看到,百度文库确实存在将新书和未公开出版的读物直接上传的情况，为侵犯作者著作权的盗版行为提供了滋生的土壤，而且对于百度这样以搜索结果和广告为收入来源的公司来说，点击率越高就意味着广告效果越好，其身价也就越高。因此，单纯看百度文库这种自行上传、最大程度分享的模式弥补了网站内容的不足，极大彰显了互联网媒体互动的优势，继承了互联网上最初平等、分享的精神，这种想法是可行的甚至是值得推崇的。但是当这种模式与百度的产品联系起来并成为包容大量盗版的藏污纳垢之地时，就透露出了两方面的问题。其一，网络上的分享精神是无私的、值得推崇的，但是这种分享的前提是传播主体本身拥有所分享信息的所有权。无私分享自己的资源是慷慨，在别人不同意或不知情的情况下将没有处置权的资源强行"分享"则违法。其二，虽然互联网秉承免费分享的原则，百度文库也打起这面大旗，但百度的行为实质上并不是无功利的免费分享，而是一种商业行为。作为一家主营搜索业务的上市公司，百度的身价极大依赖于其所提供信息的点击率，因此，最大程度地提供各类信息、引起公众的关注就是增值自身价值的渠道。作为逐利的经济实体，百度提供的是免费搜索内容，换取的是广告、推介费用和市值的提升。因此，对于百度、谷歌之类以搜索内容、点击率为经营对象的单位，不能简单地将其所谓的"互联网知识分享"看作单纯的奉献，其本质上是一种经济行为，是利用别人的资源为自己赚钱。

由此可见，在盛大诉百度案件中的两方主要当事人，一个以网络文学作品为经营对象，一个致力于将他人的内容免费分享提高自身点击量；一个以作品版权开发为增值动力，一个以点击率、搜索结果为利润来源。二者出发点的不同造成口舌之战升级对簿公堂。虽然盛大文学并不一定如其所言代表"中国创意产业的未来"，但其要求维护著作者权益的诉求却十分在理，因此能够得到诸如文著协等机构和众多出版社的响应。而百度应对时提到的经验分享等理念，建筑在为本公司盈利的基础上，出发点并不单纯。互联网平台不是图书馆，百度作为一家盈利单位，没有得到任何版权单位的授权，不具备提供图书馆这种公益事业的资质和能力。充分了解盛大诉百度事件的始末,厘清各方参与者的出发点、立场和动机,即可透过现象看清内在的动因。

三、现阶段的网络著作权保护问题

通过分析此次盛大诉百度的事件,可以看出当前网络盗版的一些特点。下文将有针对性地提出一些建议,探索打击网络盗版的渠道。

(一)应大力宣传相关知识产权法规,在公众中树立对知识产权的认识和维护意识,使一般公众有不触犯法规的自觉,使相关权利人受到侵犯时懂得运用法律手段维权

在普通公众的意识中,通常能够认可付费换取实物拥有,但对信息和知识的价值却缺少应有的重视,因此会出现不尊重产权人脑力劳动的情况。因此,结合典型案例展开对网络著作权知识的普及宣教,提升公众对网络知识产权的保护意识十分重要。

(二)提高侵权行为成本和惩罚力度

当前在社会上普遍存在读盗版书、看盗版碟现象,对普通大众来说,轻易可以获得的盗版读物甚至使侵权成为流行。而且,一旦发现存在使用盗版的行为也缺乏相应有力的处置办法,这使得盗版产品拥有广泛的市场,盗版行为屡禁不止。在此次事件中,虽然受控的百度方发言人声称:"百度文库专门设有24小时举报投诉通道,一旦有人或者机构发现网友分享的内容有侵权现象,只需要通过举报系统反馈情况,并提供具体链接,百度会依法迅速核实相关文档,并作出相应处理。"①但是,多长时间内核实、如何处理却十分含糊,以至于曾出现作者多次举报、投诉却得不到响应的情况。百度这种有恃无恐的态度,源于互联网搜索网站在侵权责任上遵循的"避风港原则",也就是只有收到通知才有义务移除,一旦移除就可以逃脱责任。正

① 刘娟、李烁、肖春飞:《盛大诉百度:原创文学PK"免费盗版"》,《新华每日电讯》2010年11月26日。

如上海大学知识产权学院副院长许春明所说："如果盗版案件判决，按照避风港原则就很难有公道，更现实的做法应该是按'诚信'原则进行判决。"①但是，在一切讲究证据的法律面前，"诚信"一词虽然关乎道德却充满了不确定性，很难进行度量。

（三）相关利益主体应积极维护，在技术层面研发盗版识别方式和反盗版的创新技术手段

在盛大诉百度事件中，如果百度不涉及依靠点击盈利，就不会经营百度文库；同理，如果盛大不是利用网络文学作品赚钱，也不会如此积极维护旗下签约作品的版权利益。因此，作为大量网络原创文学作品的经营者，盛大文学本身有义务在文本呈现的技术方面想办法防止盗版、提供独家内容，如果其作品能够通过搜索引擎随意获得，付费与否得到的东西都一样，对于那些付费用户来说，是盛大文学的失职。而百度如果提高盗版识别率，使版权问题得到较好解决，有效保障作者权益，可能其文库中收录的作品不仅不会引发争议，还能够吸引更多作者主动上传更有价值的作品，使其内容更加丰富完善，从而获得更多关注。

（四）应倡导并扶植民间监督组织，针对实际情况配合应变，积极响应

在盛大文学诉百度事件中，文著协积极表态，并召集了上百名知名作家予以声援。由于文著协是一家非营利性社会机构，因此能够产生较大的社会影响，取得较好的社会效益。在网络著作权的争执中，相关著作权问题的讨论与其由各怀目的的经济实体分别从自身利益出发去进行辩论，不如由文著协之类切实代表广大著作者利益的第三方机构介入。因此，文著协成员的专业知识水平、能力以及响应速度十分重要。

总之，在经济利益与社会效益的竞争与较量中，还需要进一步的探索与尝试，以求为著作权专有与知识共享找到一个恰当的解决途径。

---

① 路艳霞：《80万网络写手作品频遭盗版　盛大文学将起诉百度》，《北京日报》2010年12月18日。

四、中国网络文学发展中的维权历程

(一)网络著作权无意识时代

网络文学一度被认为是“无功利”的创作,1998—2002年左右,可以称为网络文学的“著作权无意识时期”。当时,中国网络文学刚开始发展,众多网民在网络上发布自己的创作成果,与网友互动、交流、共享,虽然由一人署名,但众多读者都积极提供思路、素材,一部网络文学作品凝结着不少网民的心血。因此,网络作品的创作、发布和阅读都是免费的。还有不少文学爱好者为与诸多同好交流心得,将已出版的文学作品扫描甚至不辞劳苦地手敲上传,由于只是零星个案,上传的多是经典作品,且上传者和传播者并不存在盈利目的,并没有太多的著作权纷争。

在网络上写作的写手们多出于爱好而非生计写作,如痞子蔡的《第一次的亲密接触》、宁财神的《网络鬼故事》、李寻欢的《迷失在网路上的爱情》、安妮宝贝的《告别薇安》等,都能够在网上轻易搜索到,作者没有向转贴网站收费,但这样广泛免费的转贴似乎不仅没有妨碍作者的收益,反而在他们的成名道路上起到了很好的推动作用。这些作者开始网络创作时,还没有固定的“网络文学”概念,更不存在产业化的网络写作,网络内容较少,他们的名字很快产生了号召力,为作品后续开发打开了途径。《第一次的亲密接触》印刷了单行本、改编了电影、电视剧、话剧和有声读物,“痞子蔡”也成为纯情畅销书的一个品牌。其他如宁财神发挥语言幽默优势,如今成为著名编剧,有《武林外史》等佳作问世;李寻欢利用与诸多网络写手交好的条件,走上出版道路,是韩寒、郭敬明等多位著名作家的出版商,其真名“路金波”已经成为出版界一块金字招牌;安妮宝贝则持续写作,后有《八月未央》、《春宴》等长篇问世。可以说,这些早期网络文学界的代表人物实践了一条网络成名之路,成为诸多人心向往之的偶像;然而,后期纷纷效仿的写手却没有了这样的幸运,虽然偶有个别在网络上坚持创作成名者,但大多数不过为网站热贴背后的点击量做了贡献。

在这个时期，一些网站为网络作品提供发布空间，有的还制作了专辑，因而理所当然地将站内发表的作品视为自己的资源，但其开放阅读的特性使得其他站点可以自由转载。由于当时网络文学并不是一个盈利的产品，大部分网络内容还没有探索出盈利模式，各网站只期望以“知名度”、“点击率”赢得眼球效应，获得广告和风险投资。这种缺乏实际盈利能力，仅依靠关注和炒作的网站运作模式虽然推动了早期网络文化的兴起和普及，却迅速成为泡沫；到2002年左右，许多曾经名噪一时的网络文学站点如“黄金书屋”、“书路”等纷纷倒闭，甚至有人预言“网络文学已然走向末路”。

（二）自发网络维权时代

2000年左右，由于文学类网站内容还不很丰富，素质高的写手也并不多，为了增加质量较高的文学作品，网站通常的做法是将传统文学作品上传发布。这些由网站发布而未经作者本人许可的作品虽然有的已超出著作权保护年限，但是也有许多当代作家的作品。而在这些作家里，除了陈村大力支持网络文学，曾将自己的全部作品授权“榕树下”网站发布外，大多数人对网络还很陌生。面对网站打着分享的旗号随意将本人作品上网无偿传播的行为，一些作家联手维权。其中标志性事件是2003年被誉为著作权“网络维权第一炮”①的王蒙、张抗抗、毕淑敏、张洁、张承志、刘震云等6位作家起诉“世纪互联”网站未经许可，将他们的七部作品，即王蒙《坚硬的稀粥》、张抗抗《白罂粟》、毕淑敏《预约死亡》、张洁《漫长的路》、张承志《北方的河》及《黑骏马》、刘震云《一地鸡毛》上网传播的案件。经过北京海淀法院一审判决，该网站停止网上传播6位作家的作品，公开致歉并赔偿因此带来的经济损失。“世纪互联”上诉，市一中院二审认定该网站未经许可、未支付报酬，在网上传播6人的文学作品构成了侵权，维持原判。

虽然“网络维权第一炮”打响，但此后网络上的侵权盗版行为依然屡禁不绝。2008年底，张抗抗、邱华栋、徐坤、卢跃刚、李鸣生、王宏甲、张平等7

---

① 《中国作家频打维权官司》，http://news.xinhuanet.com/newscenter/2005-04/11/content_2812794.htm。

位知名作家联合起诉"书生网"并胜诉[①]。类似的事件一再出现,作家们屡次陷入被侵权—被动维权的境地,虽然侵权事实分明,类似官司大多能以胜诉告终,但诉讼过程却消耗了大量的人力物力,浪费了作家本应用来创作更多作品的时间。

由此可见,传统作家的自我保护意识更加明确,也能够积极利用法律武器开展维权行动。虽然如此,在中国网络文学发展十余年的历程中,网络盗版问题始终没有得到有效遏制,随着网络技术的革新,新的更加隐秘的盗版技术也随之出现,问题也越来越多,单凭个别作家的力量无法与日渐猖獗的盗版势力抗衡。

(三)组织化维权时代

随着网络文学的发展,网络作者的增加,网络著作权维护越发成为值得重视的问题,"文著协"之类由相关单位和作家联手发起的社团以及"盛大文学"之类以开发网络文学业务为主的经济单位都成为网络文学组织化维权的中坚力量。

成立于2008年的文著协第一次较为大型的维权行动目标是著名的搜索网站"谷歌网"。谷歌网络图书馆中收录了数百位国内作家的上万部作品,这些作品都是在作者本人不知情的情况下被扫描上网的。胡适、冯友兰、沈从文、巴金、钱锺书、王蒙、张抗抗、张洁、池莉、海岩等广大读者耳熟能详的名字均在此列。由于事件涉及权利人众多,任何一位作者或出版社若单独与谷歌谈判,都要耗费巨大的时间和精力,因此,作为国内唯一文字作品著作权集体管理组织的文著协承担起了为中国作家维权的任务。2009年年底,文著协先后与谷歌总部进行了多次交涉寻求解决办法。国家版权局版权司对文著协就谷歌侵权进行维权的行为表示支持,版权管理司司长王自强表示:"谷歌是全球最大的数字化图书馆。谷歌图书版权纠纷也反映出在互联网和数字化时代,不管是发展中国家还是在发达国家的制度设计上很多事情没有得到很好解决,通过这一案件可以启发各个国家立法者

---

① 张弘:《张抗抗等七作家起诉书生网侵权胜诉》,《新京报》2008年7月8日。

怎么来解决互联网管理数字化作品以维护著作权的合法问题。”①2010年，文著协又在盛大文学针对百度的维权活动中率先积极表明了立场。

对盛大文学来说，网络文学是其组织策划、创作、包装并传播、开发的产品，侵权涉及公司利益，因此维权行动更加积极。除2010年起诉百度外，2009年还曾就旗下作品《星辰变》进行维权。《星辰变》首发于盛大文学网站，连载结束后，一些爱好者自发在“读吧”网续写《星辰变后传》，并免费发布供网民浏览。盛大文学认为：根据《著作权法》，对原作品的续集或改编都需要获得相应的授权，这种续写行为已经构成对《星辰变》原作者的侵权，因而对“后传”作者提出警告，并拟起诉免费发布《星辰变后传》的读吧网。

以上几次有组织的维权行动反映出网络文学领域日渐建立起自身的秩序，如何更加有效地在网络上保障著作权主体的利益正在探索之中。

通过对“盛大文学诉百度”事件的分析我们可以看出，两家颇有实力、拥有不少法务专业人士的公司各执一词，其本质并不在于“网络著作权是否需要保护”，因为这是不言自明的问题。他们争执的焦点其实是由网络文学和数字图书馆产业化引起的利益纠纷。从某种程度上来说，这种利益纠纷只涉及相关单位利益，即从事网络文学产业经营的公司、以文字作品谋生的写手以及依靠提供免费网络作品赚取点击率的搜索引擎。对于那些无意于通过网络创作谋生，只是由于爱好写作的写手以及众多喜爱阅读的网民来说，能够阅读到源源不断的好作品才更有意义。在享受网络技术为传播带来快捷的同时，如何激发作者的创作灵感和动力，为广大读者提供更宽阔的分享渠道和更便利平等的阅读条件是需要思考的问题。由此可见，在网络文学发展的道路上，无功利分享与著作权保护的相互争夺与磨合是未来的趋势。

---

① 雷建平：《国家版权局谈谷歌图书纠纷：支持文著协维权》，http://www.prccopyright.org.cn/News_View.asp?NewsID=110。

关于网络文学的未来发展,目前还充满了不确定性,但如今充斥网络的侵权案件却是亟待解决的现实问题。网络知识产权问题已在我国受到重视,但是具体的侵权事件始终存在,对保护知识产权、打击侵权盗版途径的探索必需持之以恒地继续。

2010 年“首都之窗”网络与北京城市建设

An Analysis of E-Beijing and Urban Construction in 2010

罗　慧[*]

Luo Hui

摘　要：首都之窗网络是北京市政府的门户网站。12 年来，网站的建设始终依托于政府服务职能的转变这一理念，明确地将北京城市发展与建设定为工作的中心。同时，由于北京地处首都的独特性，网站对自身的建设与发展有着更高的要求，向中国与世界展示一个高质量的政府门户网站，成为北京走向世界的重要窗口。

关键词：首都之窗　政府　服务职能　北京

随着公众对网络应用的熟悉，电子政府逐渐成为公众了解一座城市的新窗口。电子政府指“在政府内部采用电子化和自动化技术的基础上，利用现代信息技术和网络技术，建立起网络化的政府信息系统，并利用这个系统为政府机构、社会组织和公民提供方便、高效的政府服务和政务信息。”①随着信息化的发展，全球化的经济走向，如何建立一个服务于公众的政府成为政府改革的重要理念。20 世纪 90 年代中期，中国政府全面启动政府上网工程。截至 2009 年底，已经有“75 个中央和国家机关、32 个省级政府、333 个地级市政府和 80% 以上的县级政府建立自己的门户网站，总数超过

---

* 罗慧，女，博士，知识产权出版社编辑。

① 百度百科：电子政务，http://baike. baidu. com/view/8452. htm。

4.5万余个。①

在信息化与政府理念改革的背景下，首都北京最早开展了电子政务的建设。中共北京市市委、市人大、市政府、市政协联合市纪委、市高等法院和18个区县政府、99个市政府委、办、局150多个各自的政府网站统一建立的北京市政府门户网站——"首都之窗"于1998年7月1日正式开通。迄今为止的12年来，网站多次提升与改版，并明确提出："为了统一、规范地宣传首都形象，落实'政务公开，加强行政监督'的原则，建立网络信访机制，向市民提供公益性服务信息，促进首都信息化，推动北京市电子政务工程的开展而建立的。其宗旨是：'宣传首都，构架桥梁；信息服务，资源共享；辅助管理，支持决策'。"②在2010年1月的中国政府网站绩效评估中，获得了省级政府网站绩效第一名。在骄人的成绩之下，首都之窗网站紧扣城市、市民与首都文化，依托自身城市地位，引进信息技术的变革，在民众中树立了信任。尤其是在2010年中，"首都之窗"网站的更新与政府服务功能得到极大的变化。它逐渐融入北京的生活，成为北京生活的重要指南，也成为首都建设的重要潜在力量。

一、首都之窗网站与北京生活的建构

在首都之窗网站的宗旨中，"宣传北京，构架桥梁"是其首要任务，它将自身定位于向大众展示北京的经济、文化，让人们知晓京城的最新发展。伴随中国在国际中的地位日益上升，人们对北京的关注与日俱增，首都之窗成为城市宣传的重要辅助渠道，为北京形象的树立起到了前所未有的作用。

（一）首都之窗网站成为北京人们生活的重要咨询渠道

网站基本分为政务信息、社情民意、办事服务、公共信息服务、人文北京5个版面，除人文北京之外，均是针对民生问题。打开政务信息平台，下分

① 《中国互联网状况》，中国国务院新闻办公室2010年6月8日发表。

② 《关于我们》，http://www.beijing.gov.cn/zdxx/t670095.htm。

工作动态、政府信息公开、专题专栏、法规规章文件、政策解读、统计信息、监督检查、办事规程、财政投资、人事工作、重点领域、公用事业12个版块。从中浏览完全可以了解政府的最新举措。政务信息平台内容的发布和宣传，往往与政府的指导意见相偕而行，实现了网络与纸质传播的双管齐下。每个条目下都有办事指南与在线咨询两种选择，如此细化而多层次的分区，对于需要解决户口问题的人们来说，无疑减少奔波之苦。从版面设计的形式而言，首都之窗给市民提供的是一种快速而高效的咨询方式，成为北京快节奏生活不可或缺的一笔。

有关版面依据访问量涉及，充分考虑到用户感受。2010年2月，《首都之窗通讯》统计了2010年1月的相关访问量，其中委、办、局分站的访问量情况如下①：

<table>
<tr><th colspan="2">分站名称</th><th>1月总页面浏览量</th><th>1月有效页面浏览量</th></tr>
<tr><td colspan="2">市发展改革委分站</td><td>2439387</td><td>1087588</td></tr>
<tr><td colspan="2">市教委分站</td><td>3498687</td><td>1256793</td></tr>
<tr><td colspan="2">市科委分站</td><td>2677380</td><td>600940</td></tr>
<tr><td colspan="2">市经济信息化委分站</td><td>221582</td><td>115980</td></tr>
<tr><td colspan="2">市民委分站</td><td>362152</td><td>38421</td></tr>
<tr><td rowspan="2">市公安局分站</td><td>市公安局网站</td><td>3116463</td><td>2683315</td></tr>
<tr><td>交管局网站</td><td>42274830</td><td>38832593</td></tr>
<tr><td colspan="2">市监察局分站</td><td>268150</td><td>95051</td></tr>
<tr><td colspan="2">市民政局分站</td><td>2541688</td><td>1769637</td></tr>
<tr><td colspan="2">市司法局分站</td><td>355048</td><td>186495</td></tr>
<tr><td colspan="2">市财政局分站</td><td>4447647</td><td>1411938</td></tr>
<tr><td rowspan="2">市人力社保局分站</td><td>原市人事局网站</td><td>6358854</td><td>5750801</td></tr>
<tr><td>原市劳动保障局网站</td><td>9098587</td><td>7744441</td></tr>
<tr><td colspan="2">市国土局分站</td><td>2442803</td><td>894661</td></tr>
<tr><td colspan="2">市环保局分站</td><td>978494</td><td>574050</td></tr>
</table>

① 《首都之窗通讯》，http://www.beijing.gov.cn/sdzctx/。

续表

分站名称		1 月总页面浏览量	1 月有效页面浏览量
市规划委分站		2491624	907483
市住房城乡建设委分站		23807603	14257124
市市政市容委分站	市市政市容委网站	1063620	365475
	市城管执法局网站	2656931	643870
市交通委分站		4035244	2806792
市农委分站		566210	175805
市水务局分站		1227784	186303
市商务委分站		2453883	268369
市文化局分站		815291	105114
市卫生局分站		1210826	759866
市人口计生委分站		240837	85978
市审计局分站		374743	45829
市政府外办分站		1946825	90630
市社会办分站		107397	81667
市国资委分站		1274976	150921
市地税局分站		18050992	10414451
市工商局分站		28818019	17885641
市质监局分站		2775695	1240697
市安全监管局分站		989604	242554
市广电局分站		1263483	60105
市新闻出版局分站		424855	328223
市文物局分站		849745	317480
市体育局分站		2060194	613829
市统计局分站		3924538	2903615
市园林绿化局分站		1526313	339007
市旅游局分站		654779	145892
市知识产权局分站		182337	78146
市民防局分站		253225	90708
市政府侨办分站		98696	41285
市政府法制办分站		130555	49632

续表

分站名称	1月总页面浏览量	1月有效页面浏览量
市信访办分站	194221	71609
市政府研究室分站	47114	17945

通过以上信息看出，房地产交易管理服务、网上登记注册服务、车辆违法查询服务等访问数量居点击量之首。这些数据清晰地表明北京市民最为关心的几个问题：住房、金融、交通。而据《首都之窗通讯》2010年2月号统计，当年1月份最受欢迎的信息主要是公务员、医疗保险、交通三个方面。这三方面反映出社会上普遍存在的工作难、看病难与出门难问题。

除了相关的咨询，还有相关的政策解读，让那些十分简单的条款变得生动丰富。网站提供的视频信息，让更多人直观地接触到相关的政务信息，这对生活在北京的人们来说，了解这些政策，有时可为自己的生活、工作与学习节约更多的时间与资源。

（二）首都之窗并非单向的宣传渠道，它需要来自民众的回应

一个成熟的网站，必须与网民互动，网站能通过点击量与网民的来信知晓使用者的态度与疑问，但互动是最重要的途径。由于首都之窗网站的特殊性质，网民对它的回应更多是关注政策、社会生活的问题。相比之下，人们对网站结构方面的异议比对政策的回音要少得多。因此，首都之窗成为政府寻求百姓心声的另一个窗口，也是北京市政府深入大众生活的重要途径。

网站有“政民互动”一项，点击展开，便能看到“政风热线”、“征集调查”、“在线访谈”，此外有“反映政风行风问题”、“给市长写信”、“反映企业呼声”、“参与在线访谈”、“参与征集调查”、“分享政府办事经历”的快速通道，在这些模块中，最为主要的部分是民众反映的生活百态问题：衣、食、住、行，还有北京户籍、生育、教育文化与社会公益等问题。这些问题构成了一个城市的主要构架。伴随着政府职能的逐步转变，如何为人民服务，提供百姓的生活所需，当是政府的首要任务。北京市“政风行风热线”用户调查于

2008年6月10日起正式在首都之窗及北京市“政风行风热线”首页上线，面向全市网民征求意见建议。截至2010年5月10日中午12时，系统已共计收到网民参与调查问卷反馈2942份。其中有两条分析足以说明民生的最大问题：“参与调查用户比较关注的问题主要集中在，公共交通为67.7%，住房（经济适用房、廉租房、限价房）为56.1%，政策法规为54%，环境卫生为53.4%。参与调查用户对‘政风行风热线’所设置版块关注情况是：回信选登为40.4%，来信选登为30%，直播间为19.7%，优秀办件专题为9.9%。”①与上文的分析相当接近，公共交通、住房、政策法规、环境卫生是网民最为关注的问题，这四个问题也是北京市政府最急迫需要解决的最大难题。而更有意思的是，网民对于政府究竟解决了哪些问题的关心，远比对大家遇到的疑问的关注要大得多。后者说明目前政府的行事能力正受到大众的质疑，政府的可信任度也受到了前所未有的挑战。在“回信选登”与“来信选登”之间，网民更倾向于先点开“回信选登”，确定相关政府机构确实能解决诸多疑问后，才可能将自己的心声吐露出来。而“来信选登”的点击量说明的是网民大众中寻求共同心声的渴望，以期自己所遇到的问题实非个别现象。在2010年“典型政风信件”之中，很多问题的点击量都上达1100次，有的甚至高达3500余次。如果能将网站的点击量细化分析，可以知晓社会群众的诸多问题。

然而，点击量的分析只是网站分析的一个方面，仅能了解网民们的大体关注点；在具体的问题互动之中，网站提供的是一个又一个生动而真实的例子。面对服务部门的个别官僚作风，这些信件表达了严重的愤怒。而相关的回答往往较为仔细，语气平和，并且往往留下相关的查询信息，给提问者指明解决问题的方向。如“需要个人完税证明”一条，面对来信者因税务所系统问题而迟迟得不到完税证明的愤怒，第三天后，相关的部分就对此回复，将个人完税的制度予以说明，并提醒来信者说明问题产生的地点，并保

① 《“政风行风热线”用户调查统计报告》，http://www.beijing.gov.cn/zhuanti/zwgk/dxwtxd/zfdcbg/t1113529.htm。

证来信者的信息保密，并指出通过相关的网站可以了解相关的制度。这个回答将政策措施、解决问题的方法与途径都进行了说明，相信来信者虽有不满，但也能得到一些十分必要的帮助。在短信平台信件里，就“15号城铁施工造成京密路车量严重拥堵”一条，关注度达到1000余次。即使是一条短短的文字，因为关乎其身，都会成为大众的焦点。

应当说，首都之窗作为北京市的政府门户网站的成绩相当明显，据人民网报道：“作为首都之窗的品牌栏目，北京市政府网站首都之窗政风行风热线栏目至今总点击量超过了4.4亿次，日均点击量达到18万人次，共接收网民来信16.7万封，办结15.7万封，解决群众实际问题8万余件，收到感谢信3000余封，群众满意度达到了77%。”①这样的点击量在同行网站里首屈一指。政府对这些问题的回复得到市民肯定。但是，办结信件与来信之间的差距也说明并非所有的问题都能得到答复，如何完善这一部分将会是网站的努力方向。

首都之窗是政府寻求反馈的渠道，从其中民众留言中的疑问与争议中可以看出当前北京市民生活、工作中最关注的问题，这也是首都之窗平台开放的目的。

（三）首都之窗为北京市民的文化生活提供了一扇丰富多彩的窗口

北京作为文化大都市，在政策能力与经济实力不断上升的同时，文化从来没有停止过和世界接轨的步伐。网站首页下的5个基本版面下，人文北京版面中设有新书推荐、文化快报、北京故事、风韵北京电子杂志等13个模块，加上滚动的图片版热点推荐、北京概览、北京年鉴、历史名城等10个快捷网页通道。如此繁复的分项选择，将北京的文化活动海纳其中。这里有专家的讲座，有最新的书籍通告，有大众阅读的关注，国内文化活动的相关信任，进入其中，犹如进入北京文化博览会，让人应接不暇。2010年，中国最引人注目的事件是上海世界博览会，虽然事件的中心在上海，但作为政策

① 高星：《俞慈声：首都之窗政民互动建成体系　群众满意度达77%》，http://www.tianjinwe.com/rollnews/201012/t20101216_2866422.html。

发出者所在地的北京对此仍密切关注。5 月 1 日，世博会开幕，首都之窗在此前后围绕世博会“北京活动周”的排演与开幕，将世博会中的北京色彩予以突显。

北京“文化中心”的地位并非仅因为它拥有较多的高等院校和诸多科研单位，还由于这里集中了各类博物馆、展览馆、剧院、美术馆等资源。当北京的各个博物馆、展览馆、剧院日益兴建的时候，首都之窗的网站文化建设也得到了极大的充盈。2010 年，网站的文化版面内容，中国妇女儿童博物馆、明皇粮仓博物馆、军事博物馆、北京美术馆等文化单位的系列活动占有大量的比例。众多博物馆将首都、地方及国际性的文化成果展示出，既丰富了首都市民的见识，也为发现文化源、孕育新文化营造氛围。

近年来，文化遗产的价值受到重视，非物质文化遗产的传承、物质化的文化遗产的保护与修缮，都是京城人们关心的话题。首都之窗网站传达的相关新闻，一方面宣传了这些文化遗产的常识，同时也将文化保护的意识散播于大众心中。北京作为历史古城的意义在首都之窗网站得以重点体现，2010 年 5 月 24 日，国际媒体聚焦北京旅游大型采访活动启动。同月 28 日，第二届皇城文化旅游节开幕，带来北京城文化旅游的新高潮。首都之窗对这些文化活动的宣传，成为首都文化建设的一扇精彩的窗口。

虽然对于这些文化活动首都之窗没有提供整个事件的详细过程，我们无法全面领略其中的精彩与韵味，但是就目前网站起到的作用来说，它为生活在其中的大众提供了一种可能的选择。

二、首都之窗网站与首都特色建设

在定位明确的背景之下，首都之窗比其他城市的门户网站更加明晰自己的特点。这些特色一方面来自北京作为首都的地位，另一方面来自北京作为国际化的大都市地位，因此其政治、文化与经济领域的任何举动都带有世界色彩。故而，网站的建设与维护成为北京向全国乃至世界呈现出何种面貌的关键之一。

(一)作为官方网站,发布的信息必须可靠真实

当前世界各地的反政府活动频发,很大原因在于民众对政府失去了信任。鉴于此,作为政府门户网站的首都之窗,必需对每一条发布的信息与数据负责,首都之窗的每一条新闻,都经过数次审核,保证政策发布者的可信度以及真实有效地公布相关政策,保证了网站的信息真实可靠性。在"政府信息公开"一栏里,北京市各行政单位有自己的链接与版面,上至国家的发文,下至区县的公示,均有展示,且大部分是具有法律效应的文件内容。网站背后的政府支持和发布速度是首都之窗网站信息可靠性的重要保障。浏览者可以看到,在网站的每一个平台里都有一个保障系统存在,具体每一部分均有明确的分工与合作。同时,政府信息公开,同样也将网络发布视为重要的渠道。"北京市政府信息公开"的内容范围为:1. 市政府机构信息;2. 市政府领导介绍;3. 市政府规章;4. 市政府规范性文件;5. 年度政府工作报告;6. 市政府人事任免事项;7. 突发事件;8. 其他。而其公开的形式,第一条便是"通过'首都之窗'网站政府信息公开专栏公开政府信息。"①公开的内容基本包括市政府的基本对外宣传,而且市政府对"首都之窗"的宣传力度颇为信赖。正是由于上层信息的有效性,人们对于网站本身的可靠性不再置疑,对政府的信任度有所加强。

(二)网站消息的时效性构建了首都政策与文化信息通道的有效性

网站的新闻具有时效性,并且成为网民认可度的一个重要参照系数。它体现的是网络维护工作的有效性,还间接地体现出政府工作的计划性与力度。从"网站内容保障方案"中,每个部门均有"保障时间要求"一项,其内容基本与面向社会的公开发布同步,因此,网站的内容能得到及时的更新。网站首页上的"热点关注"与"今日北京"的消息条逐日更新,其中消息大部分来自《北京日报》,还有一部分各层单位提供的网站消息,集大众最关心的、最具新闻价值的内容于其中。

① 《北京市政府信息公开指南》,http://zfxxgk. beijing. gov. cn/fgdyna. prhome. prColumnHomeFrame. do? type=dispOrgByType&menu=yearreport。

关于网站新闻的及时性与有效性，首都之窗的网站与其他类型网站的不同之处在于，政府新闻的时效性与政策出台的计划性，给网站工作者提出了更高的要求。有的消息，关乎政府未来的工作计划，这些新闻的宣传，一方面可以让网民们看到政府努力的方向，另一方面也成为百姓监督政府工作的进度与力度的重要标准。

同样，在文化活动的计划与宣传中，首都之窗所体现的时效性也发挥了长足的作用。在天然与人力的优势下，首都北京的文化活动丰富多彩，各具特色。但活动的开展与政府的策划分不开，它们是首都文化建设的重要部分。网站的活动预告功能，将各种文化活动公告于众，给网站带来了浓浓的文化气息，也将政治色彩明显的电子政府网站打造得格外具有文化意味。在网站的"人文北京"分页下，"文化快报"能及时给市民带来相关的文化活动消息，栏下有国家图书馆、各级博物馆、音乐厅与剧场的展览会、讲座、音乐会，还有一些最新文化节的布示。这些消息将活动的主旨、时间、地点及其相关的亮点作了较好的介绍，因此即使对相关领域完全不了解的网民也能知其一二。如2010年12月9日网站发布的《5D秀〈炫幻北京〉落户通州区》①的消息，消息对所谓5D进行了一系列的解释，将大众所熟知的3D进行升级，得以形成中国影视艺术的新样式。文化活动的及时发布，让网民可以通过这条新闻按图索骥，最快速地发掘新鲜的文化活动。

时效性是保证网站生命力的重要因素，所有的新闻、政策、活动能否得到及时的传播是衡量网站质量的一个重要标准。

(三)作为北京的政府门户网站，且成为中国最具水准的电子政府门户网站，首都之窗最基本的目的是服务大众，即宗旨中的"信息服务，资源共享"，因而它必须具有人文关怀的便捷服务性

同时，这也是服务型政府的职能建构的一个重要手段，更是为全国其他同类网站提供重要参照。然而网站如何达到服务的人文关怀层次，并非一

① 《5D秀炫幻北京落户通州区》，http://zhengwu.beijing.gov.cn/bmfu/bmts/t1143042.htm。

个信口能答的问题。人文关怀的层面,不仅给内容的维持者提出了有效反馈的要求,这在前文已经叙述,也给网站设计者提出了便于使用与美观兼顾的要求。

人文关怀的第一个问题,即网站设计的要求,最初仅设有5个频道:北京政务、首都经济、网上办公、北京风貌、便民生活,内容比较简单。在后来的发展中,首都之窗不断改版,2004的第6版设立了"政务公开、服务导航、民意征集、政府网站导航"四大频道,市民可以参加北京市政府各级单位面向社会进行的民意征集与调查。2008年,首都之窗又作了相应调整,主体栏目有:政务、经济、投资、生活、旅游、法规、北京概貌、奥运2008等内容性服务,还设立了在线查询、分类服务、在线办理、服务导航等功能性服务。① 现在,版面的结构形式更加灵活,内容的调整可根据时势的变化调整,不仅可以为个人服务、为企业服务,还可以为一些专门的机构服务。

无论是改版,还是对新的网络技术的引进,首都之窗的发展方向还是相当明确的:从简单的服务型政府网站向提供政府服务发展。首都之窗需要不断地向先进国家与地区学习,以更便利地提供各种人文性服务。事实上,网站每一分努力,众皆能知,大众点评网一位网民,如此评价首都之窗网站:"我算是这里的老用户,一直算是比较关注,但去的更多的是他们互动的京友网,所以收到邀请去参加他们一个改版的座谈活动,有幸参观了数字北京大厦的一部分,和他们的工作地点。对于网站来说,我觉得大体还是不错的,因为对于我来说,只是需要查找政策的时候会比较关注。但是我觉得他们的态度是很不错的,在我们讨论中,总编的态度很诚恳,很虚心接受我们这些网站用户的建议,我相信这个网站会有所改变的,更加贴近使用者的要求"②每一份肯定都是网站工作的重要支持。截止到2010年5月10日为止的"政风行风热线"民意调查中,"参与调查用户对'政风行风热线'各处

① 《重点城市政府门户网站:北京—首都之窗》,http://it.sohu.com/20041012/n222456686.shtml。

② http://www.dianping.com/shop/2825044/review_all#rev_18959226.

理单位信件办理情况评价是：基本满意为37.4%，一般为34.7%，不满意为18.1%，满意为9.8%”，“参与调查用户对‘政风行风热线’服务满意度评价中：一般为38.7%，比较满意为33.9%，满意为14.8%，不满意为12.7%”①。玉成于琢，首都之窗的网站建设还需要逐步打磨，才能得到更多肯定。

三、首都之窗网站存在的若干问题

从1998年至今，12年的时间，首都之窗的每一个进步都记载在历史中。随着全球多元化的发展，中国遇到了无数机遇与挑战，北京也遇到了这一切，首都之窗见证了这一切，同时，它也在经历这一切。中国在发展，北京也在发展，首都之窗网站必然也在发展。随着网络技术的提升和外部环境的变换，它必须不断调整自己，才能实现新的飞跃。

首先，网站的宣传力度不够。网站的建设，宣传是树立自我形象不可或缺的一部分。虽然首都之窗的网站功能强大，但是真正了解这个网站的人们却不多。很多人知道每个城市都有自己的门户网，但使用者并不太多。与北京几千万的人口相比，网站的访问量实在有限。如此，首都之窗对于政策宣传与解读、文化活动的宣传与预告的潜在功能并没有理想地实现。国家图书馆、中国国家博物馆等文化信息，大多数网民仍是通过百度或Google搜索，也或者直接进入相关单位的网页搜索而得知；同时，搜索与北京相关的消息，很多人仍是从其他途径知晓。针对这个问题，网站需要的是，在大众之中树立一个类似于品牌的理念。做到这一点，政府的支持是必要的，而网站的建设者也需要一个相应的规划。网络越普及，首都之窗的功能将会越强大，而宣传自身是网站眼下最为急迫需要解决的问题。

第二，网站的美观有待加强。虽然网站设有相关的直接查询入口，但版

① 《“政风行风热线”用户调查统计报告》，http://www.beijing.gov.cn/zhuanti/zwgk/dxwtxd/zfdcbg/t1113529.htm。

面在海量的信息之间显得有些无法施展，在下属的147个分站点，点击量十分有限。点开首页，信息显得有些分散，各个方面的信息全在努力抢占眼球，让人应接不暇。网站多次改版，为了让大众能更加愉快地浏览网页，事实上，网页的设计者在信息繁多，部门复杂与网页的美观大方之间仍难以取舍。这与政府部门工作之间的繁琐不可分，部门的设定与分工是具体而细琐的，在网页设计中不可避免地出现类似情形。如此情形之下，百度的搜索引擎提供了解决的办法。然而在检索之下，一则有些不够直接，二则也将导致网民浏览的时间延长，并不能显现政府办公的高效性，同时还有可能误导网民。

第三，网络服务功能亟待完善。首都之窗的身份决定了它必须与政府服务功能相联，用以辅助解决政府部门办公时间相对固定与地点固定所带来的不足。电子政务出世的宗旨，同样提供政府部门所能提供的服务。那么，首都之窗网站的最终目标必然是服务于大众。如何将各部门的功能整合，给大众提供相应的网上办理服务，也是一个即将到来的任务。

服务功能的设定，如何维持服务的稳定性，也是需要考虑的问题。网站的浏览量与服务质量的平衡，一直是网上办公的一个难题，也是网络技术上的一个难题。目前，各分站的某些版面并不十分稳定，如遇点击量较大时，是否会出现网速缓慢的状况，是网站设计不可避免的问题。

作为北京市政府门户网站，首都之窗鲜明的北京特色得到了强调，同时也将北京生活的各个方面用最及时的文字展示了出来。在这里，能看到北京的呼吸，也能看到北京忙碌的脚步，更能听到它强有力的心跳。也许这个城市里仍有许多让人不快的问题，但它一直没有停止自己的步伐，努力向前追赶。首都之窗告诉大众的，正是这样一个北京，同时，它也告诉世人，这是来自首都的声音。

2010年首都数字出版产业发展态势及问题探析

Developing Tendency and Problems of Beijing Digital Publishing Industry in 2010

陆 颖*

Lu Ying

摘 要:数字出版产业作为一种新型的出版业态,经过多年的探索和发展,已初具规模,并显示出勃勃生机。在国际国内数字出版产业快速发展的背景下,2010年首都数字出版产业加快发展,为首都的文化建设发挥着重要作用。首都数字出版产业在快速发展的同时也遇到一些深层次的问题,例如首都传统出版产业产值在数字出版总产值中相对弱小、盗版侵权现象日益凸显,以及现有出版生产关系不能适应新技术催生的出版生产力等。只有这些问题得到逐步解决,首都数字出版产业才会得到进一步发展,并对全国数字出版产业产生良好的示范作用。

关键词:首都数字出版 内容 终端 平台 数字版权

数字出版是在IT技术和互联网技术基础上发展起来的一种新型出版业态,其主要特征是内容生产数字化、管理过程数字化、产品形态数字化和传播渠道网络化。作为内容产业与新技术结合的产物,数字出版旨在在新技术不断创造的体贴人性的过程中日益满足读者的文化消费需求。

---

* 陆颖,女,北京印刷学院教师,中国传媒大学编辑出版学博士生。

一、国际、国内数字出版产业发展概述

数字出版业肇始于20世纪70年代末，与传统出版并称为“鸟之双翼，车之双轮”。国际、国内数字出版产业经过几十年的探索，特别是近十年来的快速发展，取得了一定的发展规模和良好的市场前景。

（一）国际数字出版产业发展概况

最近几年，以欧美、日本为代表的全球数字出版产业发展步伐进一步加快，新技术、新产品、新商业模式不断涌现。新技术的日新月异为数字出版产业的前行提供了更强的动力；新产品的推陈出新为满足读者的文化需求提供了更多的解决方案；新商业模式的确立为数字出版产业的良性发展奠定了更为坚实的经济基础。其中，确立清晰、有效的商业模式是数字出版产业实现商业化应用的根本保障。目前，国外数字出版产业主要存在以下几种成功的商业模式：以施普林格为代表的数据库在线模式、以培生集团为代表的教育服务模式、以亚马逊 Kindle 为代表的电子书销售模式、以谷歌为代表的“数字图书馆”模式、以日本手机小说、手机漫画为代表的移动增值服务模式等。传统图书、期刊、报纸在数字出版的大背景下，呈现出不同的发展态势。传统报业纷纷破产或停止发行纸质版，向数字报纸转型。数字报纸采用付费和免费两种商业模式。大多数国际财经报纸采用付费模式。数字出版在期刊业是普遍现象，并有很多不断发展的商业模式。数据库在线销售模式是数字期刊稳定、成熟的主流商业模式。传统图书出版商则在电子书的迅猛发展中看到了未来的无限商机。电子书已成为许多传统出版社新的业务增长点。例如，2010 年贝塔斯曼电子书收入占其美国市场总收入的 8%。2011 年这一比重预计将达到 10%。2009 年底，亚马逊宣布其电子书的销量首次超过实体书。美国最大的图书零售书 Barnes & Noble 也于 2010 底表示，其电子书销售量目前已超越传统图书在线销售量。2010 年，美国电子书销售增长了 400%，总收入几近 10 亿美元。与此同时，国外传统大型出版集团在数字出版产业也日渐占据主导地位，不断提高与运营商

的分成比例。它们充分发挥其内容优势，通过成熟的资本运作，有效地与技术结合，多数成功实现转型。

（二）国内“十一五”期间数字出版产业发展概况

2006 年以来，我国先后公布的《国民经济和社会发展“十一五”规划纲要》、《中长期科学技术发展规划纲要》、《国家“十一五”时期文化发展规划纲要》和 2009 年国务院通过的《文化产业振兴规划》均把数字出版技术、数字出版和发展新媒体列入了科技创新的重点，并将发展数字出版产业作为国家文化建设、出版传媒产业发展、国家竞争力提升的重要战略。国家新闻出版总署明确指出，要用数字化带动我国出版业的现代化，推动我国出版业的产业升级。

“十一五”计划期间，中国传统出版业的增长缓慢，而同期数字出版却呈现出快速的发展势头。2006 年数字出版产值 200 亿元，2007 年 360 亿元，2008 年 530 亿元，2009 年我国数字出版产值达 799.4 亿元，并且产值首次超过传统出版业。[①] 据预计，2010 年中国数字出版产业规模将超 1000 亿元。

中国数字出版产业的发展建立在中国网民群体不断增长的基础之上。2011 年 1 月 19 日，中国互联网络信息中心（CNNIC）发布了《第 27 次中国互联网络发展状况统计报告》（以下简称《报告》）。《报告》显示，截至 2010 年 12 月底，我国网民规模突破 4.5 亿大关，达到 4.57 亿，较 2009 年年底增加 7330 万人；互联网普及率攀升至 34.3%，较 2009 年提高 5.4 个百分点。我国手机网民规模达 3.03 亿，较 2009 年年底增加 6930 万人。[②] 随着互联网网民和手机网民人数的逐年增加，数字出版产业的潜在消费群也在不断增长，这预示着中国数字出版产业未来广阔的发展空间和十足的发展后劲。

---

① 与传统出版产业相比，数字出版产业产值的统计中还包括网络游戏、网络广告和手机出版等新媒体业态。

② http://it.sohu.com/20110119/n278949117.shtml.

二、2010 年首都数字出版产业发展态势

"十一五"时期以来,北京新闻出版业保持稳定增长,年均增长 10% 左右,产值在全国处于领先地位,其数字出版产业也同样走在全国前列,产值约占全国总产值的三分之一强,年均增幅远超传统出版。在数字出版产业链的各个链条上,北京都具有得天独厚的优势。首先,就内容层面而言,北京是全国出版中心,拥有占全国半壁江山的传统新闻出版机构。其中以中央级新闻出版机构为主。许多新闻出版集团(社)实力雄厚,例如中国出版集团、北京出版集团、中国科学出版集团、中国教育出版传媒集团、光明日报报业集团、北京日报报业集团、北青传媒等。其次,就技术层面而言,北京也是全国 IT 业的中心,数字出版技术力量雄厚,例如三大网络通信运营商中国移动、中国电信、中国联通,数字出版的技术提供商方正阿帕比,终端设备提供商汉王科技,数字出版平台中国知网等,它们的总部都设立在北京。最后,就读者层面而言,北京集中了大量的科研院所、大专院校,潜在受众的文化程度相对较高,对数字出版这种有别于传统出版的出版业态的认识和接纳程度在全国都处于较高的水平。因此,北京数字出版产业的发展在全国数字出版产业中占有优势地位,对全国也具有较强的示范作用。国际和国内数字出版产业的良好发展态势更进一步促进了北京数字产业的快速发展。作为全国数字出版产业的主导力量,北京数字出版产业在 2010 年也快马扬鞭,并以强劲的发展态势继续引领着全国数字出版产业的发展。

(一)电子书产业加速发展

在我国 573 家图书出版社中,有 237 家在北京,占全国总数的 41.36%。据统计,目前北京约占有全国图书市场 40% 的份额。国外和港澳台著名传媒集团、全国各地出版发行集团和相当一批外地民营图书公司纷纷在北京建立分支机构,开展出版业务。北京已成为名副其实的出版资源云集的高地。除了在传统图书领域占有优势地位之外,北京在电子书产业领域也具有举足轻重的作用。

2010年,北京电子书产业在政府部门的政策引导下,进一步凸显在全国的优势地位。2010年9月15日,新闻出版总署发布《关于加快我国数字出版产业发展的若干意见》,对国内数字出版行业给出了相关指导意见和目标。不久,新闻出版总署又于10月9日颁布《关于发展电子书产业的意见》(以下简称《意见》)。《意见》指出,要始终把发展电子书产业作为第一要务,并为电子书发展提供保障。11月4日,新闻出版总署向首批21家企业颁发电子书相关业务资质证书。在首批获得电子书相关业务资质证书的21家企业中,北京地区就有12家企业上榜,如中国出版集团数字传媒有限公司、人民出版社、汉王科技股份有限公司、北京方正飞阅传媒技术有限公司、中国图书进出口公司、中国教育进出口总公司等。

2010年,北京地区传统出版集团(社)纷纷制定数字出版战略,加大投入力度,加快转型。例如,中国出版集团旗下的商务印书馆将中国近现代史上刊龄最长、影响最大的期刊《东方杂志》44卷819期/号全部数据化,形成文章库、图画库、广告库等,并提供多种检索方式,积极尝试多种收益模式。中国科学出版集团也在推进10个学科数据库的建设,计划并购国内其他数据库公司,通过数字出版迅速做大做强。一些有实力的出版社甚至直接进军电子书3.0。① 2010年伊始,人民军医出版社就宣布全面进入跨媒体出版时代。从2010年1月1日起,人民军医出版社出版的所有图书将全部具有跨媒体智能功能。跨媒体智能书不只是一本普通的电子书,而是集纸书阅读、字面放大、问题检索、移动下载阅读等功能于一体的智能书库。虽然现在还是电子书1.0和电子书2.0的初级发展阶段,但电子书3.0的出现无疑将会改变或扩展人们对于传统图书在历史上所建立的全部思维范式。

① 根据百道新出版研究院发布的《中国电子书产业报告》,电子书1.0是传统印刷图书对应的电子版,源于印刷纸质书,通常是先有纸质书再出电子书,或同时推出。电子书2.0是指从生产到发布都只有数字化形态的电子读物。它不一定源于传统纸质书,通常是只有数字版或先出数字版,国内的网络原创读物都属于电子书2.0。电子书3.0是指集成了声音、视频、动画、实时变化模块、交互模块等要素的多媒体读物。

（二）大型新闻出版集团开始全面打造数字出版产业链

在中国数字出版产业的发展过程中，技术提供商一直是积极的推动者并在产业链中占据主导地位，内容提供商处于观望状态和被动地位。近几年来，随着数字出版产业的飞速发展，传统出版商开始纷纷涉足数字出版。不仅如此，一些有实力的大型新闻出版集团在数字出版链的建设中开始建立主导地位。在首都地区，多家新闻出版集团纷纷专门设立数字出版公司或数字出版部门，积极开展数字出版项目。例如，中国出版集团成立中国出版集团数字传媒有限公司，大力建设中国数字出版网——大佳中文网并研发拥有自主品牌的电子阅读器等数字产品，有重点地推动开发全媒体形式的出版项目，全方位打造数字出版。以中国科学出版集团为代表的专业出版集团也在不断加快数字出版平台的建设。中国科学出版集团于 2007 年成立数字出版中心，重点建设中国科学出版集团数字出版平台，这项工作的第一期在 2009 年已经基本完成。2010 年，数字出版平台开始为用户提供服务。2010 年 5 月，北京出版集团在北京市科委的扶持下，牵手多家出版单位、民营出版商、技术服务商等单位成立数字出版联盟，旨在为在京出版企业提供数字出版服务。其目前开展的“数字出版转型服务平台建设”项目，也在进行数字出版的平台建设，探索数字出版关键业务、服务功能及运营模式等。新华社与大唐电信于 2010 年强强联手打造的国内首家权威数字媒体服务平台——新华瑞德数字媒体服务平台也于 2011 年 1 月在京正式启动。

内容提供商在产业链条构建过程中的积极行动表明出版企业开始把握数字出版的主导权和主动权，这将有助于改变原来内容提供商在数字出版产业格局的被动局面。与其他省份不同，北京地区拥有多家大型新闻出版集团，它们对数字出版产业链的全方位打造将在更大程度、更高起点上推动北京数字出版产业的发展。

（三）内容争夺浮出水面

“短期看终端，中期看平台，长期看内容”。作为文化的载体，内容才是出版产业的根本。经过近十年的发展，中国数字出版产业链的下游建设基本完成,争夺内容的竞争初现端倪。作为产业源头,出版商在数字出版产业中的主导地位将会得到进一步认可和确立。

2010年,是云平台①得到充分建设的一年。目前,国内酝酿成立了多个类似的云平台(产业联盟)。仅在首都地区,就有中国出版集团的大佳数字出版网、北京出版集团的数字出版产业联盟、汉王科技的汉王书城、方正旗下的番薯网等。平台的不断增多催生了对内容的大量需求。数字出版技术提供商、阅读终端制造商、网络运营商等在云平台建设和运营的过程中纷纷展开与内容提供商的合作,争取优质的内容资源。番薯网目前正在构建自助出版平台,与传统出版社合作,共享内容资源,并计划于2011年上线1000部出版社编辑完毕但由于种种原因未能出版的图书。技术商或运营商除了与传统出版商展开充分的版权合作外,还积极争取许多传统出版领域的作家。例如,番薯网联合香港科教数码将香港著名作家梁凤仪的百部作品进行数字化,并在番薯网开设独家电子书店——凤仪书房,梁凤仪成为国内电子书市场上首位开设电子书店的作家。

在内容的争夺过程中,内容提供商在数字出版产业链上的文化价值愈发得到重视,并通过与技术提供商的分成比例的变化得到体现。2010年,在国外数字出版市场上,出版商与技术提供商收入分配发生重大变化,出版商将能分得的销售收入由原来的三成提到七成。在其他海外市场,版权方也在不断争取提高分成比例。在中国台湾,出版商联合起来将与运营商之间的分成比例由4∶6转变为7.5∶2.5。而在日本,内容提供商与电信运营商、SP的分成比例是7∶3。在北京数字出版市场上,存在几种不同的分成比例。中国移动与内容提供商的分成比例为6∶4,中国电信天翼阅读的分成模式较为特殊,电信、牌照方、内容提供商三方的收入分成为40∶15∶45②,番薯网与内容提供商的分成比例为5∶5,汉王科技与上游出版商版权

① 指聚合了海量作品资源的内容平台。

② 中国电信承诺,给予优质内容资源不低于65%的收入分成。是否为优质内容资源则由中国电信和版权方共同确定,其中一个重要判断标准为作品是否首发。

合作则采用二八分成。分成比例是市场博弈的结果，它将会随着数字出版市场格局的变化而发生相应改变。

（四）阅读器市场风起云涌

电子阅读器是读者阅读数字内容的工具。国内阅读器市场发展已有一定时间，但2010年是最为红火的一年。据易观国际最新统计数据显示，2010年国内市场电子阅读器销售量为106.69万台。在首都市场上，除国外品牌亚马逊Kindle、巴诺Nook等，还有汉王科技、中国出版集团公司、上海世纪出版集团公司、重庆出版集团、《读者》杂志社等内容提供商自己的阅读终端。2010年5月全网拥有5.6亿用户的中国移动启动手机阅读业务商用的同时推出8款TD版定制阅读器。2010年10月盛大推出定价999元的电子阅读器Bambook，引发了整个阅读器市场的价格战。目前，北京市场上同时存在几十个具有自主知识产权的阅读器品牌，竞争极其激烈。其中，汉王电纸书最受瞩目。2010年3月，汉王科技上市，受到市场追捧。汉王投入重金进行市场推广营销，“汉王电纸书”通过央视黄金时段的广告迅速被市场认知。汉王科技在终端销售取得相当规模后，将战略重点转向平台和内容建设。平板电脑iPad的问世，给2010年的阅读器市场带来巨大的冲击。从投放市场以来，iPad在全球引发抢购风潮，继iPhone之后再次引领移动阅读时尚。2010年，iPad平板电脑的全球总销量约为1480万台。据中国市场研究公司IIMEA估计，iPad平板电脑2010年在中国通过正规和非正规渠道的总销量约为100万台。[①] 作为一款平板电脑，iPad除具有强大的阅读功能之外，还可以看视频、听音乐、打游戏以及浏览网页等，是能够再现数字出版所有产品的完美终端。业界惊呼，iPad将为数字出版产业注入新的活力，特别是将改变传统报刊业的生存格局。随着iPad的推出及热卖，一些具有良好市场意识的核心媒体已经迅速作出反应，竞相登陆iPad。新闻集团开始出版发行每天100页的iPad报——The Daily。面对印刷广告业务下滑的趋势，传统报业希望通过在数字设备上发布内容寻找到

---

① http://tech.163.com/11/0204/10/6S1QTC3K000915BD.html.

新的赢利模式。截至2010年年底，有200多家国内主流杂志的数字版在App Store正式上线，其中包括多家首都期刊，例如《中国国家地理》、《中国企业家》等一线杂志。中国新华新闻电视网中英文电视台进入iPad，每天24小时不间断地提供播出服务。中国的网游公司也已经宣布将推出针对iPad的游戏。iPad的热销，也带动了首都平板电脑的研发和生产，长城、联想、汉王、爱国者等纷纷推出自己的平板电脑。平板电脑是否能给数字出版产业带来真正的惊喜，还需拭目以待。

（五）北京市政府管理部门助力数字出版

从2006年开始，北京市提出大力发展文化创意产业，明确要把北京建设成为包括出版发行、版权和游戏动漫等在内的八个文化创意产业中心。以2006年制定出台的《北京市促进文化创意产业发展的若干政策》为指导，北京文化创意产业相关行业陆续制定发布相应的行业扶持政策及实施细则，包括投融资、行业扶持、规划等。北京数字出版产业作为北京文化创意产业的重要组成部分，也持续获得了市政府各方面的大力支持。

根据《北京市文化产业发展规划（2004年—2008年）》和《北京市“十一五”时期文化创意产业发展规划》中提出的任务，北京市制定了《北京市出版（版权）业“十一五”时期发展规划》（以下简称《规划》）。《规划》指出，要鼓励、扶持包括数据库、电子书、动漫、网络游戏等新型数字出版产品的制作、出版、销售，提高新型出版产品的国际竞争力和市场占有率。鼓励出版社应用新技术，实现出版物生产的现代化、出版管理的科学化、出版信息利用的数字化。

除政策引导扶持外，北京市还设立了重点工程（基金）支持数字出版。2010年5月，北京出版集团公司在北京市科委的资金支持下，联合40余家国内出版单位、民营出版商、技术服务商等单位成立数字出版联盟。其目前开展的“数字出版转型服务平台建设”项目，将为北京出版行业的整体产业升级与转型提供借鉴。2010年11月，北京中关村科技园区丰台园管委会与新闻出版总署机关服务局签署成立国家数字出版基地合作意向书。该项目将通过整合传统出版物平台发展数字出版物，集中传统出版力量，为北京乃至全国数字出版企业和数字出版辐射企业提供集中发展的场所。目前，北京与上海、广东等地成为全国数字出版产业集聚区。数字出版产业链上相互关联的企业相互连接、融合，为北京数字出版产业做大做强形成合力。2010年年底，石景山数字娱乐产业区已集聚3000多家文化创意企业，许多全国知名网游公司都纷纷入驻。自2009年北京市颁布实施《北京市关于支持网络游戏产业发展的实施办法（试行）》以来，北京市新闻出版局在游戏出版管理上，及时调整管理措施，强化服务、加强监管，以“扶持原创、鼓励精品”为重点，特别是采取了给予一定的资金支持以鼓励优秀国产游戏出版的举措。北京市各级财政每年至少投入两亿元支持动漫游戏产业的发展。2010年年初，北京银行还向市文化局和动漫游戏产业联盟授信100亿元人民币贷款，用于促进整个产业的发展。

此外，北京市继续加大信息基础设施的建设力度。到2010年年底，已初步建成国内最好的3G网络、宽带信息网络和高清电视网络。到2012年，首都信息化基础设施建设将投入600亿元，建成国内领先、国际同步的首都信息化基础设施。2011年，北京市政府已将建设“无线城市”提上了日程。预计到2011年年底，北京将在全市五环内区域及郊区中心地区，建立WiFi无线网络站点，让市民可以随时随地无线上网。这无疑将进一步改善北京地区数字出版产业的基础设施环境。

随着扶持政策和投入资金力度的加大，技术的不断升级，北京数字出版产业也必将在原有的优势基础上更上一层楼，为北京的发展注入更多的文化要素。

三、当前首都数字出版产业存在的主要问题

首都数字出版产业虽然在2010年取得了不错的业绩，但在发展过程中也遇到许多亟待解决的深层次问题。

（一）数字出版产品结构失衡

虽然2009年国内数字出版总产值近800亿元，但手机出版、网络游戏、

网络广告为数字出版总产值贡献了79.1%，而与实际上与传统书、报、刊关系最密切的电子书、数字期刊和数字报的产值占数字出版总产值还不到3%，占同期传统出版业产值(750亿元)的比例也刚刚达到3%。北京数字出版产业也面临同样的问题。[①] 据预计，北京2010年数字出版产值为300亿左右，而网络游戏就将达到100亿元。除去手机出版和网络广告的产值贡献，数字书、报、刊的产值仍然很小。在目前的数字出版中，娱乐和浅阅读产品是主角，而立足思想传播、文化传承、以文本为主要表现形式的文化和知识产品所占比重很小，产业规模不大。这不能不让出版人感到尴尬和困惑。但是，这也从一个方面显现出传统出版业进军数字出版产业的巨大潜力。如何将优秀原创内容与数字技术完美结合，出版弘扬先进文化、反映科技进步、体现时代精神、符合读者阅读需求的数字文化产品是当下首都出版人要面对的重大课题。首都的出版文化建设对全国具有风向标的作用，因此首都出版业要充分意识到数字出版对其在数字化时代生存和发展的意义，要积极探索有效的赢利模式，努力多出版代表先进文化精神和内容的数字出版物。虽然书、报、刊的商业模式各不相同，但他们面对数字时代必须转变传统思维，适应新媒体的发展形式，在打造优质内容的基础上，在新技术提供的可能性上，对内容进行适宜的编制以赢取读者的订阅和购买。

目前，制约传统出版单位进军数字出版的主要原因是找不到一个较为成熟的赢利模式。这也是近两年电子书产业发展迅速、但产业规模却很小的因素之一。较为成功的中国知网及方正阿帕比电子书等主要采用B2B的馆配模式，市场认知度和接触度较低，而且一般只适合专业内容的数字化传播，因此这两年的发展速度也开始减缓。业内人士认为，如果B2C模式不普及，电子书、甚至数字期刊产业的发展会非常缓慢。只有像卓越亚马逊、当当这样传统图书领域的发行大鳄进入数字出版产业，才能有效解决传统出版单位在进军数字出版过程中遇到的困境。亚马逊对美国电子书产业

① 目前已公开数据显示，2008年北京数字书、报、刊产值占数字出版总产值的比例为5.3%。

发展的推动已是很好的证明。2010 年 11 月，纳斯达克新贵——当当网宣布成立出版物数字业务部，以传统图书渠道商的身份进入数字出版领域，目标瞄准电子书 1.0 的销售。当当网的顾客流量和多年为出版社提供的专业服务让人无法小视其未来在数字出版分销领域的作为。2010 年 6 月，由阿里巴巴集团和华数数字电视传媒集团投资 1 亿元成立合资公司“华数淘宝数字科技有限公司”，新公司成立同时宣布上线视频、音乐、文学等数字产品分享交易平台“淘花网”。网络书店、网上商城的加入必将使电子书等数字出版产品从小众市场走向大众市场。当当网总裁李国庆认为，电子书市场三年内将进入爆发期，现在进军电子书市场，不早不晚，时机恰好。许多业内人士也非常看好当当网进军电子书市场的行动。

(二)版权问题仍是制约首都数字出版产业健康发展的一大阻碍

出版产业是以内容、创意为基础的产业，必须依赖有力的版权保护制度才能促进原创内容的发展。保护作者的版权是为鼓励人们进行创造性的脑力劳动，最终目的在于实现社会的科技进步、文化繁荣和经济发展。随着市场经济的发展，版权的经济价值日益凸显，因此也问题频出，尤其是在数字出版产业的发展过程中。版权纠纷也同样是 2010 年首都数字出版产业一个绕不开的话题。大量的版权纠纷主要是由以下几个原因造成的。

1. 对信息网络传播权重要性的认识不足

信息网络传播权是于 2001 年纳入《中华人民共和国著作权法》的。信息网络传播权“是指以有线或者无线方式向公众提供作品，使公众可以在其个人选定的时间和地点获得作品的权利”。虽然信息网络传播权在数字时代是一项非常重要的著作权利，并在十年前就纳入国内的著作权法中，但人们对其的认知程度却不高，包括许多畅销书作者和传统出版机构。

最近，著名作家贾平凹最新长篇小说《古炉》数字版权①“一女两嫁”事件最近引起业内关注。人民文学出版社在与贾平凹先生签订长篇小说《古炉》的图书出版合同时约定：该社拥有《古炉》中文本的专有出版权，并在合

① 在数字出版产业，信息网络传播权又称为作品的数字版权。

同有效期内拥有该作品的数字化制品及网络版的版权。而网易读书则表示，他们也与作者签订了独家、首发、全本的数字版权。而贾平凹宣称自己对数字版权一事并不知情。此事件提醒更多的传统作家及其经纪人要明确自己作品数字版权的归属。

许多传统出版商由于前几年一直对数字出版持观望态度，因此与作者签订纸书版权时，并没有同时签下作者的数字版权。随着数字出版产业的发展速度越来越快，出版商才意识到这个问题的严重性，并开始着手解决数字版权的问题，这为先前作品的数字版权处理带来很多隐患。例如，龙源期刊网与某期刊社签订了《网络电子版合作协议书》，约定期刊社提供期刊给龙源期刊网进行数字化处理、制作网络电子版，并进行网络销售代理；协议签订后龙源期刊网便向杂志社支付了约定的版税和收益。但此期刊并没有取得某作者的数字版权授权，因此该权利人以自己作品的信息网络传播权没有授予过龙源期刊网为由，将其诉至法庭。2010 年，北京市朝阳区人民法院判决北京龙源网通电子商务有限公司停止使用涉案文章，并赔偿作者相应的经济损失。一直坚持以正版授权理念的龙源期刊网认为自己也是其中的受害者。它也可以再通过法律手段追究期刊社的责任，然而这不仅要耗费大量的时间和精力，而且数字出版发行商一般也不愿意与处于产业上游的内容提供商撕破脸皮。其实，目前许多数字发行商对龙源期刊网这一事件涉及的问题早已私空见惯，并以私下解决为主。龙源期刊网这一事件的法律解决提醒数字出版发行商在与内容提供商进行版权合作时，不仅要检查内容提供商的出版资质，而且还要审查其是否有权处置作者的数字版权。此外，内容提供商也应该规范自己的行为，对信息网络传播权的尊重也就是对自身的尊重。

2. 盗版侵权现象极为猖獗

随着终端、平台的不断增多，内容成为最抢手的资源。继 Google 图书馆计划引起轩然大波后，2010 年百度文库也引起众怒。百度文库是供网友在线分享文档的开放平台。用户可以通过这个平台上传、下载和在线阅读文件。据百度文库产品经理介绍，目前文库中的文档数量已经超过 1300 万份,每天的用户数量超过1000万次。盛大文学旗下网站的知名小说有95%以上都能在百度文库及百度贴吧中找到盗版。除网络文学作品外,大量出版机构的优质出版资源也大都能在百度文库中进行在线浏览和下载。百度文库的做法引起出版业的强烈不满。2011年1月,高法、高检、公安部颁布《关于办理侵犯知识产权刑事案件适用法律若干问题的意见》,其中对数字版权侵权行为作了较为明确的界定。文著协表示,将引用其中的相关条款,在适当的时候对百度文库提起诉讼,不但追究百度的民事责任,还将追究相关责任人的刑事责任。百度文库事件只是冰山一角。目前国内各种形式的盗版网站以百万计数。这些盗版网站的存在对国内数字出版产业的发展极具破坏性。

随着数字出版的不断发展,版权纠纷也进一步激化。在数字出版环境下,作者、出版商、平台运营商、终端设备商等之间围绕版权而产生的利益纠纷比传统出版更为激烈。如何降低版权交易成本、提高作品的传播速度和广度是当下数字出版产业急需解决的问题之一。第一,我们应该明确版权的本质是消费者通过对内容资源的自愿支付而实现各方利益的满足,因此必须树立尊重版权的意识。第二,要找寻一种妥善解决版权纠纷的办法。目前业内有一种共识,认为集体管理可能是解决当下数字版权纠纷最有效、交易成本最低的方法。此外,政府相关部门应该联合数字出版各方搭建透明公开的版权交易平台。比如,北京市新闻出版局就建立了一个版权资源信息系统,把大量的权利信息放在平台上,并对平台进行监管,对于有问题的网站进行约谈。第三,政府要从法律层面对网络侵权行为作出认定和详细的司法解释。我国自1990年颁布第一部《著作权法》之后,分别进行了两次修订完善。未来的《著作权法》修订应该着重信息网络传播权的保护方面。第四,由于网络盗版侵权涉及的主体、技术层面较为复杂,因此相关部门除了对网络版权环境进行严格监管之外,应该采取联合行动严厉打击网络盗版侵权行为,让盗版侵权主体无缝可钻、无利可图。

(三)媒介融合与产品分割的矛盾阻碍数字出版产业的进一步发展

数字出版相对于传统出版而言,版图更大、领域更广。它改变了原有的出版理念,拓宽了出版领域,丰富了出版业态,并进一步沟通了产品之间的联系。数字技术的发展为媒介的融合提供了技术上的可能性,正在逐渐消解着传统媒体之间的边界。为欧美大型传媒集团具有天然适宜媒介融合的体制,集团内部有报纸、期刊、图书出版公司、电视新闻网等。一种内容资源制作完成后,经过二次开发,可以在不同媒体间自由流动。然而,我国对媒体的管理是以介质划分的,媒介主体、媒体形式之间有着严格的界限。图书、期刊、报纸、电视和广播互相分割,传媒资源无法有效整合。出版业进入其他传媒行业存在行业壁垒,其他行业进入出版业存在产业壁垒。这两种壁垒导致了内容产品和资本无法在不同媒体行业间自由流动。内容产品仅限于单一媒体的自由发布会增加出版成本,造成对资源的浪费。此外,对于出版集团(社)而言,其资产主要由品牌、版权等无形资产构成,有形资产相对弱小。我国出版业采用准入制度,业外资本无法自由进入出版业,因此出版业发展数字出版在很大程度上也受到资本的制约。

目前,我国政府正在通过进一步的深化改革来逐步改变目前出版关系不能适应新的出版生产力发展的状况。从 2001 年《关于深化新闻出版广播影视业务的若干意见》,到 2009 年《关于进一步推动新闻出版体制改革的指导意见》,再到 2010 年发布的《关于进一步推动新闻出版产业发展的指导意见》等一系列相关文件都明确提出:鼓励跨行业、跨地区、跨媒体、跨所有制运营。然而,时至今日,图书、报刊、电视、广播等媒体间的壁垒依然如故。以省为单位的区域性出版集团的组建虽然在一定程度上解决了出版社原子化的分散状况,但又加剧了区域封锁和行政分割。北京地区存在多家新闻出版集团,也存在着行政分割、资源不能有效利用的问题。然而,2009 年年底,宁夏人民政府与中国出版集团联合重组黄河出版传媒集团的事件让业界对今后的深化改革充满期待。2010 年 10 月,中国出版集团同宁夏进一步洽谈黄河出版集团交接工作,确定出资方案。该集团还将与广西、陕西、山东、贵州等省出版集团及盛大网络公司深入探讨资产联合重组或股权合作等事宜。中国出版集团作为出版业的“国家队”,其改革进程和未来的上市进程对全国文化产业的改革发展具有重要的意义。

新技术为出版带来的革新不仅是技术层面的,而且还催生了新的出版力。如果出版业制度层面和组织运行层面依然因循以前的出版生产关系,那么就会制约新的出版生产力的发展,数字出版产业也只能停留在热闹的表面,出版产业、文化产业的大发展大繁荣也就无从谈起。

四、结　语

2010 年,中国数字出版产业出现了许多亮点和热点,被称为"中国数字出版元年"。在这一年里,数字出版产业在技术创新、产业链合作、政策引导等方面给人惊喜不断。

作为全国的政治、经济和文化中心,首都拥有最雄厚的数字出版力量、最广泛的文化消费群体和领先的信息化建设水平,为首都数字出版产业的发展提供了坚实的出版物质基础、强大的用户群和强有力的技术保障。首都数字出版产业的发展水平和成绩在全国具有较强的示范作用,因此其能否健康、快速发展具有重要的意义。虽然首都数字出版产业在发展过程中还存在一些急需解决的问题,有些问题甚至是全国层面的,但总体表现出一种良性的发展态势。随着数字出版版权环境的日益完善、赢利模式的逐步确立、数字出版产业链各方合作加强,首都数字出版产业将获得更强的发展动力,更好地承担起引领首都乃至全国精神文化建设的重要责任。

CNNIC 数据

CNNIC Data

2010年北京市互联网络发展状况报告

A Report on the Development of Internet in Beijing in 2010

中国互联网络信息中心

China Internet Network Information Center

(2011年2月)

一、报告主要内容

截至2010年12月,北京地区网民规模达到1218万人,互联网普及率达到69.4%,高出全国平均水平35.1个百分点。

• 北京宽带网民规模达到1196万人,较2010年年底增加123万人。北京市宽带普及率达到98.2%。

• 北京手机网民规模达到827万人,较2009年年底增长115万。目前,北京手机网民占总体网民的67.9%,略高于全国66.2%的平均水平。

• 北京市网民男女性别比例为53∶47,与目前中国网民男女性别结构相比,北京市女性网民的占比略高于全国女性网民的比例。

• 20—29岁年龄段的网民构成北京网民的最大群体,比例占到35.6%;10—19岁年龄段的网民比例低于全国平均水平10.3个百分点。

• 北京网民的学历水平以高中为主,但大专以上学历的网民比例明显高于全国平均水平,北京市大专及以上学历的网民比例比全国平均水平高18.5个百分点。

• 学生构成北京网民的最大群体,比例占27.1%,略低于全国网民中的学生网民比例。北京网民中的企业/公司职员比例较高,比全国平均水平高出 8.9 个百分点。

•北京网民的收入水平整体较高，月收入在 1500 元以上的网民比例达 65.6%，其中月收入在 5000 元以上的网民比例为 13.9%，比全国同等收入水平的网民比例高 7.3 个百分点。

•北京市网民的城乡比例为 81.1：18.9，城镇地区网民达 988 万人，农村地区网民为 230 万人。

•截至 2010 年 12 月，北京市 IPv4 地址总数约为 6330 万个，占全国 IPv4 地址总数的 22.8%，居全国第一位。

•北京市域名总数为 154 万个，占全国域名总数的 17.8%，居全国第一位。

•北京市网站数为 28 万个，占全国网站数的 14.8%。

•2010 年北京网民的平均每周上网时长为 23.6 个小时，较 2009 年的 22.5 小时增长 1.1 个小时。

•北京网民在家里上网的比例逐年提升，2010 年已超过 90%。与全国网民相比，北京网民在单位和公共场所上网的比例更高，而在网吧上网的比例较低。

•北京网民的上网设备分布较为均衡，台式电脑、手机和笔记本电脑的使用率均在 60% 以上。

•在各类互联网应用中，北京网民对信息获取类应用的使用率最高，搜索引擎和网络新闻的使用率均在 80% 以上。

•北京网民的社交网站使用率达 63.7%，较全国平均水平高 12.3 个百分点，是所有网络应用中，和全国平均水平差异最大的一项应用。

•北京网民的即时通信使用率为 81.7%，较 2009 年提高了 10.5 个百分点，是所用互联网应用中，使用率一年中提升最大的一项应用。

•北京网民的微博客使用率为 15.5%，略高于全国平均水平。北京网民对娱乐类互联网应用的使用率和全国水平相近，网络视频的使用率略高于全国平均水平，网络游戏的使用率略低于全国平均水平。

•北京网民的各项商务类应用的使用率均高于全国平均水平。其中，旅行预订和网络购物的使用率分别高出全国平均水平 10.5 和 9.7 个百分点。

• 目前北京网民的团购使用率为 12.4%，高出全国平均水平 8.3 个百分点。

• 2010 年北京网民的政府网站使用率为 30.2%，伴随北京网民规模的持续提升，访问政府网站的北京网民规模也在逐年增加。

二、报告术语界定

1. 网民：过去半年内使用过互联网的 6 周岁及以上中国居民。

2. 宽带网民：指过去半年使用过宽带接入互联网的网民，但不限于仅使用宽带接入互联网的网民。宽带接入方式包括：xDSL、CABLE MODEM、光纤接入、电力线上网、以太网等方式。

3. 手机网民：指过去半年通过手机接入并使用互联网，但不限于仅通过手机接入互联网的网民。

4. 农村网民：指过去半年主要居住在我国农村地区的网民。

5. 城镇网民：指过去半年主要居住在我国城镇地区的网民。

6. IP 地址：IP 地址的作用是标识上网计算机、服务器或者网络中的其他设备，是互联网中的基础资源，只有获得 IP 地址（无论以何种形式存在），才能和互联网相连。

7. 域名：本报告中仅指英文域名，是指由点（.）分割、仅由数字、英文字母和连字符（-）组成的字串，是与 IP 地址相对应的层次结构式互联网地址标识。常见的域名分为两类：一类是国家或地区顶级域名（ccTLD），如以 .CN 结尾的域名代表中国；一类是类别顶级域名（gTLD），如以 .COM，.NET，.ORG 结尾的域名等。

8. 网站：是指以域名本身或者“WWW. +域名”为网址的 web 站点，其中包括中国的国家顶级域名 .CN 和类别顶级域名（gTLD）下的 web 站点，该域名的注册者位于中国境内。如：对域名 cnnic.cn 来说，它的网站只有一个,其对应的网址为 cnnic. cn 或 www. cnnic. cn,除此以外,whois. cnnic. cn, mail. cnnic. cn……以该域名为后缀的网址只被视为该网站的不同频道。

三、报告正文

(一)北京市互联网发展整体状况

1. 北京市网民规模

截至 2010 年 12 月,北京地区网民规模达到 1218 万人,互联网普及率达到 69.4%,高出全国平均水平 35.1 个百分点。目前,北京地区进入网民增长成熟期,但网民规模仍保持增长态势。与其他省份相比,北京的互联网普及率仍然处于全国第一的位置。

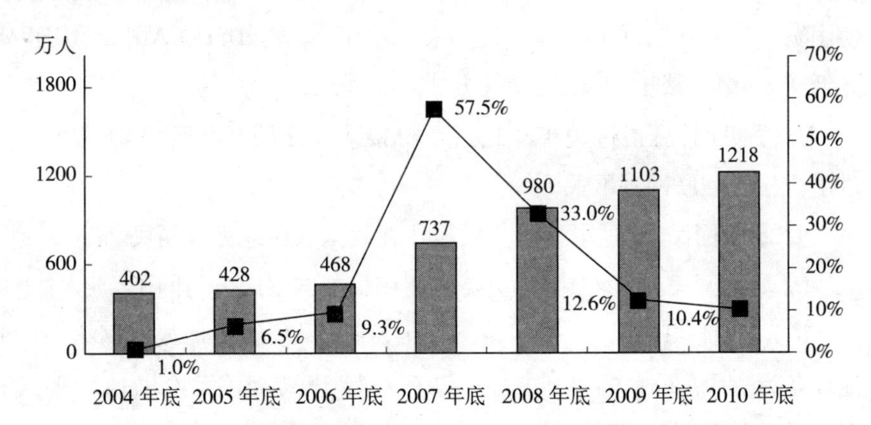

图 1　2004—2010 年北京市网民规模和增长率

2. 北京市宽带网民规模

北京市宽带建设良好,目前宽带网民规模已经达到 1196 万人,较 2010 年年底增加 123 万人。北京市宽带普及率达到 98.2%。

3. 北京市手机上网网民规模

2010 年北京手机上网网民规模达到 827 万人,较 2009 年年底增长 115 万。目前,北京手机网民占总体网民的 67.9%,略高于全国 66.2% 的平均水平。

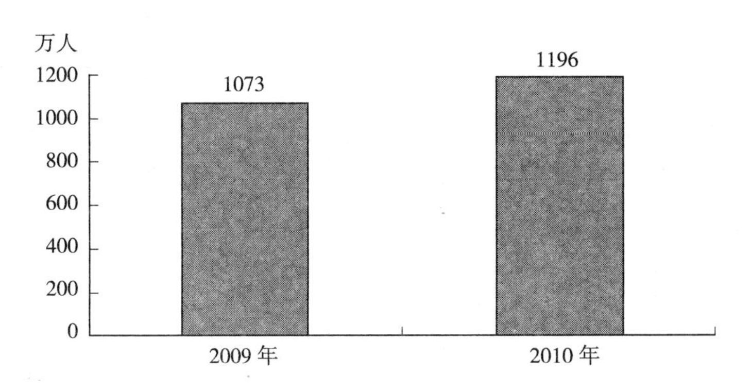

图 2　北京市宽带网民规模

受益于北京市政府对移动互联网的重视和建设,北京手机网民规模得到较快增长,伴随"三网融合"、"无线城市"等试点工作在北京的开展,电信运营商在移动互联网接入和手机应用推广等领域获得了更多发展契机。此外,手机作为传统上网方式的补充,也满足了用户随时随地"在线"的需求,因此,政府和运营商的共同推进,加之用户需求的日益扩大,将进一步推动北京移动互联网的普及和全面应用。

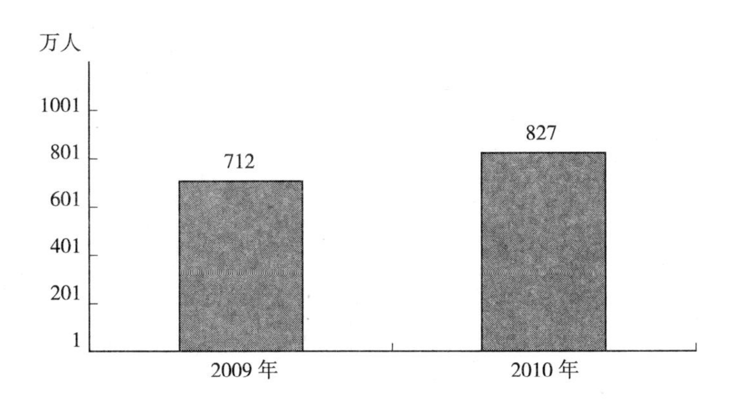

图 3　2009—2010 年北京市手机上网网民规模

4. 北京市互联网基础资源

在互联网基础资源方面,北京继续保持全国领先地位,其中 IPv4 地址和域名的拥有量均处于全国首位，网站地址数仅次于广东省，居全国第二位。

与2009年相比，除IPv4地址数保持增长外，域名数和网站数均呈负增长态势。和全国平均水平相比，IPv4增长率高于全国增速，域名和全国大趋势相似，网站的降幅低于全国平均水平。

表1　2009—2010年北京互联网基础资源对比

	2010年	2009年	年增长率
IPv4(万个)	6330	5144	23.1%
域名(万个)	154	296	-48.1%
CN域名(万个)	96	249	-61.4%
网站(万个)	28	34	-17.6%

(1)IP地址

截至2010年12月，北京市IPv4地址总数约为6330万个，占全国IPv4地址总数的22.8%，居全国第一位。

北京市IPv4地址数量年增长率为23.1%，增速超过全国平均水平。近年来IPv4地址资源加速耗尽，全球IPv4地址资源已经在2011年2月分配完毕，IPv4向IPv6转换的工作迫在眉睫。

(2)域名

2010年中国域名总数为435万，域名数量有所下降。北京市域名总数为154万个，占全国域名总数的17.8%，居全国第一位。

北京市CN域名总数为96万个，占全国CN域名总数的22.1%，占北京市域名总数的62.3%。

(3)网站

2010年中国网站数减少到191万个，年降幅为41%，北京市网站数为28万个，占全国网站数的14.8%，年降幅为17.6%。网站数的下降与国家加大互联网领域的安全治理有关，非法网站的清除为北京互联网市场的健康发展提供了保障。

（二）北京市网民结构特征

1. 网民性别结构

北京市网民男女性别比例为 53 ：47，男性网民比例较 2009 年的 55.7% 有所下降，但仍高于女性网民比例。与目前中国网民男女性别结构相比，北京市女性网民的占比略高于全国女性网民的比例。

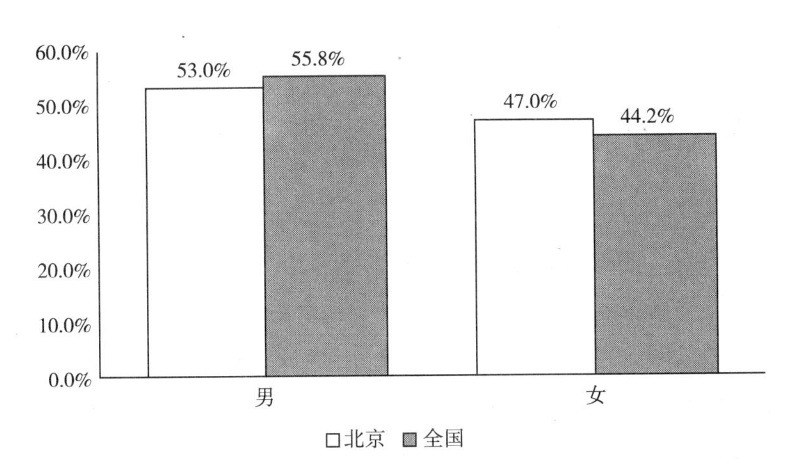

图 4　北京与全国网民性别结构对比

2. 网民年龄结构

20—29 岁年龄段的网民构成北京网民的最大群体，比例占到 35.6%；30—39 岁年龄段的网民构成第二大群体，且比例提升较快，目前已高于全国网民在该年龄段的比例。

整体来看，北京市网民的年龄趋于成熟，以 20—39 岁年龄段的网民为主，而 10—19 岁年龄段的网民比例明显低于全国平均水平，这和北京常住人口的年龄结构有关。根据北京《2010 年统计年鉴》的数据，2009 年北京 10—19 岁年龄段的人口比例仅为 8.2%。

3. 网民学历结构

北京市网民的学历水平以高中为主，但大专以上学历的网民比例明显

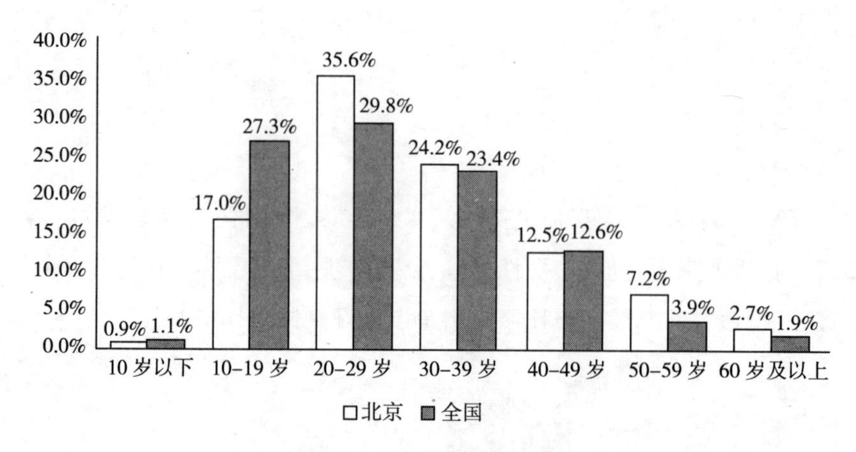

图 5　北京网民年龄结构

高于全国平均水平，北京市大专及以上学历的网民比例比全国平均水平高 18.5 个百分点，这主要与北京人口的学历水平相对偏高有关，据北京《2010 年统计年鉴》显示，2009 年北京大专及以上人口占比达到 30.1%。

从整体趋势来看，北京低学历的网民比例继续扩大，初中学历的网民比例较 2009 年年底的 14% 提升了 7.5 个百分点。随着"数字北京"的逐步推进，未来互联网将在低学历人群中进一步普及。

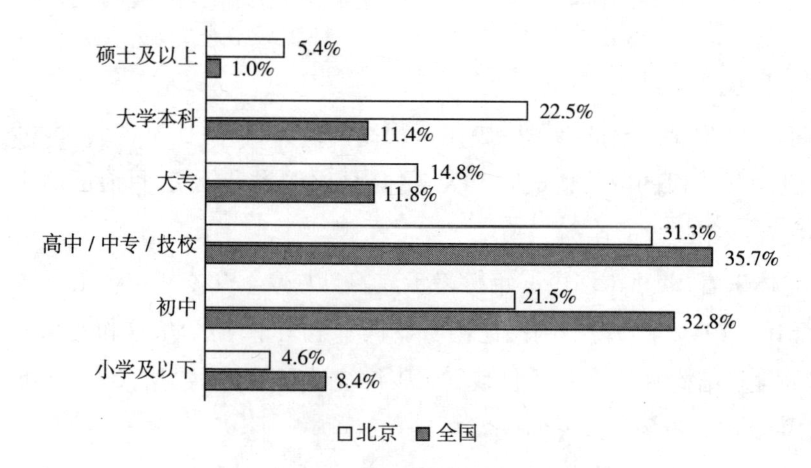

图 6　北京与全国网民学历结构对比

4. 网民职业结构

学生构成北京网民的最大群体，比例占 27.1%，略低于全国网民中的学生网民比例。北京网民中的企业/公司职员（一般职员和管理者）比例较高，比全国平均水平高出 8.9 个百分点。

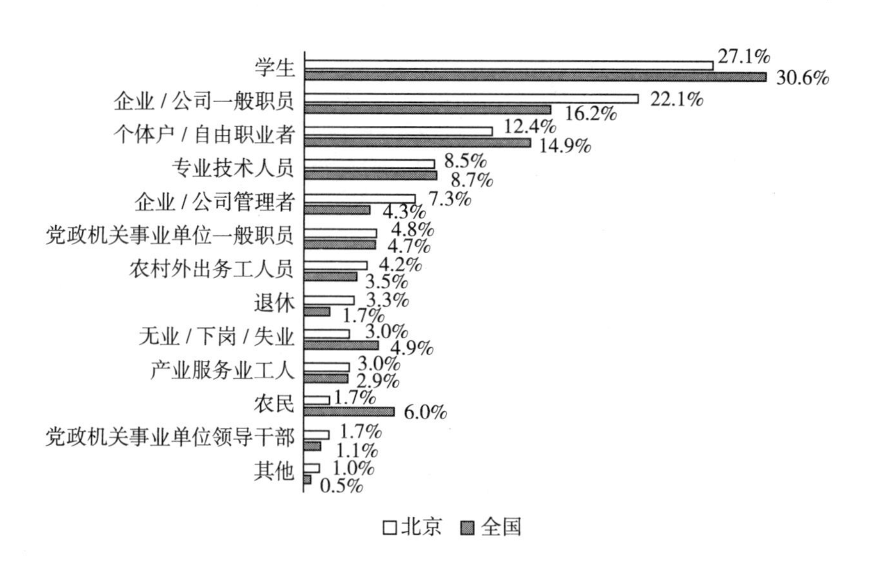

图 7 北京与全国网民职业结构对比

5. 网民收入结构

北京市网民的收入水平整体较高，月收入在 1500 元以上的网民比例达 65.6%，其中月收入在 5000 元以上的网民比例为 13.9%，比全国同等收入水平的网民比例高 7.3 个百分点。

6. 网民城乡结构

截至 2010 年年底，北京市网民的城乡比例为 81.1∶18.9，城镇地区网民达 988 万人，农村地区网民为 230 万人。随着北京“信息下乡”、“宽带下乡”等信息化建设工作的推进，北京农村互联网的接入条件不断改善，农村网络硬件设备更为完善，推动了农村网民规模的增长，2010 年北京农村网民较 2009 年增加 26 万，增幅为 12.7%。

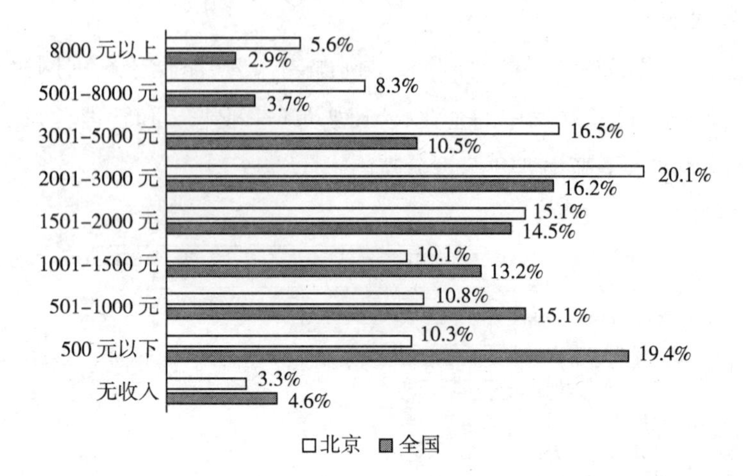

图 8　北京与全国网民收入结构对比

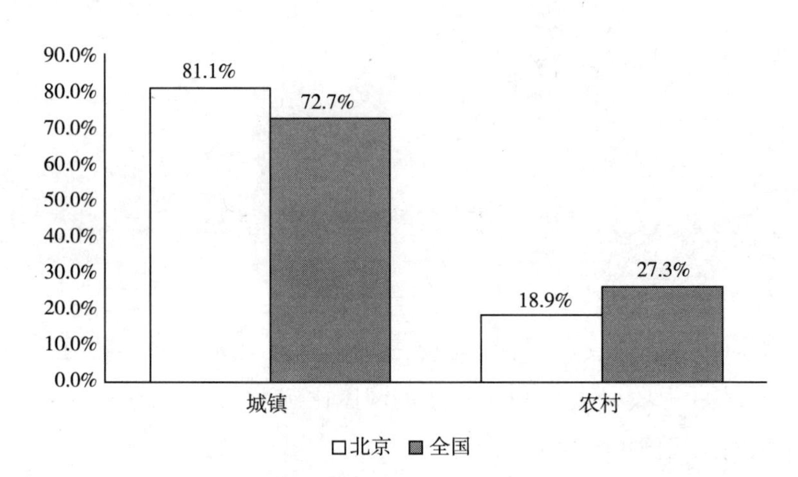

图 9　北京与全国网民城乡分布对比

(三)北京市网民的上网途径

1. 北京市网民的上网地点

北京网民在家里上网的比例逐年提升,2010 年已超过 90%。随着《北京市信息化基础设施提升计划》的逐步开展,北京的互联网接入条件日渐完善,家庭接入互联网的条件更加便利,促使网民在家上网的比例不断提升。

与全国网民相比,北京网民在单位和公共场所上网的比例更高,在单位上网的网民比例较全国高出 11.1 个百分点,这与北京网民中的职场人士占比较高有关。在公共场所上网的网民比例高于全国平均水平,说明北京市公共场所的互联网基础实施更为完善。

北京网民在网吧上网的比例低于全国平均水平 10.1 个百分点,这主要由于北京家庭接入互联网条件较好,为网民在家上网提供了极大便利。此外,北京的网吧管理较为规范,对黑网吧的治理力度更大,这也是影响网吧上网比例的因素之一。

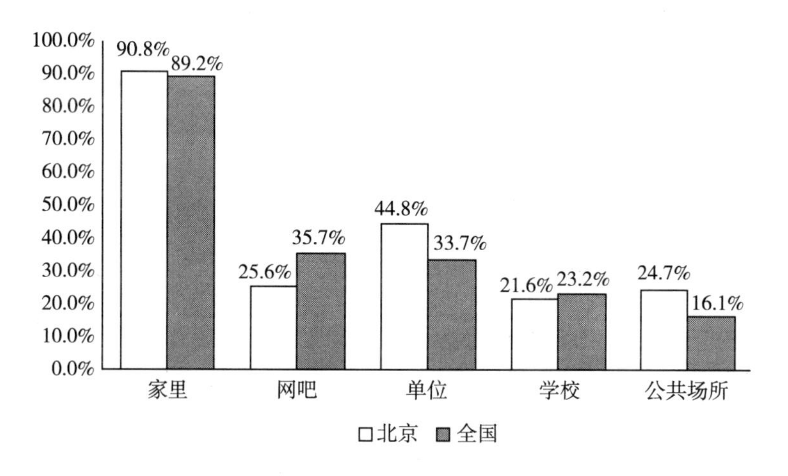

图 10　北京与全国网民上网场所

2. 北京市网民的上网设备

北京网民的上网设备分布较为均衡,台式电脑、手机和笔记本电脑的使用率均在 60% 以上。其中台式电脑的使用率最高,为 69.3%,手机的使用率仅次于台式电脑,达到 67.9%,笔记本电脑的使用率居第三位,为 62.9%。

北京网民的笔记本电脑使用率快速提升,较 2009 年的 48.8% 上升了 14.1 个百分点,高出全国平均水平 17.2 个百分点。北京网民笔记本电脑使用率的快速提升,和北京市较快的经济发展水平有关。

手机作为上网设备,在北京网民中的使用率已逼近台式电脑,并且使用率呈逐年上升的趋势。这和两方面因素有关,第一,北京居民的手机拥有量较高,据工信部数据显示,2010 年北京移动电话普及率达 121. 4 部/百人,仅次于上海的 122. 9 部/百人,居全国第二位,较高的手机拥有量为手机上网提供了有利条件。第二,北京是中国移动互联网产业中心,政府对移动互联网的发展高度重视,通过与运营商合作、为移动互联网企业提供政策支持等一系列措施,使移动互联网产业在北京获得了极大的发展空间,便利的接入条件、合理的资费和丰富的手机网络应用成为吸引用户使用手机上网的重要因素。

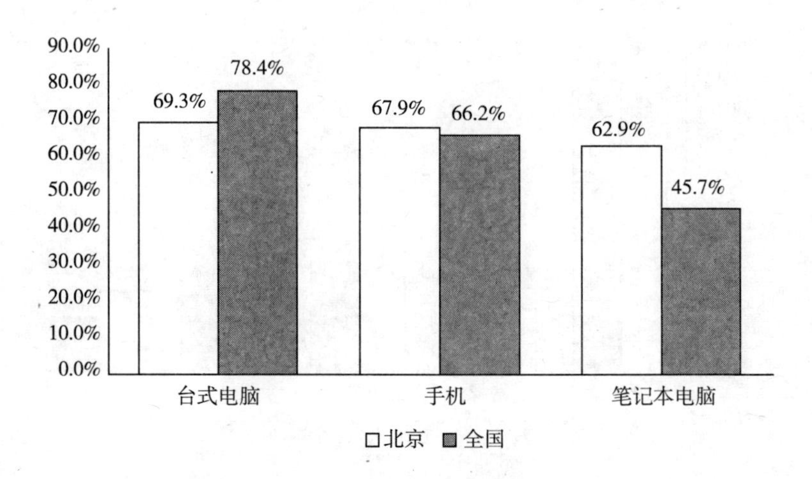

图 11　北京与全国网民上网设备对比

3. 北京市网民的上网时长

2010 年北京网民的平均每周上网时长为 23. 6 个小时,较 2009 年的 22. 5 小时增长 1. 1 个小时。北京网民的互联网使用经验较为丰富,对各项互联网应用使用较为广泛和深入,从网民的平均上网时长上也有体现。

(四)北京市网民的网络应用

1. 网络应用使用行为概述

北京网民对互联网各类应用的使用较为深入,绝大多数网络应用的使用率高于全国平均水平。其中,电子邮件、社交网站、旅行预订的使用率高

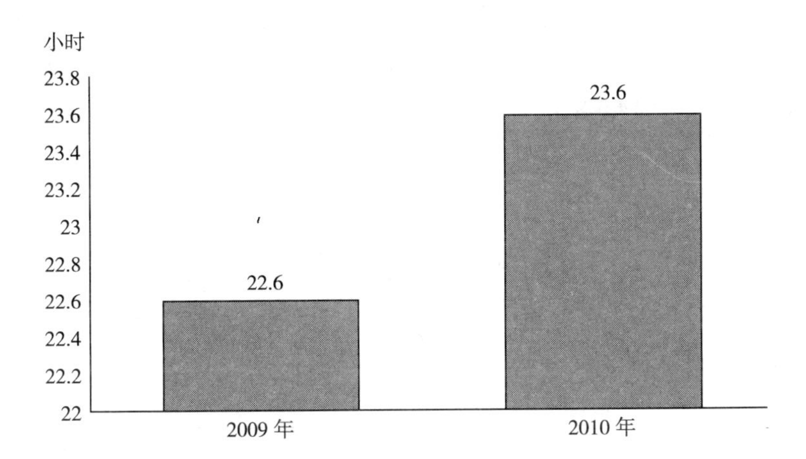

图 12　北京市网民平均每周上网时长

出全国平均水平 10 个百分点以上。

北京网民具有学历高、收入高的特征，网民对互联网的使用更为广泛和深入，尤其是与职业和收入联系较大的办公、商务类应用，使用率明显较高。同时，北京的互联网信息技术发达，网民互联网使用观念超前，一些新兴互联网应用在北京的普及也快于全国，近年来兴起的微博和团购，在北京网民中的使用率均高于全国平均水平。

表 2　北京和全国网民网络应用使用率对比

类型	网络应用	北京	全国	差异
信息获取	网络新闻	83.4%	77.2%	6.2%
	搜索引擎	87.2%	81.9%	5.3%
交流沟通	即时通信	81.7%	77.1%	4.6%
	博客应用	60.2%	64.4%	-4.2%
	电子邮件	68.7%	54.6%	14.1%
	社交网站	63.7%	51.4%	12.3%
	论坛/BBS	41.5%	32.4%	9.1%
	微博客	15.5%	13.8%	1.7%

续表

类型	网络应用	北京	全国	差异
网络娱乐	网络音乐	79.1%	79.2%	-0.1%
	网络游戏	58.5%	66.5%	-8.0%
	网络视频	69.7%	62.1%	7.6%
	网络文学	43.0%	42.6%	0.4%
商务交易	网络购物	44.8%	35.1%	9.7%
	团购	12.4%	4.1%	8.3%
	网上银行	39.3%	30.5%	8.8%
	网上支付	37.6%	30.0%	7.6%
	网络炒股	20.1%	15.5%	4.6%
	旅行预订	18.4%	7.9%	10.5%

2. 信息获取类网络应用

在各类互联网应用中，北京网民对信息获取类应用的使用率最高，搜索引擎和网络新闻的使用率均在80%以上。与2009年相比，北京网民的搜索引擎使用率提升了9个百分点，搜索引擎超过网络新闻成为北京网民的第一大互联网应用。网络科技的飞速发展给网民带来了海量级、碎片化的互联网信息，搜索引擎能帮助用户快速获得有效信息，从而逐渐成为网民上网的主要“入口”。

与全国整体水平相比，北京网民对信息获取类网络应用的使用率更高，这主要由于北京是中国的政治文化中心，居民对国家大事、社会事件等各类新闻的敏感度和关注度更高，获取新闻信息的主动性更强。

3. 交流沟通类网络应用

在沟通交流类网络应用中，除博客应用外，北京网民的其他网络应用使用率均高于全国，尤其是电子邮件和社交网站的使用率高出全国平均水平10个百分点以上。

电子邮件的使用率受网民的职业和学历影响较大，北京网民的学历偏高，以企业和政府机关职员居多，对电子邮件的使用需求相对更大。

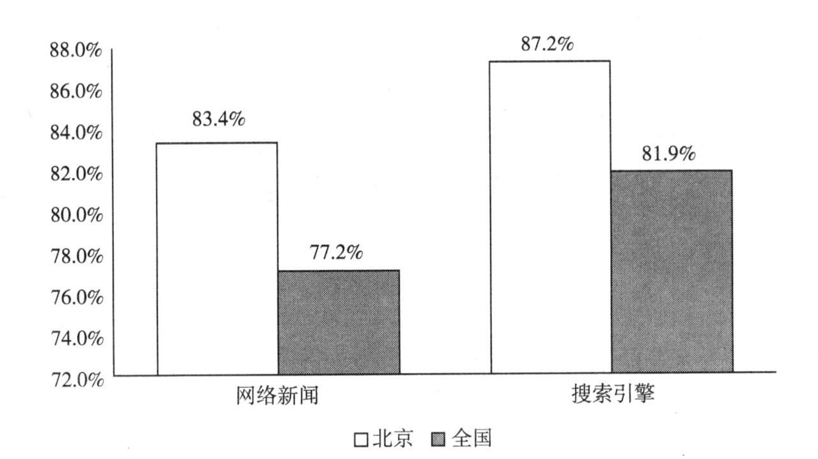

图 13　信息获取类网络应用对比

北京网民的社交网站使用率达 63. 7%，较全国平均水平高 12. 3 个百分点，是所有网络应用中，和全国平均水平差异最大的一项应用。社交网站在北京网民中的高使用率和北京网民的职业结构相关，根据 CNNIC 调查，学生和白领群体构成了中国社交网站的绝对多数用户，而在北京网民中，学生和白领也是最主要的两个群体，尤其是白领人群的比例高出全国平均水平近 10 个百分点，因此，社交网站的应用在北京地区更为突出。

北京网民的即时通信使用率为 81. 7%，较 2009 年提高了 10. 5 个百分点，是所用互联网应用中，使用率一年中提升最大的一项应用。究其原因，一方面，手机即时通信使用率的提升拉动了即时通信的使用率。北京市对移动互联网的建设走在全国前列，手机上网环境的优化和上网资费的下降推动了移动互联网用户规模的增长，即时通信工具作为基础互联网应用，在手机网民中也得到了广泛使用。另一方面，基于特定互联网应用的垂直类即时通信工具在近年来表现突出，而北京又是各类互联网应用使用率偏高的地区，因此依托于应用而发展的垂直类即时通信工具在北京取得了更多发展机会。

虽然北京网民的博客使用率低于全国平均水平，但和 2009 年相比仍有较大提升，使用率一年提高 9. 4 个百分点。即时通信工具和社交网站的空

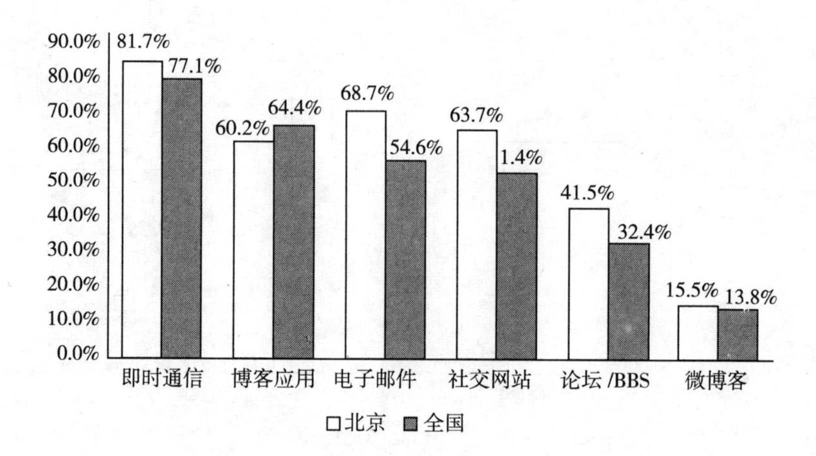

图14 沟通交流类网络应用使用对比

间日志功能对博客的应用有一定的推动作用。

北京网民的微博客使用率为15.5%，略高于全国平均水平。2010年是微博客快速兴起的一年，微博具备的开放性和终端扩展性使其快速发展成一个重要的社会化媒体，基于微博的社会化营销、实时信息检索等应用在未来有较大发展前景。

4. 网络娱乐类网络应用

北京网民对娱乐类互联网应用的使用率和全国水平相近，网络视频的使用率略高于全国平均水平，网络游戏的使用率略低于全国平均水平。整体来看，互联网在北京网民的工作生活中更多地发挥着工具作用。

北京网民的网络游戏使用率为58.5%，低于全国平均水平8个百分点，但较2009年提升了4.5个百分点，是娱乐类应用中使用率提升最大的一项应用。这一方面由于社交网站在北京的高使用率带动了社交游戏的应用，另一方面和互联网在北京中低学历人群的进一步普及有关，因为网络游戏的用户以中低学历人群为主。

5. 商务交易类网络应用

北京网民的各项商务类应用的使用率均高于全国平均水平。其中，旅行预订和网络购物的使用率分别高出全国平均水平10.5和9.7个百分点。

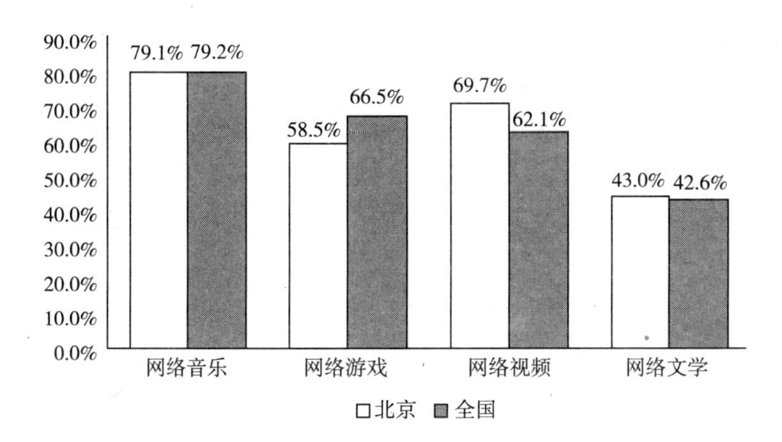

图 15　网络娱乐类应用使用对比

北京整体商务交易类应用的使用率呈逐年提升的趋势。

电子商务在北京的快速发展得益于三方面作用的推进，其一，政府对电子商务的重视和建设，“首都商网　服务中国”工程持续推进，电子商务相关规章陆续出台，对电子商务企业加大扶持力度等，政府的一系列举措为北京电子商务产业营造了积极健康的发展环境。

其二，北京互联网基础设施、物流体系、支付体系等电子商务配套设施较为完善，电子商务企业发展较快，有利于电子商务应用在网民中的普及。根据北京电子商务协会的数据，2009 年全国电子商务企业前 100 家中，北京地区企业占 48%，北京市 B2B 电子商务交易规模约为 2800 亿元，占全市社会商品销售总额的 10% 左右；B2C 网络零售额约为 170 亿元，占全市社会消费品零售额的 3% 左右。

其三，北京网民的高收入、高学历特征，以及较为深入的互联网使用经验，为网民开展网上商务交易活动奠定了基础。

北京市网络购物使用率逐年上升，2010 年使用率达到 44.8%，高出全国平均水平 9.7 个百分点。旺盛的网上购物需求有力拉动了北京网络零售业的持续发展。

与网络购物相关的网上支付使用率为 37.6%，较全国平均水平高 7.6

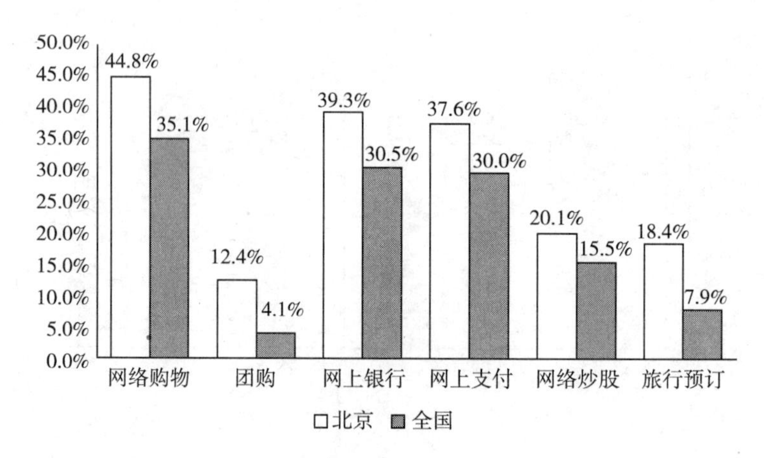

图 16　商务类网络应用使用对比

个百分点。网络购物是网民使用网上支付的重要通路,网络购物的高使用率拉动了网上支付的快速发展。

目前,北京网民的团购使用率为 12.4%,高出全国平均水平 8.3 个百分点。2010 年是团购元年,团购模式首先在北、上、广等一线城市推出,并且团购类型以餐饮、娱乐、美容等内容为主,因此北京作为餐饮娱乐业发达的一线城市,为团购的落地生根提供了有利环境。

旅行预订是北京网民的商务类网络应用中,和全国平均水平差异最大的一项应用,使用率为 18.4%,高出全国平均水平 10.5 个百分点。旅行预订在北京的高使用率,和北京网民中企业、机关职员占比较高有关,这部分人群的商旅需求较大。

(五)结论

2010 年,面对严峻复杂的国内外经济环境,北京市经济在调整中实现平稳较快增长。全年实现地区生产总值 13777.9 亿元,比上年增长 10.2%。其中,第三产业实现增加值 10330.5 亿元,增长 9.1%。借力经济和信息产业的快速发展,北京在互联网发展方面取得了巨大成就,领先于全国互联网发展水平,互联网建设也走在全国各省份的前列。截至 2010 年年底,北京互联网普及率居全国第一位,IPv4 地址和域名的拥有量均居全国首位,网站地址数居全国第二位。北京网民具有较高的互联网使用深度,对商务、工具性应用的使用居全国前列。可以看出,“数字北京”项目的建设卓有成效,北京的互联网产业正在进一步向纵深发展。

1. 互联网用户规模稳中有升,普及率继续保持全国第一

截止 2010 年年底,北京地区网民规模达到 1218 万人,互联网普及率达到 69.4%,仍然处于全国第一的位置。宽带网民规模已经达到 1196 万人,较 2010 年年底增加 123 万人,宽带普及率达到 98.2%。手机网民规模达到 827 万人,较 2009 年年底增长 115 万。

2. 信息化建设稳步推进,互联网接入环境日益优化

北京农村互联网的接入条件不断改善,农村网民规模稳定增长;北京宽带建设良好,宽带网民规模逐年递增;据北京市经济和信息化委员会,在“十一五”时期,北京市累计建设 3G 基站约 1.8 万个,具备 20M 宽带接入能力的用户超过 176 万,高清交互数字电视用户已达 130 万户。城市信息化建设已达到世界发达国家主要城市的中上等水平。城市信息化的快速发展又进一步推动了电子商务等互联网产业的发展。

3. 网民网络应用深入,互联网的工具性、商务性作用突出

北京网民对互联网各类应用的使用较为深入,绝大多数网络应用的使用率高于全国平均水平。其中,电子邮件、社交网站、旅行预订的使用率高出全国平均水平 10 个百分点以上。此外,北京网民的各项商务类应用的使用率均高于全国平均水平,其中,旅行预订和网络购物的使用率分别高出全国平均水平 10.5 和 9.7 个百分点。北京整体商务交易类应用的使用率呈逐年提升的趋势。整体来看,互联网的工具性、商务性价值在北京网民的工作生活中发挥着突出作用。

附　录

Appendix

2010年首都网络文化发展纪事

Cyber Cultural Events of Capital in 2010

一月

1月1日

中国新华新闻电视网(CNC)正式上星向亚太地区和欧洲部分地区播出,并通过中国移动、中国电信的新华视讯频道和www.xhstv.com网站等与受众见面。

1月1日

北京市社会建设工作办公室门户网站北京社会建设网正式开通。

1月8日

北京市文化局组织召开"加强未成年人网络游戏内容管理工作座谈会"。会上发布了北京动漫游戏产业联盟与15家游戏企业联署的《北京网络游戏行业自律联合倡议书》。

1月12日

由人民网独立开发的《人民日报》iPhone电子报正式上线。

1月13日

国务院召开常务会议,决定加快推进电信网、广播电视网和互联网的三网融合。

1月18日

文化部发布《2009年中国网络游戏市场白皮书》。

1月18日

国家工商总局发布《国家工商总局互联网广告专项监测公告》(工商广

公字[2010]1号),加强对互联网广告的管理。

1月19日

北京网络媒体协会“妈妈评审团”成立。

1月20日

包括人民网、新华网、央视网、新浪、搜狐等在内的101家互联网网站在北京发布《中国互联网行业版权自律宣言》。

1月20日

北京网络媒体协会“妈妈评审团”召开第一次评审会,并将“知心姐姐”卢勤、江西省的“网络妈妈”刘焕荣、全国劳模李素丽、青少年法律与心理咨询中心主任宗春山等九位青少年教育专家及社会爱心人士被北京网络媒体协会正式聘请为“妈妈评审团”首批评审员。

1月21日

工业和信息化部公布《通信网络安全防护管理办法》,自2010年3月1日起施行。

1月30日

工业和信息化部下发《关于加强互联网域名系统安全保障工作的通知》(工信部保[2010]53号)。

1月31日

由中共北京市委宣传部、北京市互联网宣传管理办公室主办,千龙网承办的以“体验、交流、分享”为主题的全国网络媒体北京峰会暨庆祝千龙网成立十周年庆典活动,在北京举行。

二月

2月1日

人民网的人民微博业务上线公测。

2月3日

最高人民法院、最高人民检察院出台《关于办理利用互联网、移动通讯终端、声讯台制作、复制、出版、贩卖、传播淫秽电子信息刑事案件具体应用法律若干问题的解释(二)》(法释[2010]3号),规定了用于传播淫秽电子信息的群组行为的定罪量刑标准、有关数量或者数额的计算、罚金刑的适用,以及"淫秽网站"的界定等相关问题。

2月4日

虎年安利2010北京网络媒体春节大联欢在北京上演。

2月4日

中国国际公共关系协会向所有网络公关从业者及公司发出了"绿色网络公关"的倡议书,号召对网络公关服务领域出现的各类不良传播倾向进行自觉抵制,创造公平健康有序、平等开放的网络公关环境,推动行业的职业化、专业化和规范化发展。

2月4日

"2009年度中国互联网站品牌栏目(频道)"发布会在北京举行。首都的人民网"小白闪报"、新华网"新华头条"、中国网"图片中国"、央视网"我的祖国——爱国主义教育基地网上展馆"、中国日报网"外交讲坛"、国际在线"环球媒体连连看"、中国经济网"评论"频道、中国新闻网"新闻中心"、中国政府网"在线访谈"、新浪网"博客"频道、搜狐网"娱乐"频道、网易网"财经"频道、百度网"百度百科"、中华网"汽车"频道、千龙网"北京"频道等25个网站的25个栏目(频道)榜上有名。

2月5日

共青团北京市委邀请首都30家新闻媒体,包括中国青年网、新浪网、千龙网、北青网、首都之窗、青檬网络电台等,共同发出倡议书,希望青少年和市民注意学习传统礼仪、熟悉传统习俗,培养国家民族文化认同感。

2月6日

北京网络媒体协会携手第一视频、搜狐、网易、千橡互动、凤凰新媒体、TOM网、千龙、新浪、百度共同主办的"风景这边独好·虎年网络大过年"活动正式启动。

2月8日

工业和信息化部发布《工业和信息化部关于进一步落实网站备案信息真实性核验工作方案(试行)》。

2月27日

中共中央政治局常委、国务院总理温家宝接受中国政府网、新华网联合专访,与广大网友在线交流。

三月

3月4日

团购网站美团网上线。

3月10日

北京市政府下发《北京市促进软件和信息服务业发展的指导意见》。

3月11日

由公安部宣传局和辽宁省公安厅共同主办的365安全防范网在北京举行开通仪式,365安全防范网和淘宝网、支付宝合办的"网购安全防范专栏"也同时开通。

3月16日

中国国际公共关系协会在北京发布了《网络公关服务规范》(指导意见)。这是中国公共关系行业继2004年《公关咨询业服务规范》(指导意见)后的又一份重要行业文件,也是我国针对网络公关业务的首份行业标准文件。

3月16日

工业和信息化部电信研究院在北京举办"2010年ICT深度观察大型报告会"。

3月18日

北京市经济和信息化委员会主持召开了2010年北京市电子政务与信息安全工作会暨2009信息北京十大应用成果颁奖仪式,北京市各委、办、局以及 18 个区县的信息化单位参加了本次会议。

3 月 18 日

《2009 中国网络舆情指数年度报告》发布会在中国传媒大学举行。

3 月 18 日

拉手网(lashou. com)成立。

3 月 22 日

网易微博宣布公测上线。

3 月 23 日

谷歌公司宣布自即日起正式关闭 Google. cn,将搜索服务由中国内地转至香港。

3 月 24 日

国家广电总局正式向中国网络电视台(CNTV)颁发了国内第一张互联网电视牌照。

3 月 26 日

由市社区服务中心、市民政局殡葬管理处联合主办的 96156 首都殡葬公益服务热线及网站开通(binzang. 96156. org. cn 或 www. 96156. org. cn)。

3 月 31 日

全国殡葬门户网站——中国清明网(www. tsingming. com)开通仪式在北京举行。

3 月

“北京市互联网违法和不良信息举报中心”正式成立。

第一视频发起“以春日阳光驱散黑暗　共建健康网络环境”的“春晖行动”,旨在打击互联网不良信息及盗版内容。

四月

4 月 1 日

国家广电总局颁布《互联网视听节目服务业务分类目录(试行)》,对互联网视听节目按照服务形态不同实施分类管理。

4月1日

北京网络新闻信息评议会召开本年度第一次会议,主题为:微博客的运营与发展。新浪、搜狐、网易、和讯、搜房、MySpace 聚友、139 移动互联等网站参加了该次会议。

4月1日

北京市工商局、中共北京市委宣传部、市公安局、市监察局、市纠风办、市通信管理局、市卫生局、市广播电视局、市新闻出版局、市药品监督管理局、市中医管理局 11 个部门在全市范围内联合开展虚假违法广告专项整治工作,到 10 月份结束。其中包括重点清理非法"性药品"广告、性病治疗广告和低俗不良广告,以及利用互联网和手机媒体传播淫秽色情及低俗信息等行为。

4月6日

北京市编制的《"人文北京"行动计划(2010—2012 年)》正式向社会公布。其中包括"加强网络文化建设和网络管理"等内容。

4月7日

在发改委、工信部、中国工程院、中国互联网协会、中关村管委会等组织的支持下,"2010 年全球 IPv6 新一代互联网高峰会议"在北京召开。

4月8日

由中国文联、中共北京市委宣传部指导,北京网络媒体协会携手北京市文学艺术界联合会共同主办的"首届网络小说创作大赛"在北京举行颁奖盛典。从 4 万余部参赛作品中脱颖而出的 19 部佳作分享了 52 万元大奖。

4月19日

文化部文化市场司下发《关于规范网络音乐市场秩序、整治网络音乐网站违规行为的通告》。

4月20日

文化部发布《关于查处第八批违法违规网络文化产品经营活动的通知》,部署开展规范网络音乐市场秩序、整治违规网络音乐网站行动。

4月20日

国家信息安全漏洞共享平台20日开通网站(www.cnvd.org.cn),向公众和互联网企业免费提供网络漏洞和补丁的信息及技术服务。

4月28日

人民网推出网络电视台——人民电视。

4月30日

由新华社主办的中国新华新闻电视网英语台在北京举行试开播仪式,并开始通过亚太六号卫星以及网络、手机等播出渠道向海内外受众传播。

五月

5月12日

北京网络新闻信息评议会召开本年度第二次会议,主题为:建立机制、传播创新、用心运作、重在实效——灾难面前网络媒体的社会责任。北京网络媒体协会27家成员单位参加,新浪、搜狐、网易、大旗、优酷、开心网6家网站的代表在会上做了发言。

5月14日

北京网络媒体协会在总结原有经验的基础上,提出再一次向社会公开招募网络监督志愿者,并将招募人数直指万名。志愿者招募工作自2006年启动以来,得到社会各界的大力支持,截至2010年12月底,网络监督志愿者举报各类不良信息已累计达10万余条。

5月14日

文化部在文博会上举行"文化部文化产业投融资公共服务平台上线暨文化产业信贷申报评审系统开通仪式"。

5月17日至21日

全国"扫黄打非"办公室在北京举办为期5天的全国各省(区、市)"扫黄打非"办公室主任培训班。这是全国"扫黄打非"办公室围绕网络"扫黄打非"工作首次举办的法律、技术业务专题培训班。

5月19日

北京市高级人民法院关于印发《关于审理涉及网络环境下著作权纠纷案件若干问题的指导意见(一)(试行)》(京高法发[2010]166号)的通知。

5月20日

新闻出版总署和北京市人民政府在北京正式签署《关于共同推进首都新闻出版业发展战略合作框架协议》;同时,中国北京出版创意产业园区揭牌成立。有6家数字网络出版企业和26家以传统出版为主的民营文化企业签订了入驻园区协议。

5月24日

文化部第十五届群星奖揭晓。北京记忆——大型北京文化多媒体数据库与北京奥运文化广场、北京市文化志愿者体系一起,摘得公共文化服务项目奖。

5月27日

由北京出版集团公司牵头,40余家国内出版单位、民营出版商、技术服务商等共同作为发起单位的数字出版联盟成立大会隆重举行,在数字出版领域开始谱写"共建、共享、共赢"的序曲。

5月31日

人民日报社与人民网发展有限公司合资成立了人民搜索网络股份有限公司,注册资本金5000万元。

5月31日

北京广播电视台举行成立揭牌仪式。新成立的北京广播电视台由北京北广传媒集团、北京人民广播电台、北京电视台整合组建而成,在新闻内容采编、制作、播放、传输以及新媒体开发等全部领域,形成包括网媒在内的较为完整的产业链和全媒体融合格局。

六月

6月1日

国家工商行政管理总局正式公布《网络商品交易及有关服务行为管理

暂行办法》。这是我国第一部促进和规范“网络商品交易及有关服务行为”的行政规章。

6 月 3 日

文化部发布《网络游戏管理暂行办法》。该《办法》自 2010 年 8 月 1 日起施行。

6 月 3 日

工业和信息化部在北京召开 2010 年(第 24 届)电子信息百强企业发布会。

6 月 8 日

国务院新闻办公室发布《中国互联网状况》白皮书。

6 月 8 日

中国物联网标准联合工作组在北京成立,以推进物联网技术的研究和标准的制定。

6 月 9 日

国务院办公厅发布《三网融合试点方案》,对三网融合试点工作提出了具体要求。

6 月 9 日

以“面对机遇、共同发展”为主题的 2010 年“两岸通讯产业合作及交流会议”在北京开幕。

6 月 10 日

2010 信息网络创新年会之“数字城市创新与实践——世界城市背景下的城市信息化高峰论坛”在北京举行。

6 月 10 日

“2010 信息网络创新年会暨北京信息网络产业新业态创新榜发布会”在京举行,会上揭晓了“北京信息网络产业新业态创新榜”企业榜单。北京奇虎科技有限公司、北京东土科技有限公司、优势科技有限公司、凡客诚品(北京)科技有限公司、北京暴风网际科技有限公司等公司上榜。

6 月 12 日

值我国第五个文化遗产日之际，以展示非物质文化遗产数字化成果为主题的展览在首都博物馆开幕。此次展览将展出至 2010 年 8 月 1 日。

6 月 12 日

北京工艺美术大师官方网站正式开通。

6 月 12 日

北京网络媒体协会、北京人民广播电台、北京电视台、中国移动通信集团北京有限公司等共同主办的第二届网络文学艺术大赛暨网络新民谣创作大赛正式启动。

6 月 13 日

北京市委组织部“12380”举报网站（http://www. bj12380. gov. cn）开通，标志着北京市组织部门已经形成了信访、电话、网络三位一体的举报平台。

6 月 18 日

人民网、新华网、光明网、中国经济网、央视网、国际在线、中国日报网、中国网、中国青年网、中国台湾网、中国广播网 11 家中央主要新闻网站共同发出倡议，号召广大网友“行动起来，为健康的网络文化添砖加瓦”。

6 月 20 日

人民日报社成立并推出“人民搜索”测试版。经过 6 个月的努力开发，12 月 20 日推出了具有自己特色的产品——新闻搜索 1.0 版。

6 月 21 日

中国人民银行出台《非金融机构支付服务管理办法》。《办法》将网络支付纳入监管范围。

6 月 24 日

商务部发布《关于促进网络购物健康发展的指导意见》（商商贸发[2010]239 号）。

6 月 25 日

ICANN 第 38 届布鲁塞尔年会宣布“. 中国”域名国际申请正式获批。

“.中国”作为中文顶级域名，正式纳入全球互联网根域名体系。

6月25日

为期2天的2010中国网络营销大会今日在北京召开。本届网络营销大会以“网络营销时代的——新思维、新机遇、新领域”为主题。

6月29日

由中国电子学会主办的2010中国物联网大会在北京召开。

6月29日

为更好服务海外高层次人才回国(来华)创新创业，北京“千人计划”网站(www.1000plan.org)正式开通运行。

6月30日

国务院办公厅下发试点城市(地区)名单，批准在北京、上海等12个城市(地区)开展三网融合试点工作。

6月30日

由基础电信运营商、新闻网站和门户网站等21家互联网企业共同发起的“网上违法有害信息清理行动”启动仪式在北京举行，并发表倡议书，号召全国互联网行业充分履行社会责任，积极配合公安机关开展“网上违法有害信息清理行动”。21家倡议发起单位和35家倡议响应单位以及相关新闻媒体参加了启动仪式。公安部、北京市公安局网络安全保卫部门有关负责人出席启动仪式并讲话。

七月

7月1日

《中华人民共和国侵权责任法》(简称《侵权责任法》)开始实行。其中第三十六条被业界称为“互联网专条”，首次明确了网络用户和网络服务提供商的法律责任。

7月1日

国家工商行政管理总局制定的《网络商品交易及有关服务行为管理暂

行办法》正式施行，要求网店推行实名制。

7 月 1 日

人民网手机报在日本发行。

7 月 2 日

2010 年中国国际公关大会在北京开幕。如何规范目前网络公关的混乱状态、如何看待目前的网络黑社会和删贴现象，成为本次大会的焦点议题之一。

7 月 3 日

商务部在北京发布“中国·中关村电子信息产品指数”。中关村电子指数是以中关村海龙、鼎好、E 世界、科贸四大电子卖场的 450 家经销商的实际成交价为基础，采用销售量加权的合成指数方法编制而成。

7 月 4 日

国务院下发《国务院关于第五批取消和下放管理层级行政审批项目的决定》(国发[2010]21 号)，取消互联网电子公告服务专项审批备案。

7 月 5 日

由国家广电总局传媒司、网络司和中国青少年宫协会联合主办的 2010“文明之声”网络展播计划——《青春绽放》大学生音乐之旅活动启动仪式在京举行。活动到 2011 年 3 月底结束。

7 月 6 日

文化部印发关于加强网络游戏市场推广管理制止低俗营销行为的函。

7 月 9 日

北京市委市政府理论学习中心组举行三网融合学习(扩大)会。

7 月 9 日

中国曲阜国际孔子文化节媒体见面会暨“时代与孔子的对话”网络活动启动仪式在北京举行。

7 月 9 日

中关村云计算产业联盟正式成立。联盟由联想、赛尔网络、中国移动研究院、百度、神州数码、用友、金山、搜狐等 19 家单位发起。

7月13日

北京市公安局成立“公共关系领导小组办公室”。

7月16日

北京市三网融合工作协调小组举行第一次会议。

7月20日

北京市电子商务聚集区正式落户通州。

7月21日

国家版权局、公安部、工业和信息化部联合启动为期3个多月的2010年打击网络侵权盗版专项治理“剑网行动”，并发布了《2010“剑网行动”侵权盗版案件举报奖励办法》。

7月21日

《北京市社会服务管理创新行动方案》在“北京市社会服务管理创新推进大会”上公布。该《行动方案》主要目标和任务包括注重运用信息化手段加强和改进社会服务管理，高度重视网络阵地建设，充分利用和发挥物联网、云计算等高新技术的优越性，推进社会信息化和电子政务建设等。

7月22日

集资讯和电子商务为一体的电子商务平台系统——琉璃厂文化商城正式揭牌。

7月30日

中国国内首份关于信息社会发展水平的定量测评报告——《中国信息社会发展报告》在北京发布。报告认为，2010年上海、北京已率先进入信息社会。

八月

8月1日

北京市公安局“平安北京”官方博客、微博与播客，在新浪、搜狐、网易、酷6四大网站同步正式开通。

8 月 3 日

北京警方 256 个社区网上警务工作正式启动。民警将通过业主论坛建设网上警务室,实现与社区居民“无障碍”沟通。

8 月 10 日

由中华文化促进会、节庆中华协作体、中国科学院国家天文台共同主办,新浪微博独家网络支持、西安曲江文化旅游集团承办的 2010“七夕·中华”系列活动正式在北京启动。

8 月 10 日

由中国邮政集团公司与 TOM 集团共同出资合办的 B2C 购物网站“邮乐网”在北京正式上线。

8 月 12 日

新华通讯社与中国移动通信集团公司签署框架协议,合作成立搜索引擎新媒体国际传播公司,进军移动搜索领域。

8 月 12 日

乐视网在深圳证券交易所成功上市,成为国内 A 股首家成功上市的网络视频公司。

8 月 13 日

中央政法委书记周永康在法制网与网友在线交流。

8 月 17 日至 19 日

主题为“服务——网络价值之本、绿色——网络发展之道”的 2010 中国互联网大会在北京国际会议中心举行。会议期间共举行了 14 场论坛,电信运营商、互联网企业、传统企业等近百家企业参与,7000 余人次参与了各分论坛及大会的展览。政府主管部门、业界同仁、专家学者、企业代表、媒体朋友从不同角度对互联网诚信体系建设、版权保护、构建安全健康可信的网络环境、网络视频、网络营销、电子商务、移动互联网、搜索、云计算、IT 信息服务实践、网络文化产业、网络媒体等互联网应用领域进行了广泛而深入的探讨。

8月18日

由北京市商务委员会支持、北京电子商务协会主办的“首都商网·服务中国”之“诚信、创新、责任——2010电子商务网络零售行业峰会”在北京举行。峰会上,北京电子商务协会及京城著名网络零售企业同时发起《北京市网络零售行业诚信服务公约》。根据公约,京城电子商务企业将共同防范计算机恶意代码或破坏程序在互联网的传播,谨防制作和传播对计算机及他人计算机信息系统具有恶意攻击能力的计算机程序;同时,将反对采用不正当手段进行业内竞争。

8月19日

全国195家网站联合启动“文明上网,共建和谐”网上征文和知识竞赛活动,倡导网站与网民抵制庸俗、低俗、媚俗之风,文明办网、“绿色”上网,营造健康有序、文明和谐的网络环境。本次活动由中央外宣办、中央文明办、最高人民法院、公安部、工业和信息化部、教育部、文化部、新闻出版总署、广电总局、共青团中央10大部门指导,人民网、新华网、中国网络电视台、新浪网等首都众多网站参与。

8月19日

中共北京市委常委会召开会议,研究贯彻落实全国文化体制改革工作会议精神和本市文化体制改革等事项。

8月20日

国家广电总局正式批准中国国际广播电台开办中国国际广播电视网络台(英文简称CIBN)。

8月23日

第十九届北京国际广播电影电视设备展(BIRTV2010)开幕,12个三网融合试点城市(地区)的展台集中亮相。展会为期4天,重头戏是高清转播、3D制作与播出以及三网融合的各种技术汇集。

8月24日

新闻出版总署发布《关于加快我国数字出版产业发展的若干意见》。

8月24日

北京市三网融合工作协调小组召开第二次会议。市三网融合工作协调小组38家成员单位审议通过了北京市三网融合试点方案。

8月26日

人民网“地方领导留言板”栏目开通“县级领导留言板”,同时,移动互联网上的WAP手机版“地方领导留言板”也已经铺设完毕。

8月27日

北京网络媒体协会新闻评议专业委员会举行主题为“共建网络文明,共享网络和谐”的2010年度第三次评议会议,发出《关于在网络媒体设立自律专员的倡议》。新浪、搜狐、网易、凤凰网、和讯、搜房、139移动互联、聚友9911八家网站率先试行自律专员制度。

九月

9月2日

国际云安全联盟中国区分会在北京宣告成立。

9月2日

中关村科学城首批11个建设项目在北京科技大学集中签约揭牌,这标志着北京市正式启动中关村科学城建设。

9月8日

人民网·中国共产党新闻网正式推出了“直通中南海——中央领导人和中央机构留言板”。

9月8日

北京市政府召开专题会议,研究加快建设中关村科学城等事项。会议讨论并原则通过了《加快建设中关村科学城的若干意见》。

9月9日

新浪发布《中国微博元年市场白皮书》。

9月10日

中共北京市委常委、宣传部部长，北京市副市长蔡赴朝和副市长苟仲文到北京市广播电视监测中心、北京歌华有线公司和北京天天宽广网络科技有限公司（悠视网）开展三网融合试点工作专题调研。

9月11日

中国新华新闻电视网中文台（CNC中文台）和英语台（CNC World）正式在苹果手机（iPhone）系统直播。

9月16日

首届"中华孝星大道网络共建公益行动"在京启动。

9月21日至23日

北京电视台的三台网络中秋晚会《月上紫禁城》、《月圆青春梦》、《月洒万家情》在北京卫视和各大网站、手机上播出。

9月29日

北京网络新闻信息评议会召开本年度第四次会议，主题为：自觉遵守《侵权责任法》、防止网络侵权行为。来自千龙、新浪、搜狐、网易、凤凰等二十余家网站的代表参加了会议。

9月30日

三网融合IPTV集成播控北京分平台与中央总平台顺利对接成功。这标志着北京市三网融合及信息化建设进入了一个新的阶段。

十月

10月1日

修订后的《中华人民共和国保守国家秘密法》开始施行，其"保密制度"和"法律责任"中的多个条款均涉及互联网。

10月1日

北京市业主决定共同事项公共决策平台正式上线、投入使用，为业主异时、异地投票提供通道。

10 月 10 日

新闻出版总署发布《关于发展电子书产业的意见》。

10 月 12 日

“互联网与国际传播研讨会暨庆祝中国网成立十周年”活动在北京举行。

10 月 18 日

由北京市科学技术研究院计算中心打造的百万亿次超级工业云计算平台已经建成。这个“云平台”,拥有每秒百万亿次的超强计算能力,是目前国内最大的工业云计算服务平台。

10 月 21 日至 24 日

第八届中国国际网络文化博览会在北京展览馆举行。

10 月 25 日至 30 日

第十一届北京国际电子音乐节在北京举行。

10 月 26 日

北京市第二中级人民法院对“真假开心网不正当竞争案”进行宣判。千橡集团的开心网(www. kaixin. com)败于北京开心人信息技术有限公司开心网(www. kaixin001. com),被勒令停用“开心网”名称并赔偿 40 万元。

10 月 29 日

首届中国切客大会暨全国 LBS 高峰论坛顺利召开。与会代表就中国切客应用及 LBS 行业发展情况进行了深度的讨论,并共同发布了 2010 中国切客宣言。

十一月

11 月 3 日

北京网络新闻信息评议会年度第五次会议召开,主题为“维护网络文明,规范网络公关”。千龙、新浪、搜狐、网易、凤凰、TOM 等 9 家网站呼吁相关部门依法加强对网络公关行为的监督,打击非法网络公关行为。

11月3日

北京电视台IP电视集成播控平台与北京联通公司的传输网络、中国网络电视台之间的光纤链路联通。

11月3日

腾讯发布公告,在装有360软件的电脑上停止运行QQ软件。QQ与360的互联网之战逐步升级,“非常艰难的决定”一词在网络上迅速走红,成为2010年网络流行词之一。11月10日,在工信部等三部委的干预下,QQ与360恢复兼容。11月21日,工信部发出关于批评奇虎和腾讯的通报,责令两公司向社会公开道歉,妥善做好用户善后处理事宜。

11月4日

北京市公布《关于大力推动首都功能核心区文化发展的意见》,发展目标中包括提高现代化、数字化、信息化水平等内容。

11月4日

新闻出版总署向首批21家企业颁发电子书相关业务资质证书。在首批获得电子书相关业务资质证书的21家企业中,北京地区有12家企业上榜,如中国出版集团数字传媒有限公司、人民出版社、汉王科技股份有限公司、北京方正飞阅传媒技术有限公司、中国图书进出口公司、中国教育进出口总公司等。

11月7日至12日

由清华大学主办、中国互联网协会和中国互联网信息中心协办的第79届国际互联网工程组织(IETF)大会在北京召开。这是IETF历史上第一次在中国举行大会。

11月8日至9日

第四届中美互联网论坛在北京举行。此次论坛的主题是“为了更加有用、更加可信赖的互联网”。

11月10日

以生活服务、消费指引、电子商务为主要业务的京探网宣布新版上线测试,并将启用全新域名bj100. com。京探网由新京报和百度合资组建,目前已进入全国社区网站五强行列。

11月11日至13日

住房和城乡建设部信息中心在北京召开"第五届中国数字城市建设技术研讨会暨设备博览会"。

11月18日

2010无线世界暨物联网大会在北京召开。

11月19日

全球首款大型3D网络祭祀平台——《天国文明》正式上线。

11月19日

国际版权博览会在京举行,并开通了目前国内作品类型最齐全的版权交易网上平台——国家版权交易网。

11月19日

IT168、中关村在线、优酷、55BBS等海淀区近百家网站负责人在警方组织下,在网络行业自律倡议书上联合签名,宣布共同防范网络诈骗,营造健康网络购物环境。

11月24日

北京市9家网络媒体联手呼吁,共同抵制非法和有违社会道德的网络公关行为,斩断"网络黑手"。

11月30日

中共北京市委十届八次全会通过《中共北京市委关于制定北京市国民经济和社会发展第十二个五年规划的建议》,对网络文化的建设与发展提出了新的要求。

十二月

12月2日至3日

在北京市人民政府的主导下"2010信息城市高层论坛"在北京举行。

12月3日

首个与网络实名制密切相关的“身份管理(IDM)技术研讨会”在北京举行。出席和参加本次会议的单位包括国务院新闻办、国家信息化办公室，工信部、公安部、文化部相关司局，电子商务协会政策法律委员会及部分网络企业代表。会上，一种新的实名制方式“电子身份证(EID)”宣布诞生。

12月8日

当当网和优酷网在美国纽约交易所上市。

12月10日

“2010中国首届团购网站诚信建设峰会”在北京举行。会上，中国互联网协会信用评价中心发布了《2010年国内网络团购行业信用调查报告》。

12月13日

“中国网事·感动2010”年度网络人物评选正式启动。本次评选由新华网承办，中央重点新闻网站、主要商业门户网站、知名地方网站、都市报和手机媒体共同推出。参选名单中的候选人，由各网站推荐。

12月16日

由中国软件评测中心、人民网、腾讯网共同举办的“第九届(2010)中国政府网站绩效评估结果发布暨经验交流会”在人民大会堂召开。会上，中国软件评测中心发布《2010年中国政府网站绩效评估报告》。北京市政府网站居于省级政府网站榜首，北京市大兴区、东城区、西城区分别居于区县政府网站绩效排名的第一、四、六位。

12月17日

百度公司与中国互联网违法和不良信息举报中心联合发起旨在“打击互联网不良信息，共建和谐网络环境”的“阳光行动”。同月，腾讯、金山网络宣布加入“阳光行动”。

12月20日

人民日报社与中国科学院签署战略合作签约仪式，人民搜索和中科院计算所联合实验室揭牌，人民搜索新闻搜索1.0版正式上线。

12 月 25 日

工业和信息化部在北京召开 2011 年全国工业和信息化工作会议。

12 月 28 日

商务部、工业和信息化部、公安部、人民银行、海关总署、工商总局、质检总局、新闻出版总署(版权局)、知识产权局联合下发《关于印发打击侵犯知识产权和制售假冒伪劣商品专项行动网络购物领域实施方案的通知》,启动网络购物领域打击侵犯知识产权和制售假冒伪劣商品行动。

12 月 28 日

北京市旅游局和搜狐公司在北京签署合作建设运营“畅游北京”旅游公共服务信息网的《框架合作协议》,同时正式宣布,北京市旅游局面向全球的旅游公共服务门户网站“畅游北京”网升级版正式上线开通。

12 月 30 日

国家语言资源监测与研究中心、北京语言大学、中国传媒大学、华中师范大学、中国新闻技术工作者联合会、中国中文信息学会,在北京语言大学召开新闻发布会,联合发布“2010 年度中国媒体十大流行语”。

12 月 30 日

迄今为止我国口头文学资料最集中的民间文学数据库——“中国口头文学遗产数字化工程”在北京正式启动。

12 月 31 日

工业和信息化部发出批复文件,同意 TD-LTE 规模试验总体方案,将在上海、杭州、南京、广州、深圳、厦门 6 个城市组织开展 TD-LTE 规模技术试验。

12 月 31 日

由中国社会科学院创办的“中国社会科学网”上线典礼在北京举行。

12 月 31 日

由北京市商务委员会和市民政局主办,北京商业信息咨询中心和北京市社区服务中心共同运营的“北京家政服务网(www. bj5800. com 或 www. 96156. net. cn)”在北京正式开通。

12 月 31 日

由北京市委宣传部指导，北京网络媒体协会与北京人民广播台、北京电视台和中国移动通信集团北京公司共同主办的“第二届网络文学艺术大赛暨网络新民谣创作大赛”在北京举行颁奖典礼。从近1万5千首参赛作品中脱颖而出的60首网络新民谣分享了23万元大奖。

后 记

Postscript

北京市互联网宣传管理办公室与北京市社会科学院联合推出的《首都网络文化发展报告(2009—2010)》出版后,产生了良好的学术影响和社会影响。《首都网络文化发展报告(2010—2011)》在建设"三个北京"、中国特色世界城市和先进文化之都、提升首都文化软实力的背景下,紧紧围绕2010年度北京网络文化发展的实际,对网络文化主题内容和框架结构、专题分析和问题考察、数据和图表等方面都作出了进一步的丰富和完善。

本报告的顺利完成,得益于相关部门领导的关心和支持,得益于北京市互联网宣传管理办公室和北京市社会科学院的通力合作,得益于各位专家学者和中国互联网络信息中心的倾力支持。在报告结构框架、专题设置、约稿组稿、书稿编订中,编委会给予了大量的指导和支持。在此致以衷心的感谢!《首都网络文化发展报告(2010—2011)》继续由人民出版社出版,对出版社领导的支持和责任编辑毕于慧女士认真细致的工作谨表谢意!

北京市社会科学院首都网络文化研究中心正式成立,我们将继续关注中国网络文化和首都网络文化的建设、管理和发展。我们希望今后的《首都网络文化发展报告》编得越来越好,恳请相关领导和专家学者给予大力的支持。

主 编

2011年3月20日

责任编辑:毕于慧
装帧设计:周文辉
版式设计:李欣欣

图书在版编目(CIP)数据

首都网络文化发展报告(2010—2011)/李建盛 陈 华 马春玲 主编.
-北京:人民出版社,2011.5
ISBN 978-7-01-009863-0

Ⅰ.①首… Ⅱ.①李…②陈…③马 Ⅲ.①计算机网络-文化-研究报告-北京市-2010—2011 Ⅳ.①TP393-05

中国版本图书馆 CIP 数据核字(2011)第075124号

首都网络文化发展报告(2010—2011)
SHOUDU WANGLUO WENHUA FAZHAN BAOGAO(2010—2011)

李建盛 陈 华 马春玲 主编

人民出版社 出版发行
(100706 北京朝阳门内大街166号)

环球印刷(北京)有限公司印刷 新华书店经销

2011年5月第1版 2011年5月北京第1次印刷
开本:710毫米×1000毫米 1/16 印张:26.75
字数:405千字

ISBN 978-7-01-009863-0 定价:50.00元

邮购地址 100706 北京朝阳门内大街166号
人民东方图书销售中心 电话 (010)65250042 65289539